U0903725

高职高专“十二五”电类基础课规划教材

模拟电子技术

主　编　吴恒玉　唐民丽
副主编　朱迅德
参　编　周亚东
主　审　桂占吉

机 械 工 业 出 版 社

本书根据高职院校培养应用型高技能人才的要求和高职学生的学习特点进行编写，以理论必需、够用为度，降低理论难度，重在技能培养，重在应用，加强实践能力的培养，注重培养学生的应用能力和解决现场实际问题的能力。

本教材内容包括半导体器件、基本放大电路、集成运算放大器的基础、负反馈放大电路、波形发生电路与变换电路、功率放大电路、直流稳压电源、模拟电子技术与大学生电子设计竞赛。

本书各章除了有一定的理论分析以外，同时还配有相关的仿真演示和仿真验证内容，并且每章还介绍了本章应掌握的相关技能知识和仿真实训内容，这些知识是电子信息类专业学生应掌握的基本技能，起到岗前培训的作用，旨在提高学生在电子技术方面的分析、实践和开发能力。

本书可作为高等职业技术院校、高等专科学校、成人高校等高职高专层次电子信息类专业的教材，也可供从事电子技术的工程技术人员学习参考。

为方便教学，本书备有电子课件，凡选用本书作为授课教材的学校均可来电索取。咨询电话：010-88379564。

图书在版编目（CIP）数据

模拟电子技术/吴恒玉，唐民丽主编．—北京：机械工业出版社，2010.11（2017.1 重印）

高职高专“十二五”电类基础课规划教材

ISBN 978-7-111-31936-8

Ⅰ.①模…　Ⅱ.①吴…②唐…　Ⅲ.①模拟电路-电子技术-高等学校：技术学校-教材　Ⅳ.①TN710

中国版本图书馆 CIP 数据核字（2010）第 181772 号

机械工业出版社（北京市百万庄大街 22 号　邮政编码 100037）

策划编辑：于　宁　责任编辑：冯睿娟　版式设计：霍永明

责任校对：樊钟英　封面设计：赵颖喆　责任印制：李　昂

中国农业出版社印刷厂印刷

2017 年 1 月第 1 版第 3 次印刷

184mm×260mm · 13.25 印张 · 321 千字

6501—8400 册

标准书号：ISBN 978-7-111-31936-8

定价：29.00 元

凡购本书，如有缺页、倒页、脱页，由本社发行部调换

电话服务

服务咨询热线：010-88379833

读者购书热线：010-88379649

网络服务

机 工 官 网：www.cmpbook.com

机 工 官 博：weibo.com/cmp1952

教育服务网：www.cmpedu.com

金 书 网：www.golden-book.com

前　言

模拟电子技术是高职高专电子信息类专业的重要专业基础课，而且是一门实践性很强的课程。本书根据高职院校培养应用型高技能人才的要求和高职学生的学习特点进行编写，理论以必需、够用为度，降低理论难度，重在技能培养，重在应用，力求遵循理论与实践的紧密结合，突出应用性和针对性，加强实践能力的培养，注重培养学生的应用能力和解决现场实际问题的能力。本教材的特色如下：

1）本教材以任务方式引入课程教学的知识体系和实践教学内容。

2）将 Multisim 仿真引入教材，并且 Multisim 仿真贯穿全书，在教师理论讲解过程中，可随时利用仿真软件进行验证，使学生感到言之有物，从而引起学生学习模电的兴趣。

3）将相关内容重新进行组织、归纳、整理，减少教材篇幅，在各章节配有小知识、思考题。

4）每章都介绍了应掌握的相关的技能知识，这些知识是电子信息类专业学生应掌握的基本技能，起到岗前培训的作用。

5）本书中删除了对电路的复杂运算与推导，突出实用性，增加实训比例，突出了对电子电路安装、检测、调试能力的培养。将理论讲授、仿真演示、仿真实验、实践技能训练有机结合，每章都有本章小结、习题、仿真实验实训、相关的基本技能知识。

本书由海南软件职业技术学院吴恒玉、唐民丽担任主编，海南职业技术学院朱迅德担任副主编，海南职业技术学院周亚东为参编，其中吴恒玉编写了第2章、第4章、第5章，唐民丽编写了第1章、第3章，朱迅德编写了第6章、第8章的8.2节和8.3节，周亚东编写了第7章和第8章的8.1节。全书由吴恒玉、唐民丽统稿。

本书由海南软件职业技术学院教授桂占吉任主审，他认真仔细地审阅了全稿，并提出了许多宝贵的修改意见，对此表示衷心的感谢。

本书编写过程中得到了海南软件职业技术学院和海南职业技术学院的领导和广大老师的帮助和支持，在此一并表示感谢和敬意。

由于编者水平有限，书中的错误和缺点在所难免，恳请广大读者批评指正，并提出意见和建议。

编　者

目　录

第1章　半导体器件

1.1　本章任务的导入

20世纪40年代，科学家在实验中发现半导体材料具有一些特殊性，并制造出性能优良的半导体器件，这种器件具有体积小、重量轻、寿命长、效率高等优点，在电子技术及社会各个领域得到了广泛应用，被人们视为现代电子技术的基础。对于从事电子技术的工程人员来讲，只有认识和掌握了半导体器件的结构、性能、工作原理和应用等特点，才能深入地理解和分析电子电路的工作原理，从而正确选择和使用各种半导体器件。

某实用电子线路板如图1-1所示，上面除具有集成芯片外，还有大量的二极管、晶体管及MOS场效应晶体管等，为了正确和有效地使用这些常用的器件，人们必须对这些器件的结构原理及其外部引线表现出的电压、电流关系及其性能等有一个基本认识，因此有必要了解和掌握一定的半导体知识。

图1-1　某实用电子线路板

本章的任务是让读者了解半导体导电特性、PN结的形成、PN结特点，进一步认识二极管、晶体管、MOS场效应晶体管等半导体器件。通过对这些半导体器件的结构、工作原理、特性曲线及参数等方面的学习和分析，使读者能够深刻理解PN结的形成及其单向导电性，掌握二极管、晶体管、晶闸管等半导体器件的结构特点和工作原理；能够掌握正确检测半导体器件好坏的方法及极性的判别方法，掌握Multisim9.0的基本使用方法。

1.2 相关的理论知识

1.2.1 半导体的基础知识

1.2.1.1 半导体及其导电特性

1. 半导体

自然界中的物质按导电能力的大小分为导体、半导体、绝缘体。半导体的导电能力介于导体和绝缘体之间。用于制造半导体器件的材料主要有硅（Si）、锗（Ge）等四价元素，其中硅应用最为广泛。

半导体材料之所以备受人们的关注，并得到广泛的应用，不是源于它们的电阻率在数值上与导体和绝缘体的区别，而是在于它们具有区别于导体和绝缘体的独特的物理特性。

1）热敏特性：半导体的电阻率随温度的升高明显地降低，导电能力加强，利用半导体的这一特性，可以制作热敏电阻或其他对温度敏感的传感器。

2）光敏特性：对半导体施加光照时，光照越强，电阻率越低，导电能力越强。利用这一特性，可以制成光敏元器件，如光敏电阻、光敏二极管等，从而实现对路灯、航标灯的自动控制或制成火灾报警装置、光电控制开关等。

3）掺杂特性：通常纯净的半导体的导电能力很差，掺入微量的杂质就能使其导电性能大幅度地改变。不同用途、不同性能的各种半导体器件，都是利用这一特性制造出来的，如二极管、晶体管等。

2. 本征半导体

纯净的且晶体结构完整的半导体称为本征半导体。单晶硅、单晶锗均为本征半导体，两者晶体结构相同，下面以单晶硅为例来进行讨论。

硅原子是由原子核和 14 个外层电子组成的中性原子，原子的最外层有 4 个价电子，因此又称为四价元素，如图 1-2 所示。

硅原子的每 1 个价电子分别与相邻硅原子的 1 个价电子组成 1 个价电子对，这个价电子对为相邻的 2 个原子所共有。价电子对中的每一个价电子，同时受到两个原子核的吸引作用，使两个价电子被紧紧地束缚在一起，组成了共价键结构。用套住两个相邻原子的共价电子的虚线环表示共价键，如图 1-3 所示。

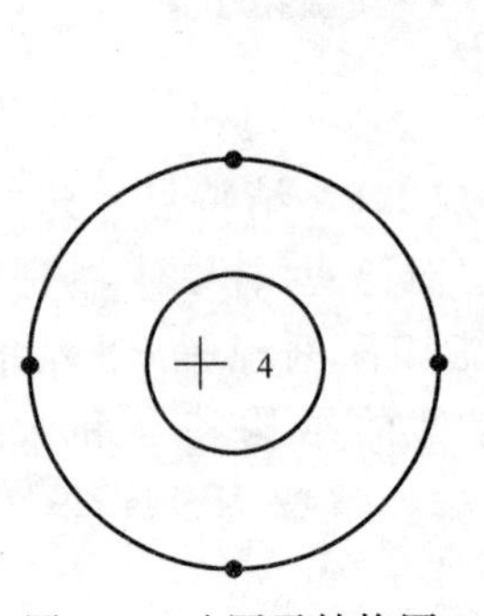

图 1-2 硅原子结构图

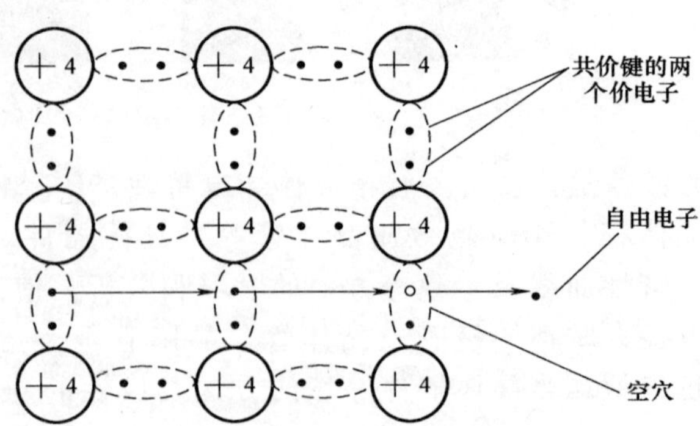

图 1-3 本征半导体的结构图

在绝对零度（约 –273℃）和无外界激发的情况下，价电子不能挣脱共价键的束缚而参与导电。此时本征半导体中没有可以自由运动的带电原子，如同绝缘体。

当温度升高或受到光照后，少数的价电子可以从外界获得足够的能量而挣脱共价键的束缚，成为可移动的自由电子，自由电子是一种可以参与导电的粒子，称为载流子。价电子挣脱共价键束缚成为自由电子的同时，会在共价键上留下一个空位，这个空位称为空穴。由于存在这样的空穴，附近共价键中的电子就比较容易进来填补，而同时又留下一个新的空位，其他地方的电子又有可能来填补后一个空位，从效果上来看，相当于带正电的空穴在运动一样，称这种运动为空穴运动，并将空穴看成带正电的载流子。金属导体中只有一种载流子：自由电子。本征半导体中有两种载流子：自由电子和空穴。把由于共价键破裂而形成的自由电子和空穴称为电子—空穴对，并且把这种由于光照、辐射、温度的影响而产生电子—空穴对的现象称为本征激发。

自由电子在运动中，可能与空穴相遇，使电子—空穴对消失，称为复合。在一定温度下尽管本征激发和复合在不断地进行，但电子（空穴）的浓度不变，保持一种动态平衡状态。当温度升高或光照时，本征激发将加强，复合也随之增加，最后达到一种新的动态平衡。

3. 杂质半导体

本征半导体中虽然有两种载流子参与导电，但由于数量不多因而导电能力仍然不能和导体相比。但是，在本征半导体中掺入微量的某种元素后，导电能力将大大地增强。这种掺入杂质的本征半导体，称为杂质半导体。按掺入杂质元素的不同可分为 N 型半导体和 P 型半导体。

（1）N 型半导体　在本征半导体中掺入微量的五价元素，如磷（P）、砷（AS）等，在半导体内产生的自由电子的数量远多于空穴数量，这种半导体称为 N 型半导体。其结构如图 1-4 所示。

在 N 型半导体中，也同时存在着本征激发的现象，有电子—空穴对的产生，但产生的自由电子的数量远少于掺入的数量，自由电子是多数载流子，简称为“多子”。空穴为少数载流子，简称为“少子”，但整个 N 半导体呈现电中性。N 型半导体在外电场作用下，电子电流远大于空穴电流，其导电是以电子导电为主的，所以它又称为电子型半导体。

N 型半导体中“多子”的浓度取决于掺入杂质的多少，少子的浓度与温度有关。

（2）P 型半导体　在本征半导体中掺入微量的三价元素，如硼（B）、铟（IN）等，在半导体内产生的空穴的数量远多于自由电子数量，这种半导体称为 P 型半导体。其结构如图 1-5 所示。

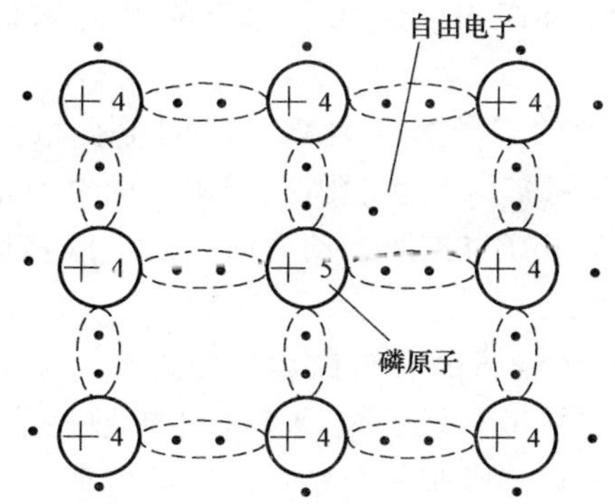

图 1-4　N 型半导体晶体结构

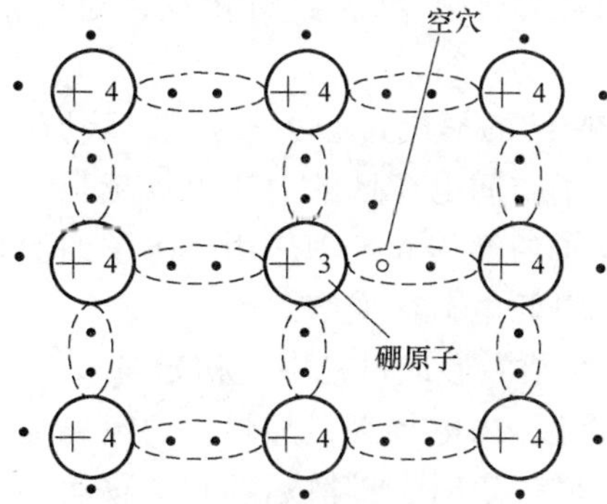

图 1-5　P 型半导体晶体结构

在P型半导体中，也同时存在着本征激发的现象，有电子—空穴对的产生，但产生的空穴的数量远少于掺入空穴的数量，空穴是多数载流子，简称为“多子”。自由电子为少数载流子，简称为“少子”，但整个P型半导体呈现电中性。P型半导体在外电场作用下，空穴电流远大于电子电流，其导电是以空穴导电为主的，所以它又称为空穴型半导体。

P型半导体中“多子”的浓度取决于掺入杂质的多少，少子的浓度与温度有关。

1.2.1.2 PN结的形成及单向导电特性

单纯的一块P型半导体或N型半导体，只能作为一个电阻元件。但是如果把P型半导体和N型半导体通过一定的工艺“结合”起来就形成了PN结。PN结是构成二极管、晶体管、晶闸管、集成电路等众多半导体器件的基础。

1. PN结的形成

在一块完整的本征硅（锗）片上，用不同的掺杂工艺使其一边形成N型半导体，另一边形成P型半导体，在这两种杂质半导体的交界面附近就形成一个具有特殊性质的薄层，这个特殊薄层就是PN结。

由于P区与N区载流子浓度不同，即存在浓度差，P区的多数载流子是空穴，少数载流子是自由电子；N区多数载流子是自由电子，少数载流子是空穴。于是载流子将从高浓度区向低浓度区做扩散运动，扩散的结果是P区失去空穴留下带负电的杂质离子，N区失去电子留下带正电的杂质离子，这些带电离子不能任意移动，形成了空间电荷区，如图1-6所示。

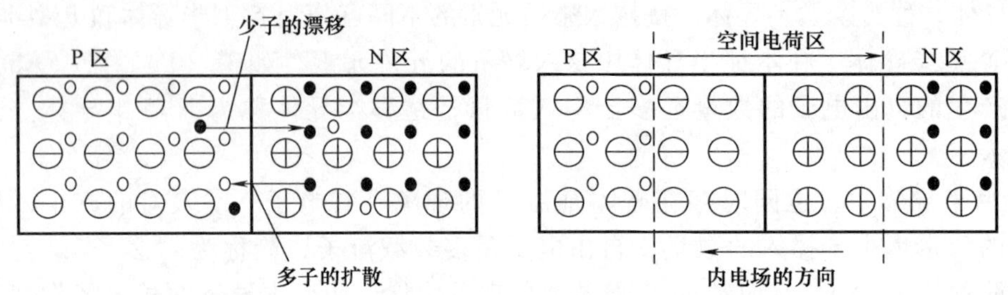

图1-6 PN结的形成过程

空间电荷区中的载流子均被扩散的多子“复合”掉了，或者说在扩散过程中耗尽了，因此有时又把空间电荷区称为耗尽层。

出现了空间电荷区以后，由于正负电荷之间的相互作用，在空间电荷区内形成了一个内电场，方向是从带正电的N区指向带负电的P区，如图1-6所示。显而易见，内电场的方向与多数载流子扩散的方向相反，对扩散运动起阻碍作用，由此又把空间电荷区称为阻挡层。

在PN结的形成过程中，扩散运动越强，复合掉的多子数量越多，空间电荷区也就越宽，导致了空间电荷区的内建电场越强，内建电场又对扩散运动起阻挡作用，而对N区和P区中的少子的漂移起推动作用，少子的漂移运动方向正好与扩散运动方向相反。漂移运动的结果是使空间电荷区变窄。

在PN结的形成过程中，初始阶段，扩散运动占优势，随着扩散运动的进行，空间电荷区不断加宽，内电场逐步加强；内电场加强又阻碍了扩散运动，使得多子的扩散逐步减弱。当外部条件一定时，扩散运动和漂移运动达到动态平衡，形成一个稳定的空间电荷区，这个相对稳定的空间电荷区就叫做PN结。此时，扩散电流与漂移电流相等，通过PN结的总电流为零，内电场为定值。硅材料 PN 结的内建电场的电位差为 0.5 ~0.7V，锗材料 PN 结的内建电场的电位差为 0.2 ~0.3V。

综上所述，PN 结的形成过程可总结为三个阶段：

1）扩散的进行和空间电荷区的形成。

2）内建电场的形成和漂移运动的形成。

3）扩散运动与漂移运动相平衡。

2. PN 结的单向导电性

PN 结在无外加电压的情况下，扩散运动和漂移运动处于动态平衡状态。当在 PN 结两端加上电压，扩散与漂移运动的平衡就会被破坏，PN 结将显示出其单向导电的性能。

（1）PN 结正向偏置　加在 PN 结上的电压称为偏置电压。P 区接电源正极、N 区接电源负极，称为 PN 结正向偏置，简称正偏，此时外部电场的方向与内建电场方向相反，外电场的方向是从 P 区指向 N 区，内电场的方向是从 N 区指向 P 区，这时外电场驱使 P 区的空穴进入空间电荷区抵消一部分负空间电荷，同时使 N 区的自由电子进入空间电荷区抵消一部分正空间电荷，结果使空间电荷区变窄，内电场被削弱，多数载流子的扩散运动得以加强，形成较大的扩散电流，此时扩散电流远大于漂移电流，漂移电流几乎为零，总电流就等于扩散电流。PN 结呈现很小的电阻，称为 PN 结导通。PN 结正向偏置导通工作原理如图 1-7 所示。

（2）PN 结反向偏置　N 区接电源正极、P 区接电源负极，称为 PN 结反向偏置，简称反偏。PN 结反向偏置时，外加电场与内建电场方向一致，同样会导致扩散与漂移运动平衡状态的破坏。外加电场驱使空间电荷区两侧的空穴和自由电子移动，使空间电荷区变宽，内电场增强，阻碍了扩散运动，同时加强了少数载流子的漂移运动，导致漂移电流大于扩散电流，扩散电流几乎为零，总电流就等于漂移电流。但常温下少数载流子的数目恒定且数量很少，所以反向电流极小。PN 结呈现很大的电阻，通常可以认为反向偏置 PN 结不导电，称为截止状态。PN 结反向偏置的工作原理如图 1-8 所示。

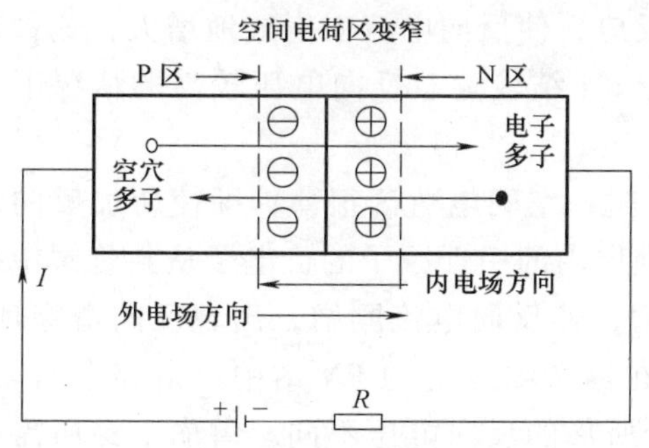

图 1-7　PN 结正向偏置导通工作原理

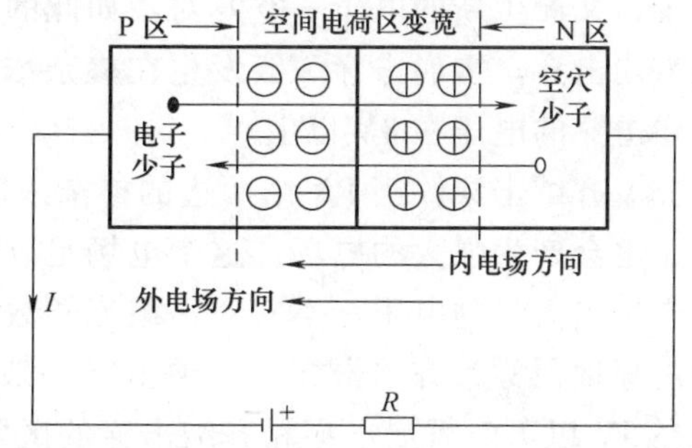

图 1-8　PN 结反向偏置的工作原理

当反向电压在一定范围内变化时，反向电流不随外加电压的变化而变化，这是因为反向电流是由少子漂移运动形成的，当温度升高（或光照）时，少子数目增多，少子漂移运动加强，反向电流增大。反向电流的大小与温度有关。在温度恒定时，反向电流几乎不变，因此反向电流又称为反向饱和电流。

综上所述，PN 结具有正向导通、反向截止作用，说明 PN 结具有单向导电性。

3. PN 结的击穿特性

PN 结处于反向偏置时，在一定的电压范围内，只有很小的反向电流存在，呈现很高的电阻。当反向电压增强到一定数值后，反向电流突然剧增，这种现象称为 PN 结的反向击穿。发生反向击穿所需的反向电压（U_{BR}）称为反向击穿电压。PN 结的伏安特性如图 1-9 所示。

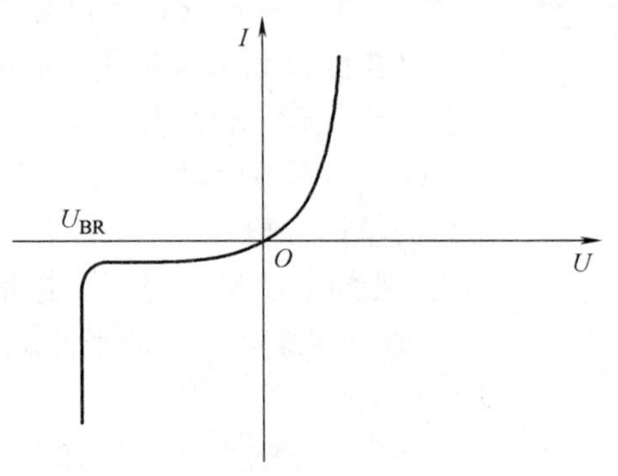

图 1-9 PN 结的伏安特性

PN 结的反向击穿分为热击穿、雪崩击穿和齐纳击穿三种。其中雪崩击穿和齐纳击穿属于电击穿，电击穿过程通常是可逆的，当加在 PN 结两端的反向电压降低后，PN 结仍可恢复到原来的状态而不会造成永久损坏。利用电击穿时电流变化很大，但 PN 结两端电压变化不大的特点，人们研制出工作在反向击穿区的稳压管。当反向电压过高时，发生热击穿，损坏 PN 结，这个过程不可逆，应尽量避免。下面详细分析三种击穿的工作原理。

（1）热击穿 当 PN 结发生反向击穿（电击穿）时，流过 PN 结的反向电流很大，反向电压又很高，因而消耗在 PN 结上的功率很大，容易使 PN 结发热超过它的耗散功率，从而过渡到热击穿。这时流过 PN 结的电流和温度之间出现恶性循环，PN 结的温度升高，使反向电流增大；反向电流增大，又使 PN 结的温度升高，从而很快把 PN 结烧毁。PN 结被烧毁后不可能得到恢复，是一个不可逆的过程。这种现象称为热击穿。

（2）雪崩击穿 当 PN 结反向电压增大到一定数值时，PN 结的内建电场强度变得很大，在强电场的作用下，少子漂移速度加快，动能很大，这些具有很大动能的载流子在 PN 结内运动时与周围的中性原子相碰撞，使更多的价电子脱离共价键的束缚形成新的电子—空穴对，这种现象称为碰撞电离。新产生的电子—空穴对在强电场的作用下，再去碰撞其他的中性原子，又产生新的电子—空穴对。如此的连锁反应，使反向电流雪崩式地增大，这种现象称为雪崩击穿。雪崩击穿一般发生在掺杂浓度低、PN 结较宽、反向电压较高的情况下。一般雪崩击穿的电压在 8V 以上。

（3）齐纳击穿 当 PN 结两边的掺杂浓度很高时，空间电荷区很薄，即使所加反向电压不大，也会产生强大的电场，这个电场足以把阻挡层内的中性原子的价电子从共价键中拉出来，产生出大量的电子—空穴对，载流子数目剧增，使反向电流剧增，出现反向击穿现象，这种击穿现象称为齐纳击穿。齐纳击穿一般发生在掺杂浓度高的 PN 结中，击穿电压较低，一般在 5V 以下。雪崩击穿和齐纳击穿的区别在于所加的反向电压不同。雪崩击穿所需电压较高，齐纳击穿所需电压较低。在 5～8V 两种击穿都可能发生。

思 考 题

1. 半导体具有哪些特征？在导电机理上，半导体与金属导体有何区别？
2. N 型半导体与 P 型半导体有何不同？各有什么特点？
3. PN 结的形成过程如何？PN 结具有什么特性？
4. 电击穿和热击穿有何不同？

1.2.2　二极管

1.2.2.1　二极管的结构及类型

在PN结的两端引出金属电极，外加玻璃、金属或塑料封装，就形成了半导体二极管，其结构如图1-10所示。由P区引出的电极称为正极（阳极），由N区引出的电极称为负极（阴极），二极管的符号如图1-11所示。二极管由PN结构成，所以同样具有单向导电性。

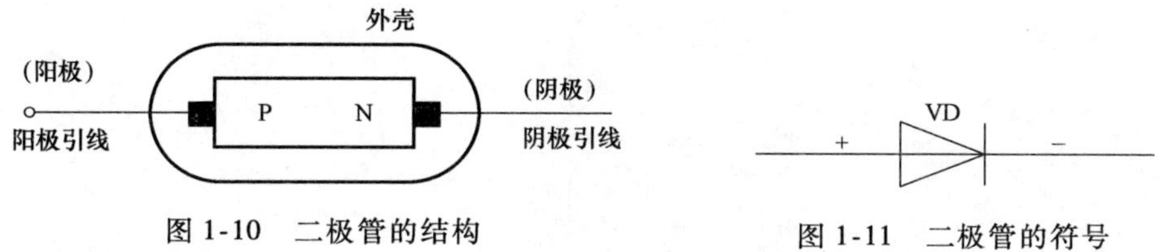

图1-10　二极管的结构

图1-11　二极管的符号

二极管按材料不同可分为硅二极管和锗二极管；按结构不同可分为点接触型、面接触型和平面型等，如图1-12所示。

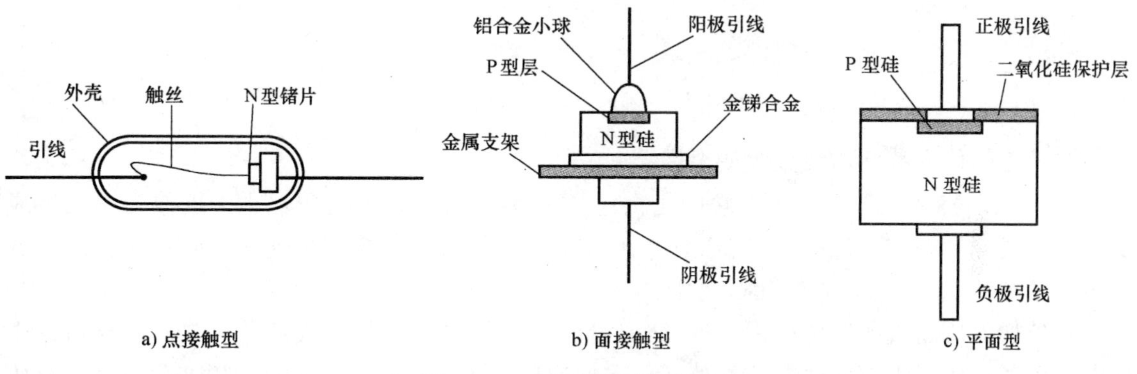

图1-12　二极管的结构类型

1.2.2.2　二极管的伏安特性

1. 观察二极管的导电性

为了观察二极管的导电性，利用Multisim软件制作出由二极管、电池、指示灯和按键组成的电路进行仿真，如图1-13所示，当按键闭合后，观察指示灯是否发亮。

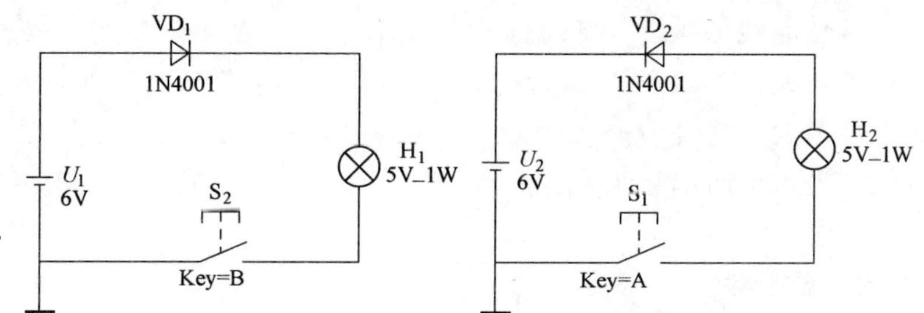

图1-13　二极管导电性仿真实验

当电流由二极管的正极流入，负极流出时，指示灯亮，表明二极管的电阻很小，很容易导电，二极管正向导通；若电流以相反的方向通过时，指示灯不亮，表明此时二极管的电阻很大，几乎不导电，二极管反向截止。

综述：二极管具有单向导电的特性。

2. 分析二极管的伏安特性

外加电压 U 和产生的电流 I 的关系称为二极管的伏安特性，即 $I=f(U)$，其函数图形称为伏安特性曲线，如图 1-14 所示，这些曲线可用实验方法测出。

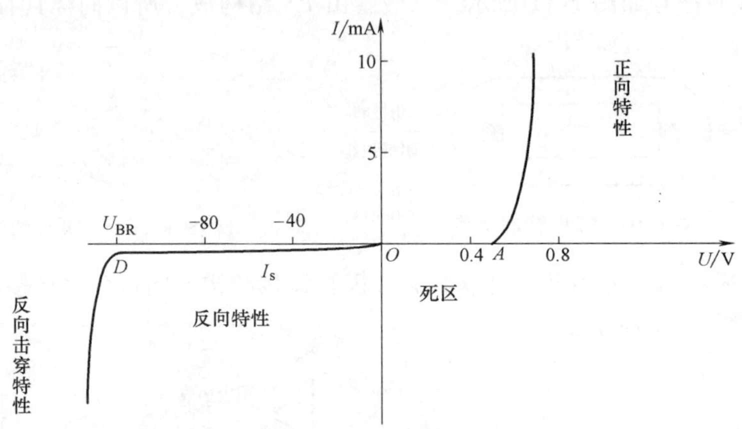

图 1-14　二极管的伏安特性曲线

二极管的伏安特性曲线分为四个区。

（1）正向特性　当二极管两端的正向电压较小时，正向电流非常小，近似为零，对应于特性曲线 OA 段，这个区域内二极管实际上还没有导通，二极管呈现的电阻很大，该区域常称为“死区”。硅二极管的死区电压为 0.5V，锗管的死区电压为 0.1V。

当外加电压超过死区电压后，PN 结的内建电场将被大大削弱或抵消，二极管导通，正向电流由零迅速增大，此时二极管处于正向导通区，正向电流在一定范围内变化时，其管压降基本不变，硅管为 0.6～0.7V，典型值通常取 0.7V；锗管为 0.2～0.3V，典型值通常取 0.3V。二极管的正向电流需要加以限制，不能超过规定值，否则会使 PN 结过热而烧坏二极管。

（2）反向特性　在反向电压下，反向电流很小，且几乎不随电压的增加而增大，此电流值称为反向饱和电流，此时二极管呈现很高的电阻，近似处于截止状态，这个区域称为反向截止区，对应于特性曲线 OD 段。反向饱和电流值很小，在实际使用中通常认为近似为零，其受温度的影响较大，温度升高时，反向电流增大，温度降低时，反向电流减小。

当反向电压继续增大，超过 D 点时，反向电流将急骤增大，特性曲线向下骤降，二极管失去单向导电性，进入反向击穿区，这种现象称为反向击穿，发生反向击穿时的电压叫做反向击穿电压（U_{BR}）。

1.2.2.3　二极管的主要参数

二极管的参数是其特性的定量描述。熟悉二极管的参数，有助于正确使用二极管。

1. 最大整流电流 I_F

最大整流电流指二极管长期运行允许通过的最大正向平均电流。在实际使用时不能超过此值，否则二极管会因过热而损坏。

2. 最高反向工作电压 U_{RM}

最高反向工作电压指二极管允许加的最高反向电压的瞬时值。如果工作时的反向电压超过了此值，二极管可能被反向击穿而失去单向导电性。通常规定 U_{RM}为击穿电压的一半。

3. 最大反向电流 I_R

最大反向电流指二极管在一定的环境温度下，加最高反向工作电压 U_{RM}时所测得的反向电流值（又称为反向饱和电流）。I_R越小，说明二极管的单向导电性越好。I_R随温度的变化而变化。

4. 最高工作频率 f_M

最高工作频率指保证二极管单向导电作用的最高工作频率。

1.2.2.4 二极管的应用

二极管是电子电路中最常用的器件。利用其单向导电性及导通时正向电压很小的特点可以组成多种应用电路。例如整流、钳位、限幅或对其他元件进行保护等。

1. 整流

所谓的整流，就是将交流电变成脉动直流电。利用二极管的单向导电性可组成单相和三相整流电路，再经过滤波和稳压，就可得到平稳的直流。整流部分的内容在后面还要详述。

2. 钳位

利用二极管正向导通时压降很小的特性，可组成钳位电路，如图 1-15 所示。在图中若 A 点的电位为零时，则二极管 VD 导通，按理想二极管来分析，即二极管正向导通时压降为零，则输出 F 的电位被钳制在 0V，$U_F \approx 0V$。若 A 点电位较高，不能使二极管导通时，电阻上无电流通过，则输出 F 的电位就被钳制在 $U_{(+)}$。

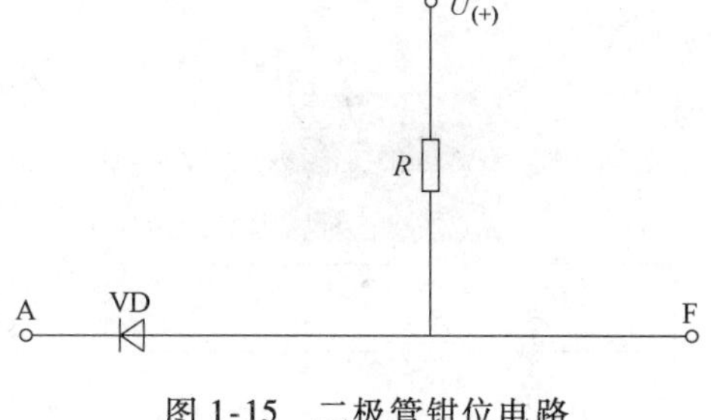

图 1-15 二极管钳位电路

仿真验证：运行 Multisim 软件制作仿真电路并进行仿真验证，结果如图 1-16 所示。

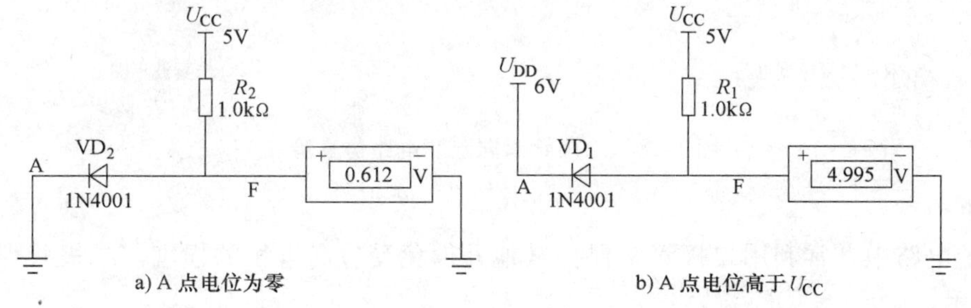

图 1-16 二极管钳位电路仿真验证

3. 限幅

利用二极管导通后压降很小且基本不变的特性（硅管为 0.7V，锗管为 0.3V），将输出电压幅度限制在某一电压值内。利用这个特点，还可以组成各种限幅电路。

例 1-1 图 1-17 所示为一个双向限幅电路，设输入电压 $u_i = 1.41\sin\omega t$V，VD_1、VD_2 均为二极管，导通管压降 $U_D = 0.7V$，试画出输出电压 u_o的波形。

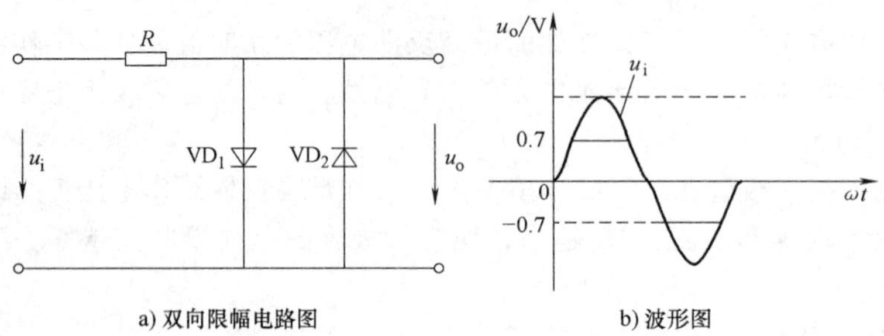

a) 双向限幅电路图　　b) 波形图

图 1-17　二极管双向限幅电路

解：由图可知，当 $u_i > U_D$ 时，二极管 VD_1 导通、VD_2 截止，输出 $u_o = U_D = 0.7V$；当 $u_i < U_D$ 时，二极管 VD_2 导通、VD_1 截止，输出 $u_o = -U_D = -0.7V$；若输入电压在 ±0.7V 之间时，两个二极管都不能导通，因此，电阻上无电流流过，$u_o = u_i$。

从分析结果来看，电路中的两个二极管起到了将输出电压限幅在 ±0.7V 的作用。

仿真验证：运行 Multisim 软件制作仿真电路并进行仿真验证，结果如图 1-18 所示。

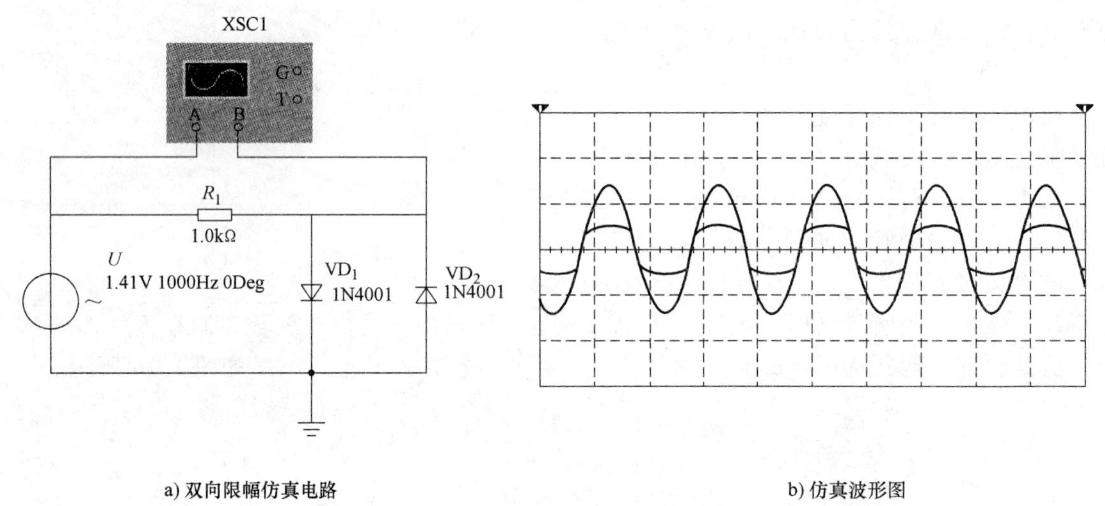

a) 双向限幅仿真电路　　b) 仿真波形图

图 1-18　二极管双向限幅电路仿真验证

4. 保护

在电子电路中，常利用二极管来保护其他元件免受过高电压的损害。二极管保护电路如图 1-19 所示。

当开关 S 接通时，电源 E 给线圈供电，L 中有电流通过；在开关 S 突然断开时，L 中将产生感应电动势 e_L。在未连接二极管 VD 时，电动势 e_L 和电源 E 叠加作用在开关 S 的端子上，会使端子产生火花放电；接入二极管后，e_L 通过二极管形成放电回路，因此，电感两端不会产生很高的电压，从而保护周围的元件。

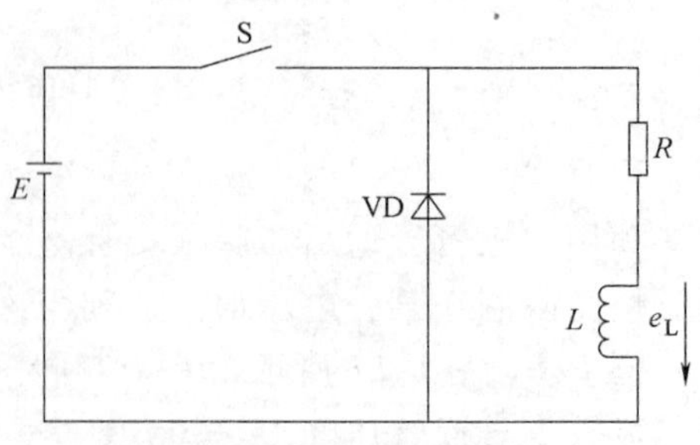

图 1-19　二极管保护电路

小知识：分析二极管电路时应注意的问题：

1）分析二极管电路，首先要判断二极管在电路中的工作状态，是导通还是截止。

2）由于二极管伏安特性的非线性，一般不通过列方程求解电流、电压来判断二极管是否导通，而是通过比较二极管两个电极的电位高低，确定它的工作电压。

3）判断二极管是否导通，不能单纯看加于阴极、阳极的电压是正还是负，主要看阳极与阴极间的电位差。判断时先断开各个二极管，求出阴极、阳极电位，进而求出电位差。二极管正偏且大于死区电压时导通，正偏但小于死区电压以及反偏时二极管截止。

4）二极管电路中出现多个二极管时，如果它们并联，那么正向偏压较大者先导通，导通后二极管的电压（管压降）恒定，其他二极管被短路而截止。

1.2.2.5 特殊二极管

除了普通的二极管外，还有一些具有特殊用途的二极管。

1. 稳压二极管

稳压二极管是采用特殊工艺制成的二极管。它工作在反向击穿区，在规定的电流范围内使用时，不会因击穿而损坏。因为在反向击穿区，电流变化很大而电压基本不变，利用这一特性可实现稳定电压。稳压二极管的伏安特性曲线、符号和构成的稳压电路如图1-20所示。

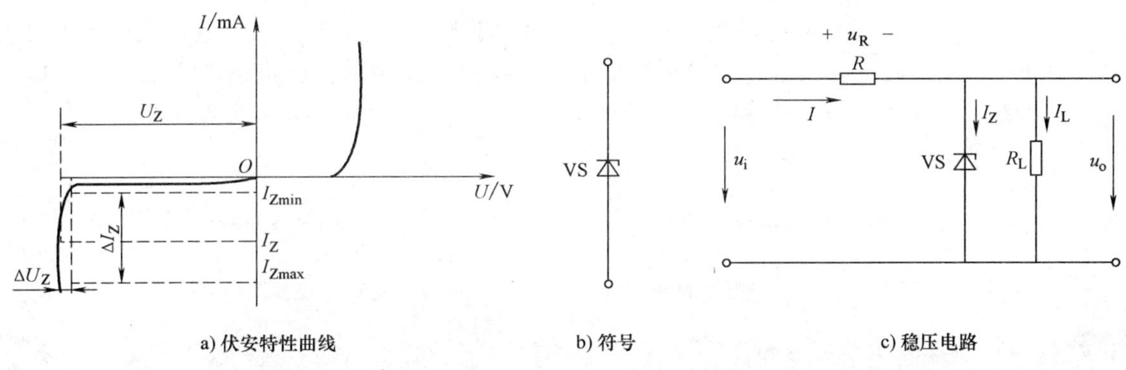

a) 伏安特性曲线　　b) 符号　　c) 稳压电路

图1-20 稳压二极管

假设因某种原因使 u_o 增大，由于 $u_o = U_Z$，从稳压二极管的伏安特性曲线可知，通过稳压二极管的电流 I_Z 也增大，I_Z 是通过限流电阻 R 上的电流中的一部分，所以会使 R 两端电压增大，从而使输出电压得到稳定。其稳压过程可以用下面的作用过程来表示：

$$u_o \uparrow \rightarrow I_Z \uparrow \rightarrow I \uparrow \rightarrow u_R \uparrow \rightarrow u_i - u_R = u_o \downarrow$$

稳压二极管的主要参数：

（1）稳定电压 U_Z　稳定电压是稳压二极管正常工作时的额定电压值，指流过规定电流时稳压二极管两端的反向电压值，其值决定于稳压二极管的反向击穿电压值。

（2）稳定电流 I_Z　稳定电流有最大稳定电流 I_{Zmax}、最小稳定电流 I_{Zmin} 和工作稳定电流 I_Z 之分。I_Z 是工作电压等于 U_Z 时的稳定工作电流值；I_{Zmax} 是稳压二极管正常工作时允许流过的最大电流；I_{Zmin} 是稳压二极管维持稳压工作的最小电流值。稳压二极管实际工作电流满足 $I_{Zmin} < I_Z < I_{Zmax}$，才能保证稳压二极管既能稳定电压又不至于损坏。

（3）耗散功率 P_{ZM}　耗散功率是稳压二极管正常工作时能够耗散的最大功率。它等于稳压管的最大工作电流与相应工作电压的乘积，即 $P_{ZM}=U_Z I_{Zmax}$，如果稳压二极管工作时功率超过了这个数值，管子将会损坏。

（4）动态电阻 r_Z　动态电阻指稳压范围内电压变化量与对应的电流变化量之比，即 $r_Z=\Delta U_Z/\Delta I_Z$。稳压二极管的动态电阻越小，则反向伏安特性曲线越陡，稳定性能越好。

小知识：稳压二极管与普通二极管的区别：

1）稳压二极管与普通二极管最大不同之处在于它的反向击穿可逆，当去掉反向电压时稳压二极管也随即恢复正常，但如果反向电流超过稳压二极管的允许范围，同样会发生热击穿而损坏。

2）稳压二极管工作在反向击穿区，普通二极管工作在正向导通区。

2. 发光二极管

发光二极管（LED）是用特殊半导体材料（如砷化镓等）制成的，是一种能把电能转换成光能的特殊器件。它不但具有普通二极管的特性，而且还会发出可见光和不可见光。它的导通电压比普通二极管大，一般在 1.5～2.4V，工作电流小，一般取 10～30mA。电路符号如图 1-21 所示。其用途广泛，常用作计算机、电视机、音响设备等的电源和信号指示，也可制作成数字形状等。

3. 光敏二极管

光敏二极管是一种能将接收的光信号转换成电信号输出的半导体二极管，又称光电二极管。其 PN 结工作在反偏状态，在光的照射下，其反向电流随光照强度的增加而上升。广泛应用于各种遥控系统、光电开关、光探测器等方面。光敏二极管的符号如图 1-22 所示。

图 1-21　发光二极管的符号　　　　图 1-22　光敏二极管的符号

小知识：检测光敏二极管的方法：

1）电阻测量法：用万用表 $R\times100$ 或 $R\times1\text{k}$ 档测量。像普通二极管一样，正电阻应为 10kΩ 左右，无光照射时，反向电阻应为∞，然后让光敏二极管见光，光线越强反向电阻应越小。光线特强时，反向电阻可降到 1kΩ 以下。这样的管子就是好的。若正反向电阻都是∞或零，说明管子是坏的。

2）电压测量法：把指针式万用表接在直流 1V 左右的档位。红表笔接光敏二极管正极，黑表笔接负极，在阳光或白炽灯照射下，其电压与光照强度成正比，一般可达 0.2～0.4V。

3）电流测量法：把指针式万用表接在直流 50μA 或 500μA 挡，红表笔接光敏二极管正极，黑表笔接负极，在阳光或白炽灯照射下，短路电流应可达数十微安到数百微安。

思　考　题

1. 二极管的伏安特性曲线分为几个区？试述各工作区中电压和电流的关系。
2. 选用二极管时主要考虑哪些参数？

3. 二极管电路如图 1-23 所示，试判断图中的二极管是导通还是截止，并求出 AO 两端的电压 U_{AO}。设二极管的导通电压为 0.7V。

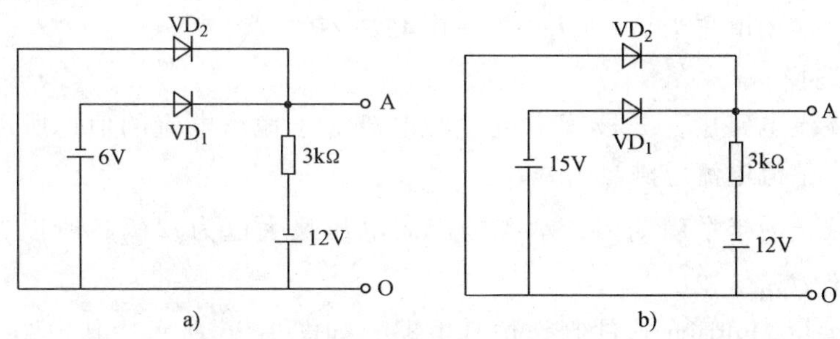

图 1-23　二极管电路

1.2.3　单相整流电路

将交流电变成单方向脉动直流电的过程称为整流，利用二极管的单向导电性实现整流是最简单的办法。整流电路有以下几种：按电源相线数可分为单相整流电路和三相整流电路；按输出波形可分为半波整流电路和全波整流电路；按所用器件可分为二极管整流电路和晶闸管整流电路；按电路结构可分为桥式整流电路和倍压整流电路。本节主要介绍单相半波整流电路和全波整流电路。

1.2.3.1　单相半波整流电路

1. 电路的组成和工作原理

单相半波整流电路如图 1-24 所示，由变压器 T、整流二极管 VD 和负载电阻 R_L 组成。变压器 T 将电网的正弦交流电 u_1 变成 u_2，设 $u_2=\sqrt{2}U_2\sin\omega t$。

当变压器二次交流电压瞬时极性 U_2 如图 1-25 中所示时，二极管导通，电流流过串联回路，在负载电阻上得到上正下负的直流电压；若变压器二次交流电压瞬时极性和图中所示相反，则二极管截止，回路中无电流，负载两端无电压。下一个交流电正半周来到，二极管又导通，……，周而复始，在负载两端就得到了图 1-25 所示的电压、电流波形图。

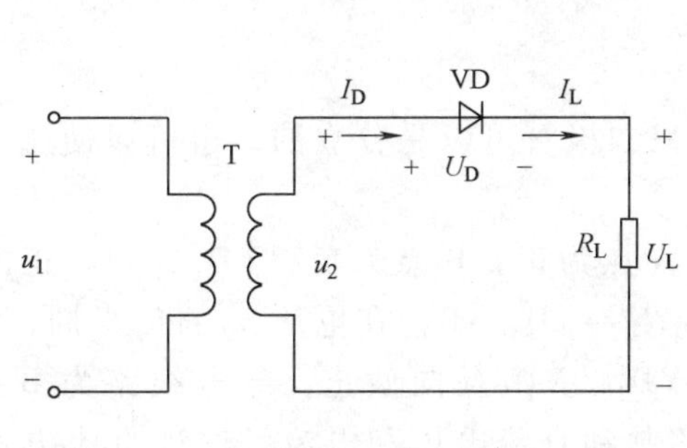

图 1-24　单相半波整流电路

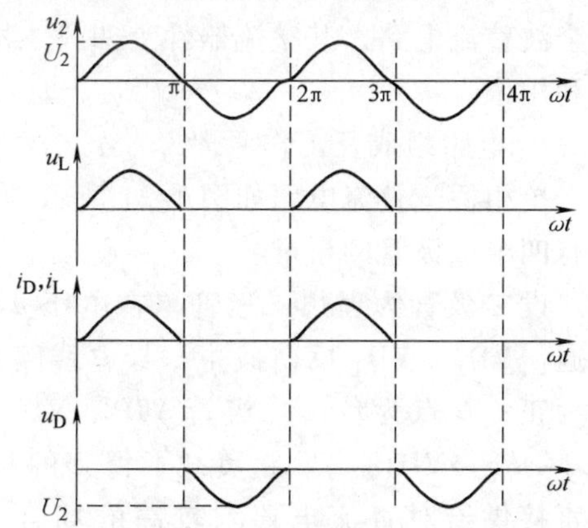

图 1-25　半波整流电路中电压、电流的波形图

2. 负载上直流电压和电流值的估算

负载两端的直流电压的平均值为

$$U_L = \frac{1}{2}\int_0^{\pi}\sqrt{2}\sin\omega t\mathrm{d}(\omega t) \approx 0.45U_2 \tag{1-1}$$

负载中流过的平均电流为 $I_L = I_D = 0.45U_2/R_L$ (1-2)

3. 二极管的选择

在单相半波整流电路中，二极管中流过的电流等于输出电流的值，所以在选用二极管时，二极管的最大整流电流应满足 $I_F \geqslant I_L$。

二极管在其截止的半个周期内，承受的反向电压最大值为$\sqrt{2}U_2$，所以二极管的最高反向工作电压应满足 $U_{RM} \geqslant \sqrt{2}U_2$。

仿真验证：运行 Multisim 软件制作仿真电路，如图 1-26 所示，其中图 1-26a 为仿真验证电路，图 1-26b 为变压器二次电压和输出电压的仿真波形。

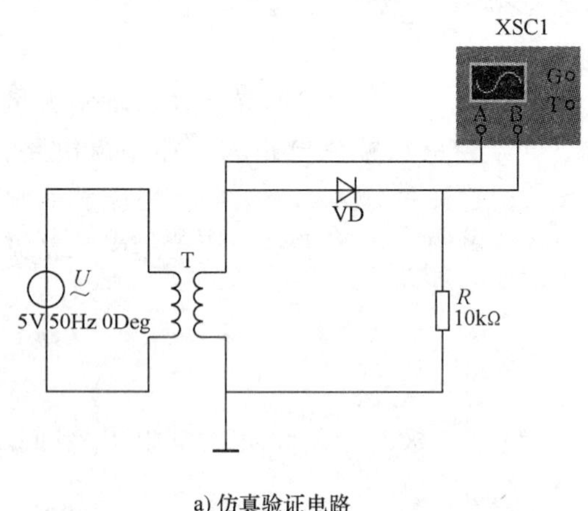

a) 仿真验证电路

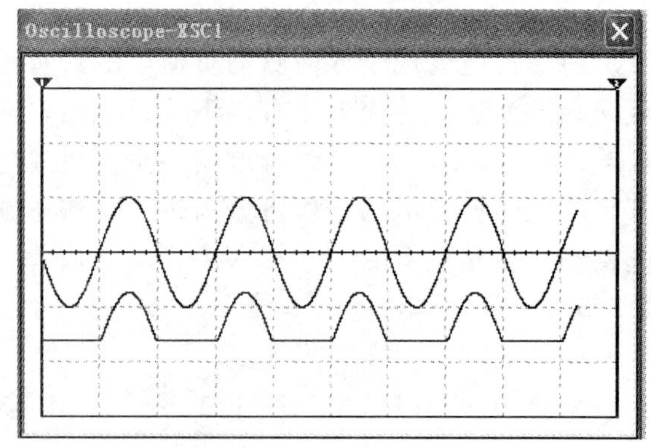

b) 变压器二次电压和输出电压的仿真波形

图 1-26 单相半波整流仿真验证电路

1.2.3.2 单相桥式整流电路

单相半波整流电路的缺点是整流效率低、输出电压脉动较大，而单相桥式整流电路是一种全波整流电路，其整流器件为四只二极管接成的电桥，与半波整流电路相比，提高了电源的利用率。

1. 电路组成及工作原理

单相桥式整流电路如图 1-27 所示，电路中的四只二极管可以是分立的，也可以使用内部有四个二极管的桥堆。

设二极管为理想二极管，在电压 u_2的正半周，A 点为正，B 点为负，VD_1、VD_3 正向导通，VD_2、VD_4 反向截止，导电线路为 A→VD_1→R_L→VD_3→B；在电压 u_2的负半周，B 点为正，A 点为负，二极管 VD_2、VD_4正向导通，VD_1、VD_3反向截止，导电线路为 B→VD_2→R_L→VD_4→A。在负载上得到的是单一方向的脉动直流电压和电流，这种直流电不能直接供给对直流电要求较高的场合。桥式整流电路中各处的电压和电流的波形如图 1-28所示。

2. 负载上直流电压和电流值的估算

单相桥式整流输出电压波形的面积是半波整流时的两倍，所以输出的直流电压也是半波

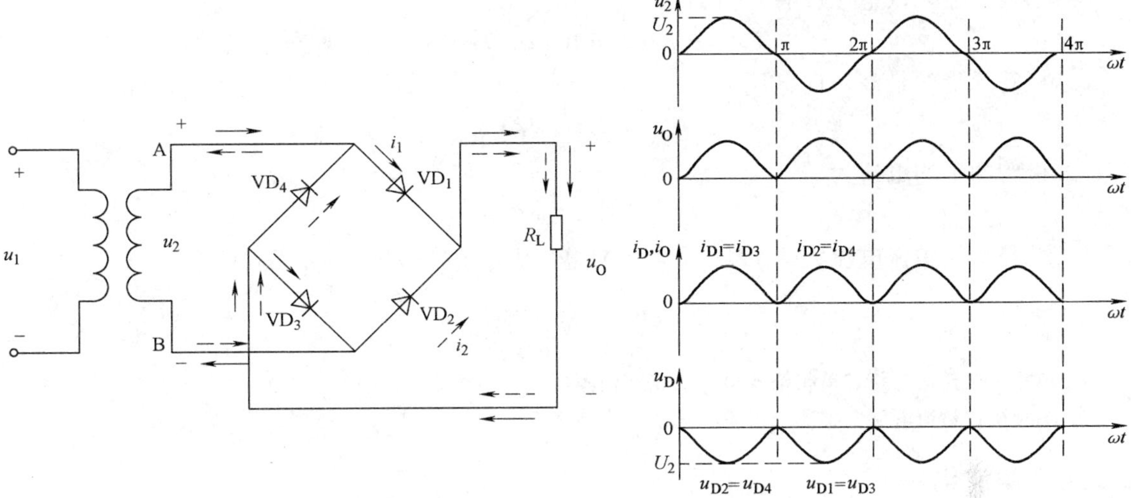

图 1-27　单相桥式整流电路　　　图 1-28　桥式整流电路电压、电流波形图

时的两倍，即

$$U_O = 0.9U_2 \tag{1-3}$$

输出平均电流为

$$I_O = 0.9U_2/R_L \tag{1-4}$$

3. 二极管的选择

在桥式整流电路中，每只二极管都是在交流电的半个周期内导通，所以流过每个二极管的平均电流是输出电流平均值的一半，所以管子的最大整流电流为

$$I_F \geqslant I_D = I_O/2 \tag{1-5}$$

二极管承受的最高反向电压是交流电压峰值，所以管子的最高反向工作电压为

$$U_{RM} \geqslant \sqrt{2}U_2 \tag{1-6}$$

仿真验证：运行 Multisim 软件制作仿真电路，如图 1-29 所示，其中图 1-29a 为仿真验证电路，图 1-29b 为输入电压和输出电压仿真波形。

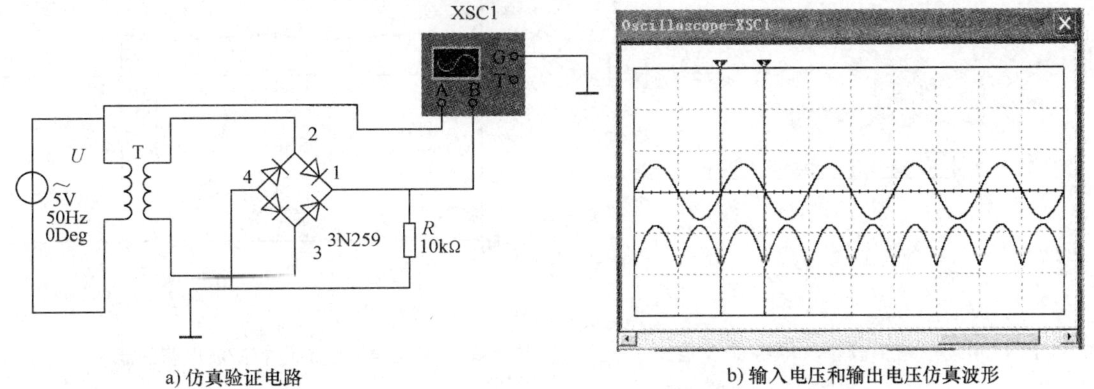

a) 仿真验证电路　　　b) 输入电压和输出电压仿真波形

图 1-29　桥式整流电路

例 1-2　有一单相桥式整流电路，要求输出 40V 的直流电压和 2A 的直流电流，交流电源电压为 220V，试选择整流二极管。

解：变压器二次电压的有效值为

$$U_2 = U_O/0.9 = 40\text{V}/0.9 \approx 44.4\text{V}$$

二极管承受的最高反向电压为

$$U_{RM} = \sqrt{2}U_2 = 62.8\text{V}$$

二极管的平均电流为

$$I_D = I_O/2 = 2\text{A}/2 = 1\text{A}$$

可选择最大整流电流大于1A，最高反向电压大于62.8V的二极管。

思 考 题

1. 单相半波整流电路与单相桥式整流电路有何不同点？
2. 单相桥式整流电路中整流二极管在选取时有何要求？

1.2.4 滤波电路

整流后得到的直流电是脉动直流电，这种直流电脉动系数比较大，不能直接作为电子电路的供电电源，必须采取一些措施减小输出电压中的交流成分，使其输出电压接近理想的直流电压。可采用滤波电路完成此功能。常用的滤波电路有电容滤波、电感滤波和复式滤波等。

1.2.4.1 电容滤波电路

1. 电容滤波电路的组成及工作原理

单相半波整流电容滤波电路如图1-30所示，由于电容C隔直流通交流，C旁路交流，直流通过负载，加之电容两端电压不能突变，于是负载上得到不会突变的平滑的直流输出电压，达到滤波的目的。

单相半波整流电容滤波电路的波形如图1-31所示。滤波过程分析如下：

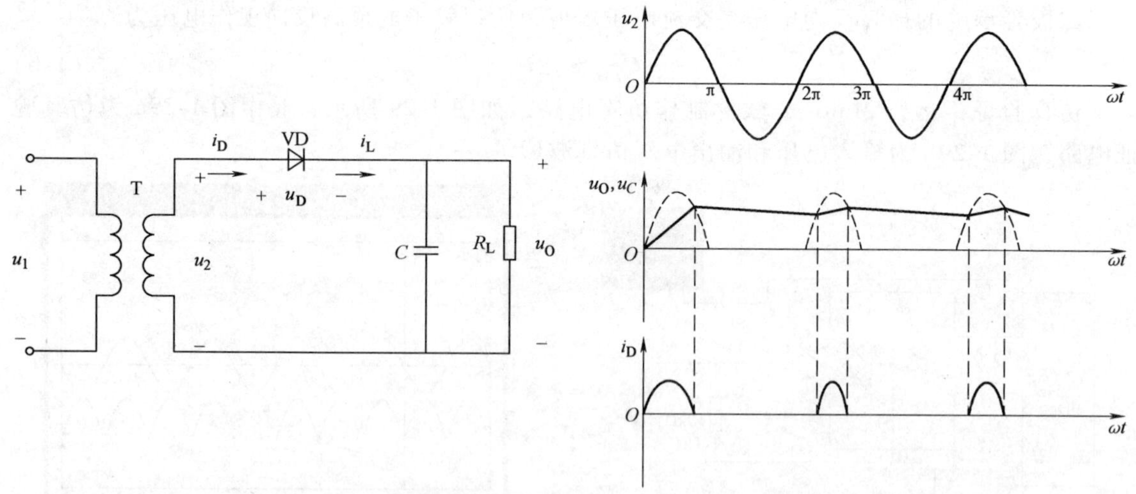

图1-30 单相半波整流电容滤波电路

图1-31 单相半波整流电容滤波电路的滤波过程及波形

（1）空载时的情况 若初始电容电压$u_C = 0$，$t = 0$时接通电源，于是u_2通过VD（正半周）给C充电。由于没有放电回路，故C很快充到u_2的峰值，即$u_O = u_C = \sqrt{2}U_2$，且保持不变，无脉动。

（2）负载时的情况　若初始电容电压 $u_C=0$，$t=0$ 时接通电源，在 u_2 的正半周时，二极管 VD 导通，忽略二极管的正向电压降，则 $u_o=u_2$，这个电压一方面给电容 C 充电，一方面产生负载电流 i_O，电容 C 上的电压与 u_2 同步增长，当 u_2 达到峰值后，开始下降，$u_C>u_2$，二极管截止。之后，电容 C 以指数规律经 R_L 放电，u_C 下降。当放电到达一定程度，u_2 经负半周后开始上升，当 $u_C<u_2$ 时，电容 C 再次被充电到峰值。u_C 降到一定程度后，电容 C 再次经 R_L 放电，通过这种周期性充放电，以达到滤波效果。

由于电容不断地充放电，使得输出电压的脉动性大大减小，而且输出电压的平均值有所提高。输出电压平均值 U_O 的大小，显然与 R_L、C 的大小有关：R_L 越大，C 越大，电容放电越慢，U_O 越高。

仿真验证：运行 Multisim 软件制作仿真电路如图 1-32a 所示，起动仿真按钮得负载电阻为 100Ω 时的输入与输出关系波形图，如图 1-32b 所示。

当负载电阻增到 500Ω，电容不变时，波形图如图 1-32c 所示；当负载电阻不变，电容增大到 100μF 时，波形图如图 1-32d 所示。可见，输出电压平均值 U_O 的大小，显然与 R_L、C 的大小有关。

桥式整流电容滤波原理与半波整流时相同，由于在变压器输出交流电压的一个周期内对电容 C 充电两次，故输出波形比较平滑。与半波整流电容滤波相比较，桥式整流电容滤波的输出电压高且脉动成分小。

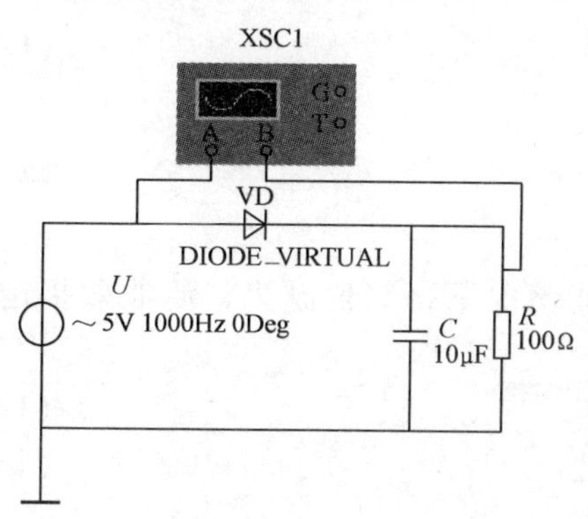

a) 仿真电路

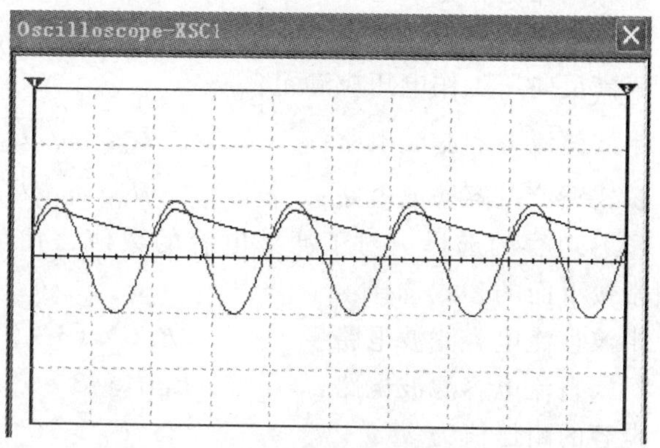

b) 电容为10μF、电阻为100Ω 的输入输出电压波形

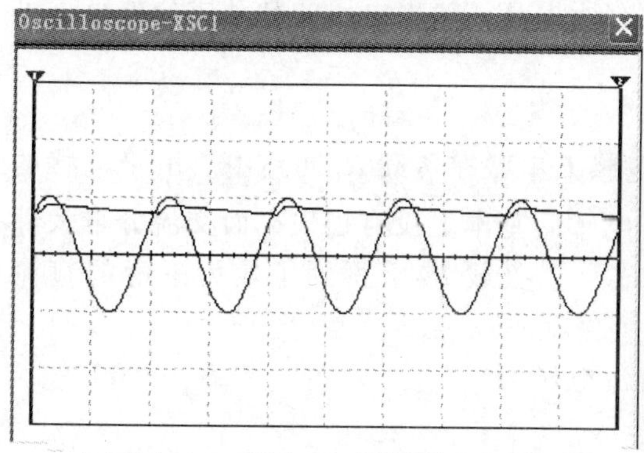

c) 电容为10μF、电阻为500Ω 的输入输出电压波形

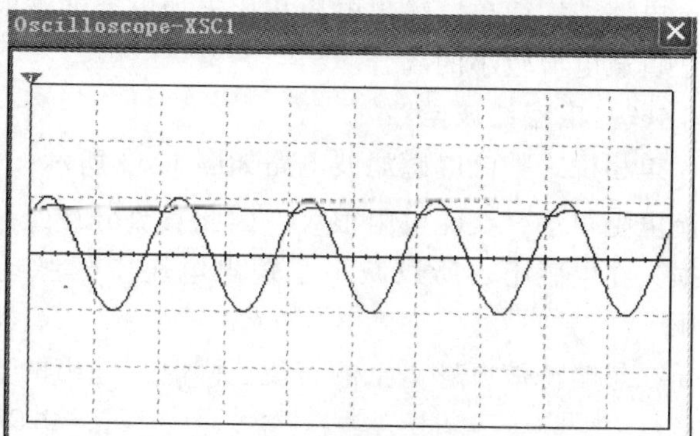

d) 电容为100μF、电阻为100Ω 的输入输出电压波形

图 1-32　单相半波整流电容滤波电路的滤波仿真电路及仿真波形

2. 输出直流电压的估算

经过滤波后的输出电压的平均值 U_O 得到了大幅升高，纹波大为减小，且 R_LC 越大，电容放电速度越慢，U_O 越高。当满足 $R_LC \geqslant (3\sim5)T/2$ 时，用 RPV 经验公式来估算输出电压的平均值 U_O 为

半波整流电容滤波电路： $U_O=(1\sim1.1)U_2$ (1-7)

桥式整流电容滤波电路： $U_O=(1\sim1.2)U_2$ (1-8)

3. 负载电流及二极管的平均电流

半波整流电容滤波电路中有： $I_O=U_O/R_L$ (1-9)

$I_D=I_O$ (1-10)

桥式整流电容滤波电路中有： $I_O=U_O/R_L$ (1-11)

$$I_D=\frac{1}{2}I_O \tag{1-12}$$

4. 二极管与滤波电容的选择

（1）二极管的选择　在电容滤波电路中，二极管的导通时间变短，在导通电流平均值不变的情况下，导通电流的峰值大大增加了。所以在选择二极管时，应对最大整流电流参数留有充分的余量，以保证二极管的安全。

最大整流电流应满足以下条件：

半波整流电容滤波电路： $I_F \geqslant (2\sim3)I_O$ (1-13)

桥式整流电容滤波电路： $I_F \geqslant (2\sim3)I_O/2$ (1-14)

最高反向压工作电压应满足：

半波整流电容滤波电路： $U_{RM} \geqslant \sqrt{2}U_2$ (1-15)

桥式整流电容滤波电路： $U_{RM} \geqslant \sqrt{2}U_2$ (1-16)

（2）电容的选择　对于滤波电容的数值，在可能情况下，数值越大，滤波效果越好。但通常按下面的公式选择：

半波整流电容滤波电路： $R_LC \geqslant (3\sim5)T$ (1-17)

桥式整流电容滤波电路： $R_LC \geqslant (3\sim5)T/2$ (1-18)

电容的耐压值为 $U_C>2U_2$

5. 电容滤波电路的特点

电路结构简单，输出电压相比未加电容滤波时有所提高，输出电压的脉动成分减小，可用于负载电流较小的场合。

1.2.4.2 电感滤波电路

单相桥式整流电感滤波电路如图 1-33 所示，电感 L 串联在负载 R_L 回路中。由于电感的直流电阻很小，交流电阻很大，因此直流分量经过电感后基本上没有损失，而交流分量大部分损失在电感上，所以减小了输出电压中的脉动成分，负载 R_L 上得到了较为平滑的直流电压。

在忽略滤波电感 L 上的直流压降时，输出的直流电压为

$$U_O=0.9U_2$$

电感滤波的优点是输出特性比较平坦，而且电感 L 越大，负载 R_L 越小，输出电压的脉动就越小，适用于要求输出电压低，负载电流较大的场合。其缺点是体积大，成本高，存在

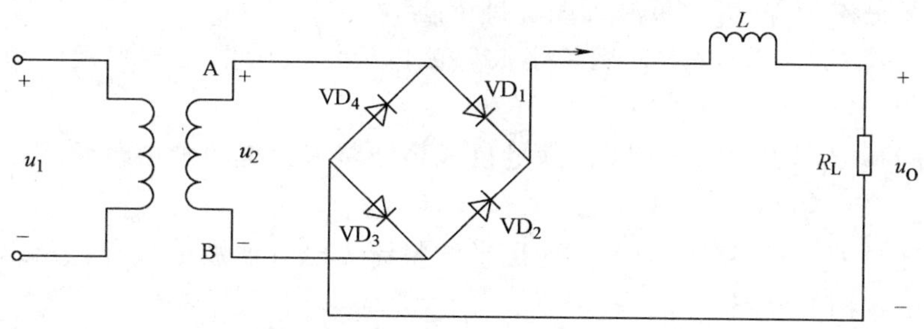

图1-33　单相桥式整流电感滤波电路

电磁干扰。

1.2.4.3　复式滤波电路

为了提高滤波效果，可以将电感、电容、电阻组合起来，构成复式滤波电路。这种电路是将电感与负载串联来衰减交流成分，电容与负载并联来滤出交流成分，从而使负载上得到更加平滑的直流电。

图1-34a为$LC=\Gamma$型滤波电路；图1-34b为$LC=\pi$型滤波电路；图1-34c为$RC=\pi$型滤波电路，$RC=\pi$是$LC=\pi$型滤波电路的改进电路，在电流较小的场合，用R来代替L，可减小电路的体积和重量，降低成本。

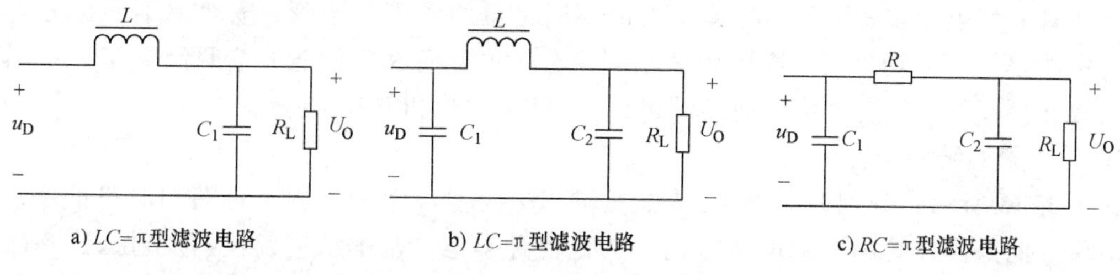

图1-34　复式滤波电路

例1-3　在图1-35所示的桥式整流电容滤波电路中，已知电压$U_2=20\text{V}$，如果在测量负载两端电压U_O时，出现以下5种情况：

①$U_O=28\text{V}$；②$U_O=24\text{V}$；③$U_O=20\text{V}$；④$U_O=18\text{V}$；⑤$U_O=9\text{V}$。

试讨论在这5种情况下，哪种是正常工作情况？哪种发生了故障？若发生故障，试分析原因。

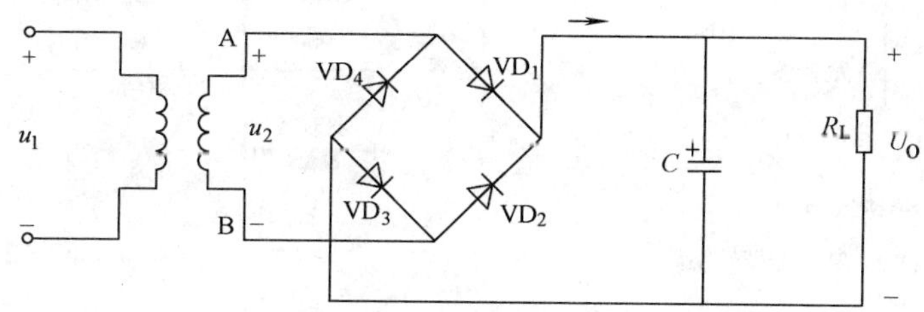

图1-35　桥式整流电容滤波电路

解：根据关系式$U_O=1.2U_2$，只有第2种情况是正常工作状态，其余都为不正常工作状态。

第 1 种情况是 $U_0=\sqrt{2}U_2$，负载开路，即 $R_L=\infty$。

第 3 种情况是 $U_0=U_2=20V$，满足半波整流电容滤波的情况，所以可知电路中有一只二极管开路。

第 4 种情况是 $U_0=0.9U_2=18V$，满足桥式半波整流无电容滤波的情况，所以可知电容开路。

第 5 种情况是 $U_0=0.45U_2=9V$，满足半波整流无电容滤波的情况，所以可知电路中有一只二极管和电容同时开路。

思 考 题

1. 整流的作用主要是什么？主要采用什么元器件？最常用的整流电路是哪一种？
2. 滤波电路的主要作用是什么？滤波电路中最重要的元器件是什么？

1.2.5 晶体管

由于在工作时晶体管中的电子和空穴两种载流子都起作用，因此它属于双极型器件，也叫做 BJT（Bipolar Junction Transistor，双极型晶体管）。

1.2.5.1 晶体管的类型、结构及符号

1. 晶体管的类型

晶体管的种类很多，按照半导体材料的不同可分为硅管、锗管；按功率不同可分为小功率管、中功率管和大功率管；按照频率不同可分为高频管和低频管；按照制造工艺不同可分为合金管和平面管等；按照结构的不同可分为 NPN 型管和 PNP 型管。

2. 晶体管的结构及符号

如图 1-36 所示，分别为 NPN 型晶体管和 PNP 型晶体管的结构示意图和电路符号，符号中的箭头方向是晶体管的实际电流方向。无论何种类型，基本结构都包括发射区、基区和集电区；三个极分别从三个区引出，称为发射极、基极和集电极；发射区和基区之间、基区和集电区之间形成两个 PN 结，称为发射结和集电结。即一个晶体管内部有三个区、两个 PN 结和三个外引电极。图 1-37 所示为几种常见晶体管的外形图。

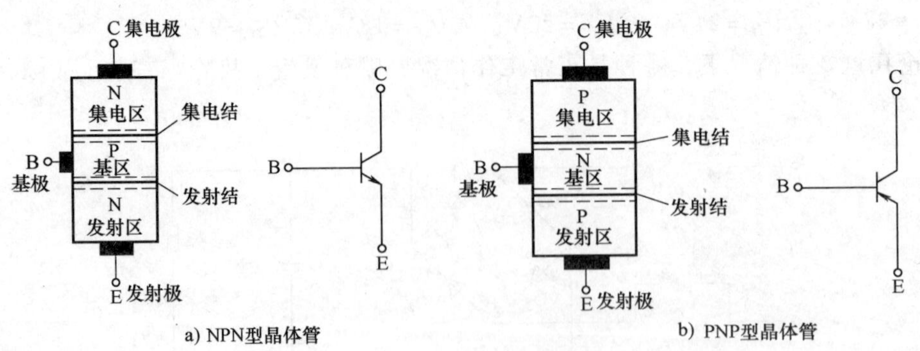

图 1-36 晶体管的结构示意图与电路符号

3. 晶体管制造工艺特点（晶体管具有电流放大作用的内部特点）

为了保证上述两种晶体管具有电流放大作用，它们在制造工艺上具有以下特点：

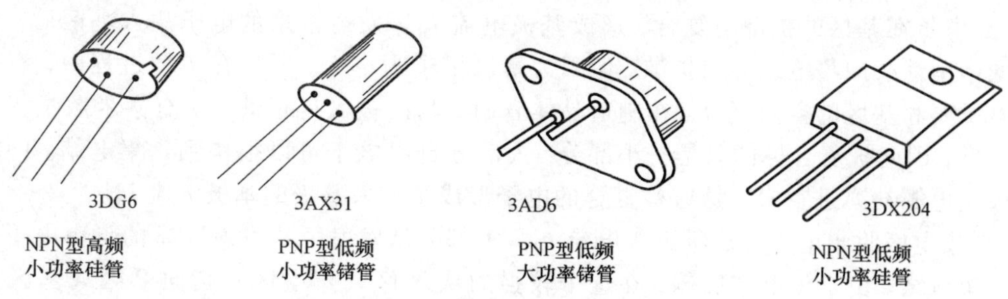

图1-37 常见晶体管的外形图

1）发射区掺杂浓度很高，结面积较小。

2）基区很薄且掺杂浓度很低。

3）集电区结面积很大，掺杂浓度介于发射区和基区之间。

显然，由于晶体管各个区内部结构上的不同，使晶体管作为放大器件使用时，发射极和集电极绝不能互换使用。

1.2.5.2 晶体管的电流放大作用

1. 晶体管具有电流放大作用的外部条件

晶体管的主要性能是具有电流放大作用，要实现晶体管的电流放大作用，除具备晶体管的内部条件（特点）之外，还应具备晶体管具有放大作用的外部条件，即发射结正向偏置且集电结反向偏置。为此，对于NPN型晶体管来说三个电极的电位必须满足

$$U_B > U_E \qquad U_C > U_B$$

对于PNP型晶体管来说三个电极的电位必须满足

$$U_B < U_E \qquad U_C < U_B$$

2. 晶体管放大时内部载流子的运动及电流的分布情况

由于NPN型晶体管和PNP型晶体管的结构对称，工作原理完全相同，下面以NPN型晶体管为例，讨论晶体管内部载流子的传输过程。和二极管一样，要使晶体管能控制载流子的传输以达到电流放大的目的，必须给晶体管加上合适的偏置电压，NPN型晶体管的偏置情况如图1-38所示。

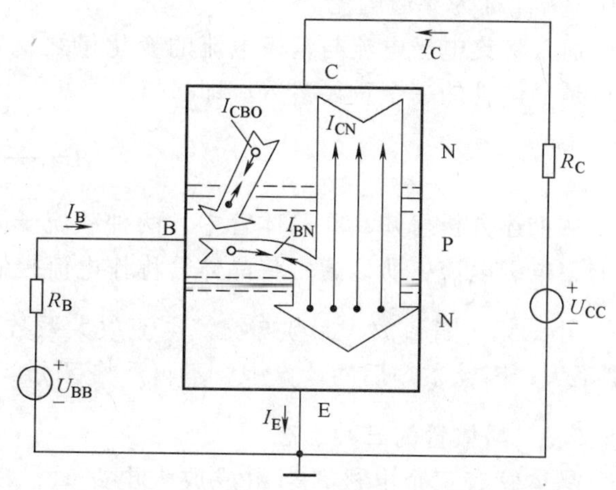

图1-38 NPN型晶体管中载流子运动及各电极电流

1）发射区向基区注入电子，形成发射极电流 I_E。在图1-38中，由于发射结正偏，因此，高掺杂浓度的发射区多子（自由电子）越过发射结向基区扩散，并不断地从电源负极补进电子，形成发射极电流 I_E，发射极电流的方向与电子流动方向相反，是流出晶体管发射极的（与此同时，基区多子空穴也向发射区扩散，但因基区掺杂浓度低，数量和发射区的电子相比很少，可以忽略

不计）。

2）电子在基区的扩散与复合，形成基极电流 I_B。发射区来的电子注入基区后，由于浓度差的作用继续向集电结方向扩散。但因为基区多子为空穴，所以在扩散过程中，有一部分自由电子要和基区的空穴复合。在制造晶体管时，基区被做得很薄，只有微米数量级，掺杂浓度又低，因此被复合掉的只是一小部分，大部分自由电子可以很快到达集电结。同时基区从基极正电源补充进空穴，这些被复合的电子形成了流入基极的基极电流 I_B。

3）集电区收集电子形成集电极电流 I_C。大部分从发射区“发射”来的自由电子很快扩散到了集电结。由于集电结反偏，在这个较强的从 N 区（集电区）指向 P 区（基区）的内电场的作用下，自由电子很快就被吸引、漂移过了集电结，到达集电区，形成集电极电流的主要成分 I_{CN}。集电极电流的方向是流入集电极的。除此之外，少数载流子的漂移，包括集电区的空穴和基区的自由电子，构成集电极-基极的反向电流 I_{CBO}，但 I_{CBO} 很小。

3. 电流的分配关系

由晶体管内部载流子的传输过程及 KCL 定律，可以得出

$$I_C = I_{CN} + I_{CBO} \tag{1-19}$$

$$I_B = I_{BN} - I_{CBO} \tag{1-20}$$

$$I_E = I_{CN} + I_{BN} = I_C + I_B \tag{1-21}$$

发射极电流 I_E 在基区分为基区内的复合电流 I_{BN} 和继续向集电极扩散的电流 I_{CN} 两个部分，I_{CN} 与 I_{BN} 的比例，取决于制造晶体管时的结构和工艺，管子制成后，这个比例基本上是个定值。定义晶体管的直流电流放大系数 $\overline{\beta}$ 为 I_{CN} 与 I_{BN} 的比值，它是晶体管的一个重要参数。即

$$\overline{\beta} = \frac{I_{CN}}{I_{BN}} = \frac{I_C - I_{CBO}}{I_B + I_{CBO}} \approx \frac{I_C}{I_B} \tag{1-22}$$

由上式变换可得

$$I_C = \overline{\beta} I_B + (1 + \overline{\beta}) I_{CBO}$$

其中后一项常用 I_{CEO} 表示，即

$$I_{CEO} = (1 + \overline{\beta}) I_{CBO} \tag{1-23}$$

式中，I_{CEO} 称为穿透电流。

通常将集电极电流与基极电流的变化量之比定义为共发射极放大电路交流放大系数 β，它也是晶体管的一个重要参数。即

$$\beta = \frac{\Delta I_C}{\Delta I_B} \tag{1-24}$$

从上述分析可知，在晶体管中，两种载流子同时参与导电，微小的基极电流可以控制较大的集电极电流，所以通常将晶体管称作电流控制器件。

小知识： 直流放大系数与交流电流放大系数含义不同，但对大多数晶体管来说数值差别不大，因此在今后的计算中，不再严格区分。

1.2.5.3 晶体管的三种组态

晶体管有三个电极，当组成放大电路时，以一个电极作为信号的输入端，一个电极作为信号的输出端，另一个作为输入输出的公共端。因此可构成三种基本组态，即三种

不同的连接方式，分别为共发射极放大电路、共基极放大电路和共集电极放大电路，如图1-39所示。

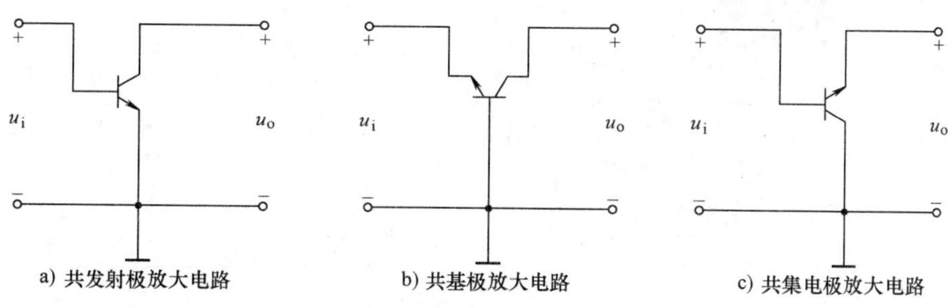

图1-39　晶体管的三种基本组态

三种连接方式，无论哪一种，要想具有放大作用，都必须保证发射结正偏、集电结反偏这个工作条件。

1.2.5.4　晶体管的特性曲线

晶体管的伏安特性曲线是指晶体管各极间电压与各电极电流之间的关系曲线，它是管内载流子运动规律的外部体现，可以指导我们在电路设计中合理地选择和使用晶体管，还可以在特性曲线上作图对晶体管的放大性能进行分析。晶体管和二极管一样是非线性器件，所以其伏安特性曲线也是非线性的。常用的晶体管伏安特性曲线有输入特性曲线和输出特性曲线。这些曲线和电路的接法有关。这里仍以最常用的NPN型晶体管构成的共发射极电路为例来分析晶体管的特性曲线。

1. 输入特性曲线

输入特性曲线是指当集电极与发射极之间电压u_{CE}为一常数时，输入回路中加在晶体管基极与发射极之间的发射结电压u_{BE}和基极电流i_B之间的关系曲线。用函数关系式表示为$i_B=f(u_{BE})\big|_{u_{CE}=常数}$

当$u_{CE}=0V$时，晶体管集电极、发射极两极短路，发射结和集电结均正偏，相当于正向接法的两个二极管并联，所以，这时晶体管的输入特性曲线类似于二极管的正向伏安特性曲线。当u_{CE}增加时，特性曲线右移，当$u_{CE}\geq 1V$后，输入特性曲线基本上不再右移，可近似认为重合，如图1-40所示。

硅管的导通电压为0.5V，锗管为0.1V；正常工作时，硅管的$u_{BE}=0.7V$，锗管约为0.3V。输入特性曲线有两个区域：死区和线性区。

仿真验证：运行Multisim软件制作仿真电路，如图1-41a所示，起动仿真按钮得基极电流与发射结电压之间的关系曲线，如图1-41b所示。

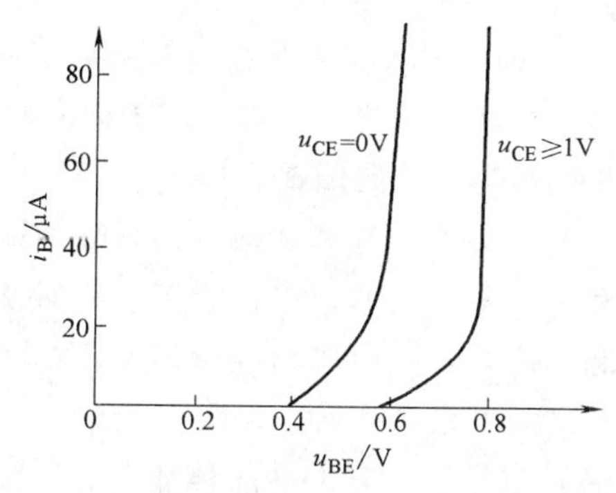

图1-40　晶体管输入特性曲线

2. 输出特性曲线

输出特性曲线是在基极电流i_B一定的情况下，晶体管的集电极输出回路中，集电极与发射极之间的管压降u_{CE}和集电极电流i_C之间的关系

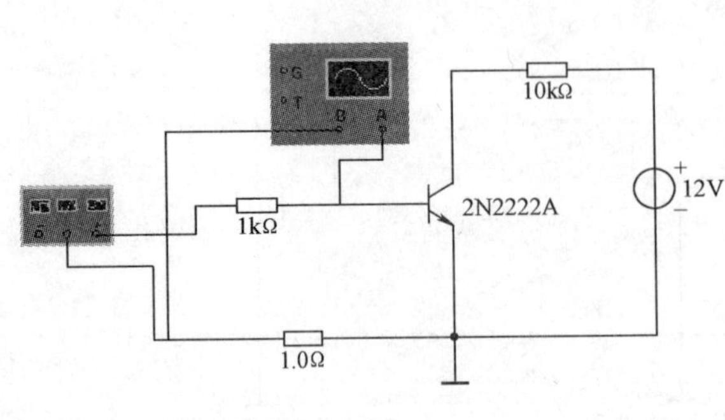

a) 仿真电路

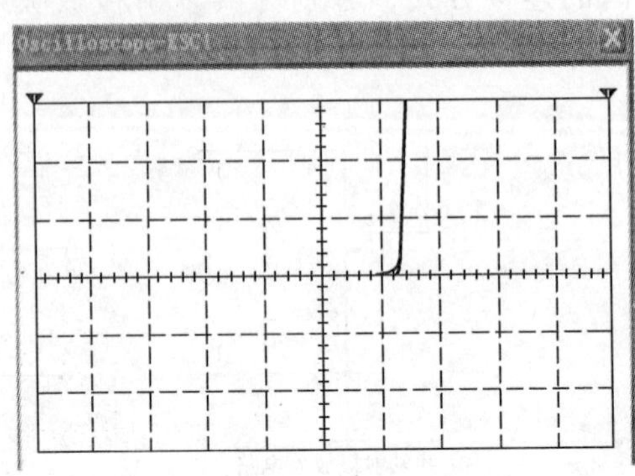

b) i_B与u_{BE}的关系曲线

图 1-41 输入特性的仿真电路与仿真波形

曲线。用函数式表示为

$$i_C = f(u_{CE})\big|_{i_B=\text{常数}} \tag{1-25}$$

固定一个i_B值，可以得到一条输出特性曲线，改变i_B值可得到一族输出特性曲线。以NPN型晶体管为例，其输出特性曲线如图1-42所示。根据晶体管的不同工作状态，输出特性曲线可分为三个工作区域，即放大区、截止区和饱和区。除工作区外还有一个击穿区（不能正常工作），如图1-42所示。

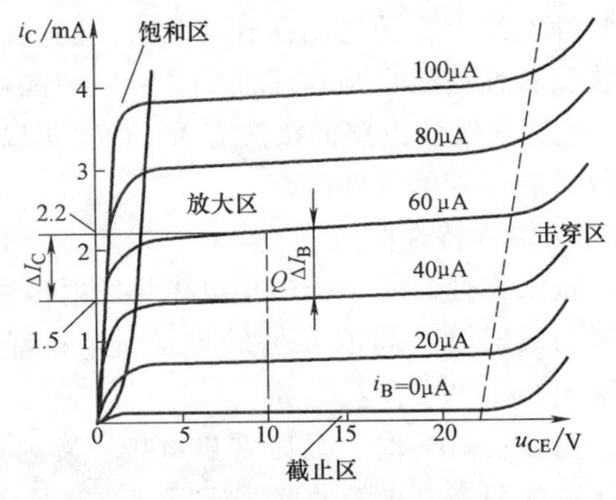

图 1-42 共发射极电路输出特性曲线

（1）放大区 放大区指输出特性曲线中间平坦区域，一般$u_{CE}>1V$。工作在放大区的条件是：外加电压要使发射结处于正偏，集电结处于反偏。

特点：①i_C受i_B的控制，与u_{CE}的大小几乎无关，即$i_C=\beta i_B$，因此晶体管是一个受电流i_B控制的电流源。②发射结处于正偏，集电结处于反偏。

（2）截止区 习惯上把$i_B \leqslant 0$的区域称为截止区，这是指可靠截止，实际上，当$u_{BE}<0.5V$时，即已进入截止状态。$i_B \approx 0$，$i_C \approx 0$，$u_{CE}=U_{CC}$，管子失去放大能力。如果把晶体管当做一个开关，这个状态相当于断开状态。显著特点是：在截止区管子的外加电压使发射结和集电结均为反向偏置。

（3）饱和区 饱和区指输出特性曲线中，i_C上升部分拐弯点的连线与纵轴之间的区域。在饱和区i_C不受i_B的控制，管子失去放大作用，把晶体管当做一个开关，这时开关处于闭合状态。估算时，小功率硅管取0.3V，锗管取0.1V。工作在饱和区的晶体管的显著特点是：发射结和集电结均为正向偏置。

（4）击穿区 它不是晶体管的工作区域。当u_{CE}大于一定的数值后，输出特性曲线上翘，若进一步增大u_{CE}，晶体管将被击穿损坏。

1.2.5.5　晶体管的主要参数

1. 电流放大系数

根据工作状态的不同，在直流和交流两种情况下，分别有直流电流放大系数$\overline{\beta}$和交流电流放大系数β。

（1）共发射极电路直流电流放大系数$\overline{\beta}$　在共发射极电路没有交流输入信号的情况下，I_C与I_B的比值称为直流电流放大系数$\overline{\beta}$，即

$$\overline{\beta} \approx \frac{I_C}{I_B} \tag{1-26}$$

（2）共发射极电路交流电流放大系数β　指在共发射极电路中，输出集电极电流的变化量与输入基极电流的变化量的比值，即

$$\beta = \frac{\Delta I_C}{\Delta I_B}$$

在一般情况下，可以认为$\beta \approx \overline{\beta}$。

2. 极间反向电流

（1）集电极—基极间反向饱和电流I_{CBO}　指在发射极断开时，基极和集电极之间的反向电流，测量电路如图1-43a所示。I_{CBO}的实质就是集电结反偏时集电区和基区的少子漂移电流，所以受温度影响较大。I_{CBO}的值一般很小，在室温下，小功率硅管的$I_{CBO} \leqslant 1\mu A$；小功率锗管约为$10\mu A$。I_{CBO}的大小标志着集电结质量的好坏，I_{CBO}越小越好。一般在工作环境温度变化较大的场所都选择硅管。

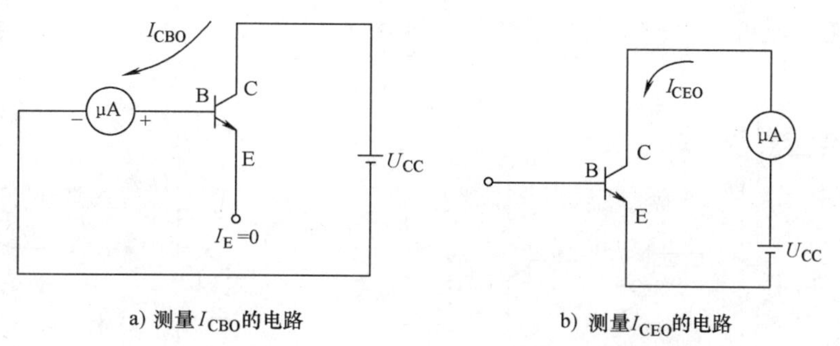

a) 测量I_{CBO}的电路　　b) 测量I_{CEO}的电路

图1-43　极间反向电流参数测试电路

（2）集电极—发射极间反向电流I_{CEO}　指基极开路时，集电极与发射极之间加一定反向电压时的集电极电流。由于这个电流从集电极穿过基区流到发射极，因此又叫穿透电流，测试电路如图1-43b所示。I_{CEO}与I_{CBO}的关系为

$$I_{CEO} = I_{CBO} + \beta I_{CBO} = (1+\beta) I_{CBO}$$

I_{CEO}与I_{CBO}一样，属于少子漂移电流，受温度影响较大，是衡量管子质量的重要参数。

3. 极限参数

晶体管正常工作时，管子上的电压和电流是有一定限度的，超出这个限度会使晶体管工作不正常，使特性变坏，甚至损坏。因此要规定允许的最高工作电压、流经晶体管的最大工作电流和允许的最大耗散功率等。这些电压、电流和功率值称为晶体管的极限参数。选择和

使用管子时，必须保证晶体管的工作状态不能超过这些极限值。

（1）集电极最大允许电流 I_{CM}　当集电极电流超过某一定值时，晶体管性能变差，甚至损坏管子，β 值将随 I_C 的增加而下降。集电极最大允许电流 I_{CM}，就是表示 β 下降到额定值的 1/2 ~2/3 时的 I_C 值，一般规定在正常工作时，流过晶体管的集电极电流 $i_C < I_{CM}$。

（2）集电极最大允许耗散功率 P_{CM}　这个参数表示集电结上允许损耗功率的最大值。P_{CM} 与环境温度有关，温度越高，P_{CM} 越小。手册中给出的 P_{CM} 值是在常温（25℃）并加规定尺寸散热器（大功率管中）的情况下测得的。集电结耗散功率一般可用 $P_C = I_C U_{CE}$ 来表示，晶体管工作时应满足 $I_C U_{CE} < P_{CM}$ 的条件才是安全的。

（3）基极开路时集电极与发射极之间的反向击穿电压 $U_{(BR)CEO}$　电源电压 U_{CC} 使集电结反偏，并产生管压降 u_{CE}。当 u_{CE} 增大到一定程度时，会将集电结击穿，使集电极电流 i_C 迅速增加，甚至损坏晶体管。基极开路时，集电极与发射极之间允许施加的最高反向电压比 $U_{(BR)CEO}$ 要小一些。所以使用时只要注意晶体管集电极与发射极之间的电压不要超过 $U_{(BR)CEO}$ 就可以了。

由 P_{CM}、I_{CM}、$U_{(BR)CEO}$ 组成的区域，称为安全工作区域，如图 1-44 所示。

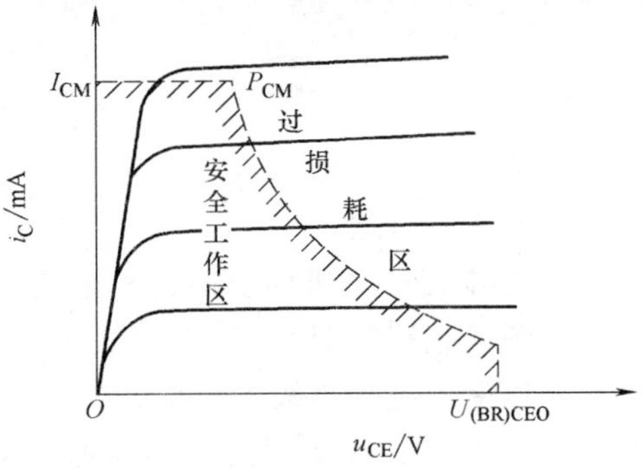

图 1-44　晶体管的安全工作区域

1.2.5.6　复合晶体管

复合晶体管也称达林顿管，让两个晶体管按一定的方式连接即可构成一个复合晶体管，如图 1-45 所示。

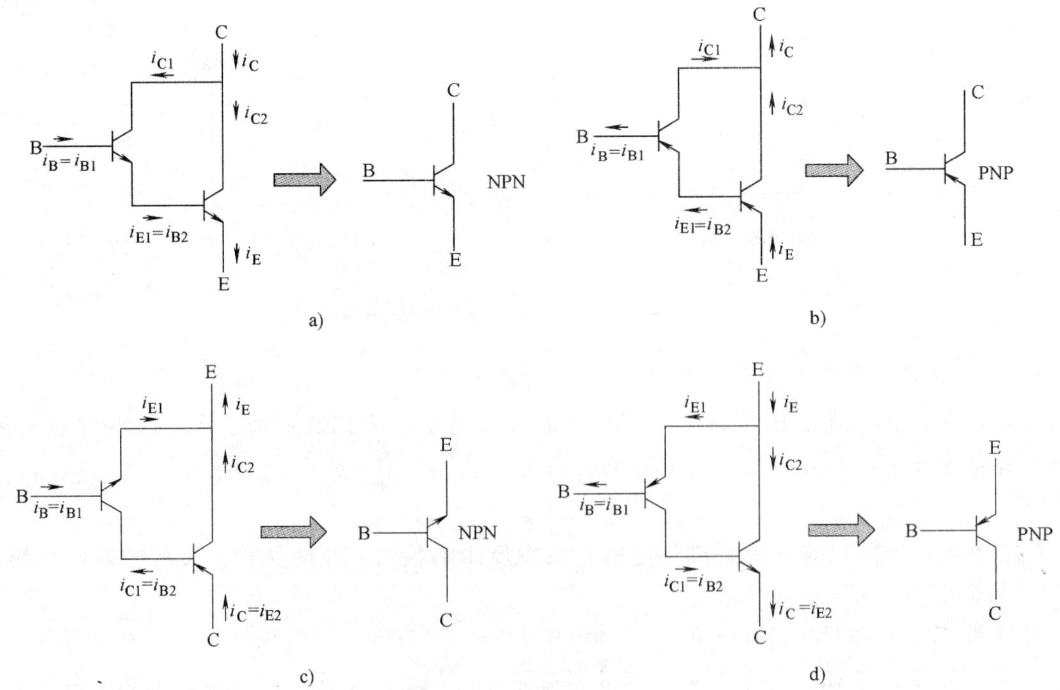

图 1-45　复合晶体管

复合管有 NPN 型和 PNP 型两种，其类型与第一只管子相同。

以图 1-45a 为例，有

$$i_C = i_{C1} + i_{C2} = \beta_1 i_B + \beta_2(1+\beta_1)i_{B1} = (\beta_1 + \beta_2 + \beta_1\beta_2)i_B \tag{1-27}$$

可见，复合管的电流放大系数比普通晶体管大很多，所以常用于音频功率放大、电源稳压、大电流驱动和开关控制等电路中。

1.2.5.7 晶体管的选管原则

1）从晶体管的稳定性和安全性考虑，必须保证管子工作在安全工作区域，即 $i_C < I_{CM}$，$P_C < P_{CM}$，$u_{CE} < U_{(BR)CEO}$。

2）当输入信号频率较高时，选高频管或超高频管；若用于开关电路时，则选开关管。

3）当要求反向电流小，允许结温高，且能工作在温度变化大的环境中时，就选硅管；而要求导通电压低时，可选锗管。

4）对于同一型号管子，优先选反向电流小的，而 β 值不宜太大。

小知识：晶体管工作状态的判断：

1）当 $U_{BE} < U_{TH}$（U_{TH}是晶体管发射结导通电压或死区电压，硅管约为 0.5V，锗管约为 0.2V）时，$I_B = 0$，晶体管截止，C，E 间相当于开关断开，$I_C = 0$。

2）当 $U_{BE} > U_{TH}$，且 $0 < I_B < I_{BS}$（I_{BS}是临界饱和电流）时，晶体管处于放大状态。其中，$I_{BS} = \frac{I_{CS}}{\beta} = \frac{U_{CC} - U_{CES}}{\beta R_C} \approx \frac{U_{CC}}{\beta R_C}$，$I_B = \frac{U_{BB} - U_{BE}}{R_B}$（$U_{CES}$是晶体管的集电极和发射极的饱和压降，硅晶体管的饱和压降为 0.3V，锗晶体管的饱和压降为 0.1V；U_{CC}是放大电路的集电极电源，U_{BB}是放大电路的基极电源）。

3）当 $I_B > I_{BS}$时，晶体管饱和，C、E 间相当于开关闭合，$I_C = I_{CS}$。

思 考 题

1. 晶体管电路有哪几种基本组态？分别画出其电路。
2. 晶体管具有放大作用的内部条件和外部条件分别是什么？
3. 晶体管是由两个 PN 结组成，可否用两个二极管串联组成一个晶体管？
4. 叙述晶体管共发射极电路三种工作状态的条件和特点。

1.2.6 场效应晶体管

前面讨论的晶体管是一种电流控制器件，因为有两种载流子参与导电，又称为双极型三极管。当它工作在放大状态时，需要从信号源中吸取电流，这对于有一定内阻且信号又比较微弱的信号源来说，电压在内阻上的损耗太大，从器件本身来看，就是其输入电阻太小。而场效应晶体管是利用输入电压产生的电场效应来控制输出电流大小的，是一种电压控制器件，通常又称为单极型三极管。它是一种载流子参与导电，输入电阻极高，其基本上不需要信号源提供电流，同时还具有热稳定性好、功耗小、噪声低、制造工艺简单、便于集成等优点，因此在电子电路中得到了广泛应用。

根据结构的不同，场效应晶体管分为结型和绝缘栅型两大类，其中绝缘栅型应用更为广泛。本节以绝缘栅型为例介绍场效应晶体管的结构和工作原理。

1.2.6.1 场效应晶体管的基本结构组成

绝缘栅场效应晶体管简称 IGFET（Insulated Gate Field Effect Transistor）。目前应用最广泛的是金属—氧化物—半导体（Metal-Oxide-Semiconductor）绝缘栅场效应晶体管，简称 MOS 场效应晶体管。因为它的栅极处于绝缘的状态，所以叫做绝缘栅场效应晶体管。MOS 场效应晶体管输入电阻更高，可达 $10^{15}\Omega$ 以上，并且便于集成，不受温度影响，是目前发展很快的一种器件。

绝缘栅场效应晶体管分为 N 沟道和 P 沟道两种，每一种又分为增强型和耗尽型两种。下面以 N 沟道绝缘栅场效应晶体管为例进行介绍。

N 沟道增强型 MOS 场效应晶体管简称增强型 NMOS 场效应晶体管，它的结构如图 1-46a 所示。它是以一块掺杂浓度较低、电阻率较高的 P 型半导体为衬底，在衬底上面制作两个高掺杂浓度的 N 区域作为源极 s 和漏极 d，再在硅片上覆盖一层较薄的二氧化硅（SiO_2）绝缘层，在此绝缘层上喷涂一层铝做栅极 g，最后引出电极封装而成。由于栅极与源极、漏极均无电接触，故称为绝缘栅极。其电路符号如图 1-46b 所示，箭头方向是表示由 P（衬底）指向 N（沟道），符号中的断线表示当 $u_{GS}=0V$ 时，导电沟道不存在。同样，利用与增强型 NMOS 场效应晶体管对称的结构可以得到增强型 PMOS 场效应晶体管，其电路符号如图1-46c 所示。

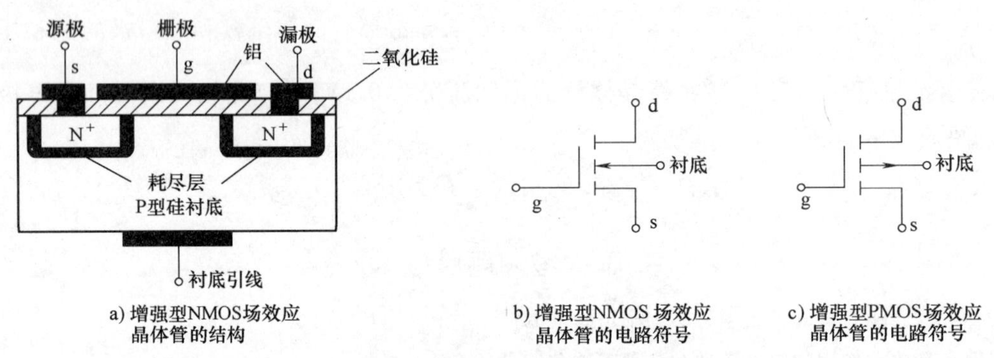

a) 增强型NMOS场效应晶体管的结构　b) 增强型NMOS 场效应晶体管的电路符号　c) 增强型PMOS场效应晶体管的电路符号

图 1-46 N 沟道增强型 MOS 场效应晶体管结构与电路符号

1.2.6.2 场效应晶体管的工作原理与特性曲线

1. 工作原理

1）如图 1-47a 所示，给 NMOS 场效应晶体管加漏源电压 U_{DD}，此时的栅源偏压 u_{GS} 为零，漏源间无原始导电沟道，NMOS 场效应晶体管相当于在 N^+ 区与 P 型衬底之间形成两个背靠背串联的 PN 结，所以流过管子的只是一个很小的 PN 结反向电流，漏极电流几乎为零。

2）当 $u_{GS}>0$ 且 u_{GS} 较小时，则在 u_{GS} 的作用下，在栅极下面的二氧化硅中产生一个由栅极指向 P 衬底的电场，使 P 衬底中的空穴向下移动到衬底下表面，留下的是不能移动的负电荷，同时少子（自由电子）向上移动到衬底上表面，由于 u_{DS} 很小，吸引的电子不能形成沟道，所以 $i_D=0$。

3）若 u_{GS} 继续增大，当 $u_{GS}=U_{GS(th)}$ 时，衬底上表面电子增多，形成一个 N 型薄层，这个薄层称为反型层，形成了一个沟道，只要 $u_{DS}>0$，就有电流 i_D 产生，如图 1-47b 所示。

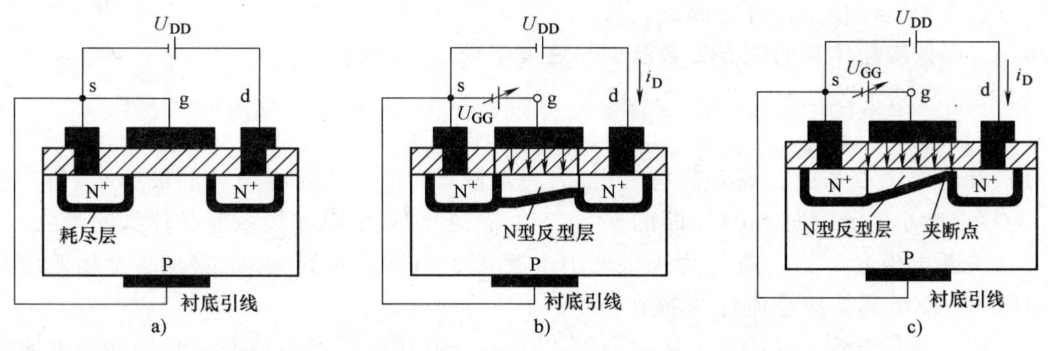

图 1-47　增强型 NMOS 场效应晶体管的电压控制作用

$U_{GS(th)}$称为开启电压。在u_{DS}一定的情况下，$u_{GS} \geqslant U_{GS(th)}$后，沟道形成，$u_{GS}$越大，反型层越厚，导电沟道电阻越小，$i_D$就越大。

4）导电沟道形成后，在u_{DS}作用下（$u_{DS} > 0$），$u_{GD} = u_{GS} - u_{DS}$小于栅源电压u_{GS}，u_{DS}增大使i_D线性增大，沟道沿源-漏方向逐渐变窄。

当u_{DS}增大到使$u_{GD} = U_{GS(th)}$时，沟道在漏极一侧出现夹断点，称为预夹断，如图 1-47c 所示。

u_{DS}继续增大，夹断区随之延长。u_{DS}增大部分几乎全部用于克服夹断区对漏极电流的阻力。i_D不随u_{DS}的增大而变化，管子进入恒流区，i_D决定于u_{GS}。

2. 特性曲线

（1）转移特性曲线　图 1-48a 所示为某增强型 NMOS 场效应晶体管的转移特性曲线。当$u_{GS} < U_{GS(th)}$时，$i_D = 0$；当$u_{GS} > U_{GS(th)}$时，开始产生漏极电流，并且随着u_{GS}的增加而增大，因此称之为增强型场效应晶体管。

（2）输出特性曲线　N 沟道增强型场效应晶体管的典型输出特性曲线如图 1-48b 所示。当$u_{GS} > U_{GS(th)}$时，才开始产生i_D电流。它的输出特性也分为可变电阻区、放大区、截止区和击穿区，这里不再赘述。

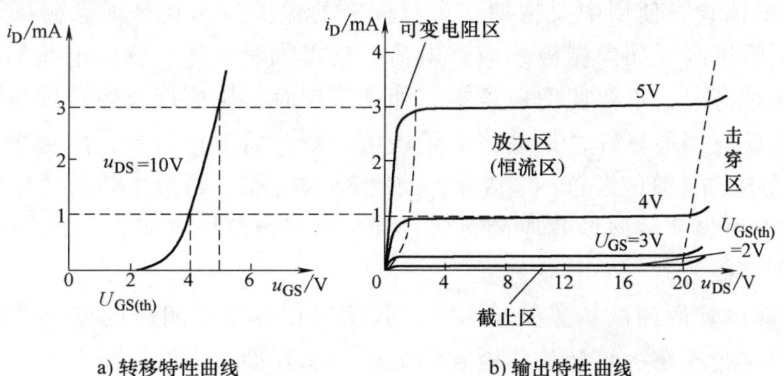

图 1-48　增强型 NMOS 场效应晶体管的伏安特性曲线

在恒流区内增强型 NMOS 场效应晶体管的i_D可近似地表示为

$$i_D = I_{DO}\left(\frac{u_{GS}}{u_{GS(off)}} - 1\right)^2 \tag{1-28}$$

式中，I_{DO}是 $u_{GS}=2U_{GS(th)}$时的值。

1.2.6.3 场效应晶体管的主要参数及使用注意事项

1. 场效应晶体管的主要参数

（1）性能参数

1）开启电压 $U_{GS(th)}$：$U_{GS(th)}$是在 u_{DS}为一常量时，使 i_D大于零所需的最小 u_{GS}值。通常指 i_D为规定微小电流（如 5μA）时的 u_{GS}。$U_{GS(th)}$是增强型 MOS 场效应晶体管的参数。

2）夹断电压 $u_{GS(off)}$：指 i_D为规定微小电流（如 5μA）时的 u_{GS}，它是结型场效应晶体管和耗尽型 MOS 场效应晶体管的参数。

3）饱和漏极电流 I_{DSS}：对于耗尽型管，在 $u_{GS}=0$ 情况下产生预夹断时的漏极电流定义为 I_{DSS}。

4）直流输入电阻 $R_{GS(DC)}$：$R_{GS(DC)}$等于栅-源电压与栅极电流之比。$R_{GS(DC)}$大于 $10^7\Omega$。

5）低频跨导 g_m：g_m数值的大小表示 u_{GS}对 i_D控制能力，即

$$g_m=\left.\frac{\Delta i_D}{\Delta u_{GS}}\right|_{u_{DS}=\text{常数}} \tag{1-29}$$

式中，g_m单位是 S 或（mS）。

（2）极限参数

1）最大漏极电流 I_{DM}：I_{DM}是管子正常工作时漏极电流的上限值。

2）击穿电压：管子进入恒流区后，使 i_D骤然增大的 u_{DS}称为漏-源击穿电压 $U_{(BR)DS}$，u_{DS}超过此值会使管子烧坏。

3）最大栅源电压 $U_{(BR)GS}$：表示栅-源间开始击穿时的电压值。

4）最大漏极耗散功率 P_{DM}：$P_{DM}=u_{DS}i_D$，耗散功率使管子发热，温度升高，使用时不能超过这个值。

2. 场效应晶体管使用注意事项

1）在使用场效应晶体管时应注意漏源电压、漏源电流、栅源电压、耗散功率等参数不应超过最大允许值。

2）场效应晶体管在使用中要特别注意对栅极的保护。尤其是绝缘栅场效应晶体管，这种管子的输入电阻很高，如果栅极感应有电荷，就很难泄放掉，感应电荷的积累会使栅极击穿。为了避免这种情况，不要使栅极悬空，即使不用时，也要用金属导线将三个电极短接起来。焊接时电烙铁应接地良好，最好将电烙铁电源断开后再行焊接，以免感应击穿栅极。

3）结型场效应晶体管的栅压不能接反，如使 PN 结正偏，将造成栅流过大，使管子损坏。

4）可以用万用表测结型场效应晶体管的 PN 结正、反向电阻，但绝缘栅型场效应晶体管不能用万用表直接去测三个电极。

5）场效应晶体管的漏极和源极互换时，其伏安特性没有明显的变化，但有些产品出厂时已经将源极和衬底连在一起，其漏极和源极就不能互换。

小知识：绝缘栅场效应晶体管的测试。

1）测试前的准备：测量前，必须做好防静电措施。手腕带防静电手环，简单的方法是手腕通过串接 1MΩ 电阻的一条导线与大地连通；台面及测试用的设备也要做防静电处理，简便的方法是将没有接地设备的测试端与地短路以便放掉其上的静电。

2）判定电极及类型：测试前用表笔将三个电极同时短路，使其栅极的电荷释放。

① 判定栅极。将万用表拨到 $R\times100$ 档，若某脚与其他脚的正、反向电阻都是无穷大，则证明此脚就是栅极 G。若有一次是导通的，则这两个电极为 D 极及 S 极，若是 N 沟道的 MOS 场效应晶体管，则黑表笔接的是 S 极，红表笔接的是 D 极；P 沟道的则相反。余下的就是 G 极了。若测得有两次以上是通的，则表示该管已坏。

② 判定管子类型及区分漏极和源极。若不知管子类型，则要判定管子的类型。测出栅极后，用万用表的 $R\times100$ 档两表笔接触 D 极和 S 极（并处于非导通的状态），分别用手碰触 G 极与其他两极。若碰触黑表笔时管子导通，则该管为 N 沟道型，且黑表笔连接的为 S 极；若碰触红表笔时导通，则该管为 P 沟道型，且红表笔连接的为 S 极。在测试时表针摆幅越大，表示管子的跨导越大。

思　考　题

1. 场效应晶体管有哪几项主要参数？
2. 使用场效应晶体管时，应注意哪些事项？
3. 为什么称晶体管为电流控制器件？MOS 场效应晶体管为电压控制器件？

1.3　相关的基本技能

1.3.1　常用电子元器件的识别与检测

1.3.1.1　电阻器的识别与检测

1. 电阻器的分类、型号及命名

（1）分类　常用的电阻器种类很多，一般分为固定电阻器和可变电阻器两大类。固定电阻器是指电阻器的阻值固定不变，而可变电阻器的阻值可根据需要在一定范围内进行调节。

固定电阻器（简称电阻）可根据制作材料和工艺的不同，分为碳膜、金属膜、线绕等不同类型。可变电阻器可分为半可调电阻器和电位器两类。半可调电阻器是指电阻值虽然可调，但使用时经常固定在某一阻值上的电阻器。电位器是通过旋转轴来调节阻值的可变电阻器。

（2）型号及命名　电阻器的型号很多，国产电阻器的型号由四个部分组成。

第一部分用字母表示产品名称，如 R 表示电阻，RP 表示电位器。

第二部分用字母表示产品制作材料，如用 T 表示碳膜，用 J 表示金属膜，用 X 表示线绕等。

第三部分用数字或字母表示产品的分类，如用 1 或 2 表示普通管，用 3 表示超高频管，用 4 表示超高阻，用 8 表示高压管，用 G 表示高功率管，用 T 表示可调管等。

第四部分用数字表示产品序列号。

2. 电阻器的识别方法

（1）固定电阻器的识别方法　固定电阻器阻值有三种标注方法：一是直标法，将阻值用数字加单位直接标在电阻器上，如 4.7kΩ 等。二是文字符号法，将数字与阻值单位的符号按一定规律结合起来，表示阻值大小，如 3k3，表示 3.3kΩ。三是色标法，它是用色环表示阻值大小。色环标注的规则见表 1-1。误差大于等于 5% 的电阻器，一般采用四个环。左起第一、二环分别表示第一位数和第二位数，第三个环表示倍率，第四环表示允许误差。误差小于等于 ±1% 的电阻器大多采用五个环，左起第一、二、三环分别表示第一位数、第二位数和第三位数，第四环表示倍率，第五环表示允许误差。

表 1-1　电阻色环标注的规则

颜色	有效数字	倍率	允许误差(%)
银	—	10^{-2}	±10
金	—	10^{-1}	±5
黑	0	10^0	—
棕	1	10^1	±1
红	2	10^2	±2
橙	3	10^3	—
黄	4	10^4	
绿	5	10^5	±0.5
蓝	6	10^6	±0.2
紫	7	10^7	±0.1
灰	8	10^8	—
白	9	10^9	—
无色	—	—	±20

（2）电位器的标识方法　电位器一般采用直标法，将材料性能、额定功率、标称值直接印在电位器的外形上。标识内容由四部分组成，见表 1-2。

表 1-2　电位器各部分字母的意义

第一部分(主称)		第二部分(导体材料)		第三部分(性能形状)		第四部分(序号)
字母	意义	字母	意义	字母	意义	数字
RP	电位器	T J H Y S X D	碳膜 金属膜 合成膜 氧化膜 实心 线绕 导电塑料	G R W J X	高功率 耐热 微调 精密 小型	

3. 电阻器的检测方法

（1）固定电阻器的检测

1）将万用表两表笔（不分正负）分别与电阻的两端引脚相接并把万用表拨到欧姆档即可测出实际电阻值。为了提高测量精度，应根据被测电阻标称值的大小来选择量程。由于欧姆档刻度的非线性关系，它的中间一段刻度较为精细，因此应使指针指示值尽可能落到刻度的中段位置，即全刻度起始的 20% ~80% 弧度范围内，以使测量更准确。根据电阻误差等级不同，读数与标称阻值之间分别允许有 ±5%、±10% 或 ±20% 的误差。如不相符，超出误差范围，则说明该电阻值变值了。

2）注意：测试时，特别是在测几十千欧以上阻值的电阻时，手不要触及表笔和电阻的导电部分；被检测的电阻应从电路中焊下来，至少要焊开一个头，以免电路中的其他元器件对测试产生影响，造成测量误差；色环电阻的阻值虽然能以色环标志来确定，但在使用时最好还是用万用表测试一下其实际阻值。

（2）电位器的检测　检测电位器时，首先要转动旋柄，看看旋柄转动是否平滑，开关是否灵活，开关通、断时“喀哒”声是否清脆，并听一听电位器内部接触点和电阻体摩擦的声音，如有“沙沙”声，说明质量不好。用万用表测试时，先根据被测电位器阻值的大小，选择好万用表的合适电阻档位，然后可按下述方法进行检测。

1）用万用表的欧姆档测两端，其读数应为电位器的标称阻值，如万用表的指针不动或阻值相差很多，则表明该电位器已损坏。

2）检测电位器的活动臂与电阻片的接触是否良好。用万用表的欧姆档测中间触头端和电位器的任意一端，将电位器的转轴按逆时针方向旋至接近“关”的位置，这时电阻值越小越好。再顺时针慢慢旋转轴柄，电阻值应逐渐增大，表头中的指针应平稳移动。如万用表的指针在电位器的轴柄转动过程中有跳动现象，说明活动触点有接触不良的故障。

1.3.1.2　二极管的识别与检测

1. 二极管的分类、型号及命名

（1）分类　半导体二极管种类很多，按材料分，可分为锗、硅二极管等；按结构分，可分为点触型、面触型、平面型等；按用途分，可分为检波、整流、开关、发光二极管等。

（2）型号及命名　半导体二极管型号有五个部分组成，二极管型号各部分的意义见表1-3。

表 1-3　二极管型号各部分的意义

第一部分(电极数目)		第二部分(材料极性)		第三部分(类别)		第四部分	第五部分
数字	意义	字母	意义	字母	意义	数字	数字
2	二极管	A B C D	N 型锗材料 P 型锗材料 N 型硅材料 P 型硅材料	P V W C Z L S N U K B	普通管 微波管 稳压管 参量管 整流管 整流堆 隧道管 阻尼管 光电器件 开关管 雪崩管		

2. 二极管的检测

二极管具有单向导电性，可用指针式万用表电阻档来判别二极管的极性和大致的好坏。测量时，将万用表量程拨至 $R\times100$ 档或 $R\times1\text{k}$ 档，用红、黑两只表笔分别正接和反接，测量二极管的两端，测得电阻值较小的一次，黑表笔所接的为二极管正极，红表笔所接的为负极。两次测得的阻值如果较小的是几百欧，较大的是几百千欧，说明二极管是好的。如果两次电阻值均为零，说明二极管已击穿；若两次电阻值均为无穷大，说明二极管已断路。

必须指出：由于二极管的伏安特性是非线性的，用万用表的不同电阻档测量二极管的电阻时，会得出不同的电阻值。

1.3.1.3 晶体管的识别与检测

1. 晶体管的分类、型号及命名

（1）分类 按所用半导体材料来分，可分为硅管和锗管；按导电极性来分，硅管和锗管均有 NPN 型和 PNP 型两种；按工作频率来分，可分为低频和高频管两种；按功率来分，可分为小功率和大功率两种。

（2）型号及命名 国产的晶体管的型号及命名通常由四个部分组成，晶体管型号各部分的意义见表 1-4。

表 1-4 晶体管型号各部分的意义

第一部分(电极数目)		第二部分(材料极性)		第三部分(类别)		第四部分
数字	意义	字母	意义	字母	意义	数字
3	晶体管	A B C D E	PNP 锗 NPN 锗 PNP 硅 NPN 硅 化合物	X G D A	低频小功率 高频小功率 低频大功率 高频大功率	

2. 晶体管的检测

（1）判断基极和管子的类型 将指针式万用表拨在 $R \times 100$ 或 $R \times 1\mathrm{k}$ 档上，先用黑表笔（红表笔）接触某一电极，再将红表笔（黑表笔）与另外两个电极接触，如果两次测得的结果均很小（大）时，表明该管为 NPN 型（PNP）晶体管，并且黑表笔（红表笔）接触的电极为基极。

（2）判断集电极和发射极 在判断出管子的类型和基极的基础上，任意假设一个是发射极，另一个为集电极，对于 NPN 型晶体管，将黑表笔接假定的集电极，红表笔接发射极，再用手同时捏住管子的基极和集电极，不要将两极直接接触，同时注意表指针摆动幅度的大小，然后使假设的发射极和集电极对调，再次进行测量，观察指针摆动的幅度大小，其中摆动幅度大的那次，说明对发射极和集电极的假设是正确的。

对于 PNP 型晶体管也可采用同样的方法进行处理。

1.3.2 Multisim 仿真软件介绍及基本使用方法

1. Multisim9.0 基本界面

Multisim9.0 主窗口如图 1-49 所示，图中是一个由电阻、电容、晶体管等元器件组成的单管放大电路，使用的测试仪器为双踪示波器，其中双踪示波器上显示了当前的分析结果，从图中可以看出要绘制一个完整的电路必须使用到元器件、节点、连线等。

主窗口主要由电路工作区、菜单栏、工具栏、元器件栏、仪器库栏等组成。

2. Multisim9.0 主要工具栏

Multisim9.0 主要工具栏如图 1-50 所示。

3. Multisim9.0 常用的仿真仪器

Multisim9.0 常用的仿真仪器如图 1-51 所示，仪器库栏提供了 11 种仿真测试仪器。

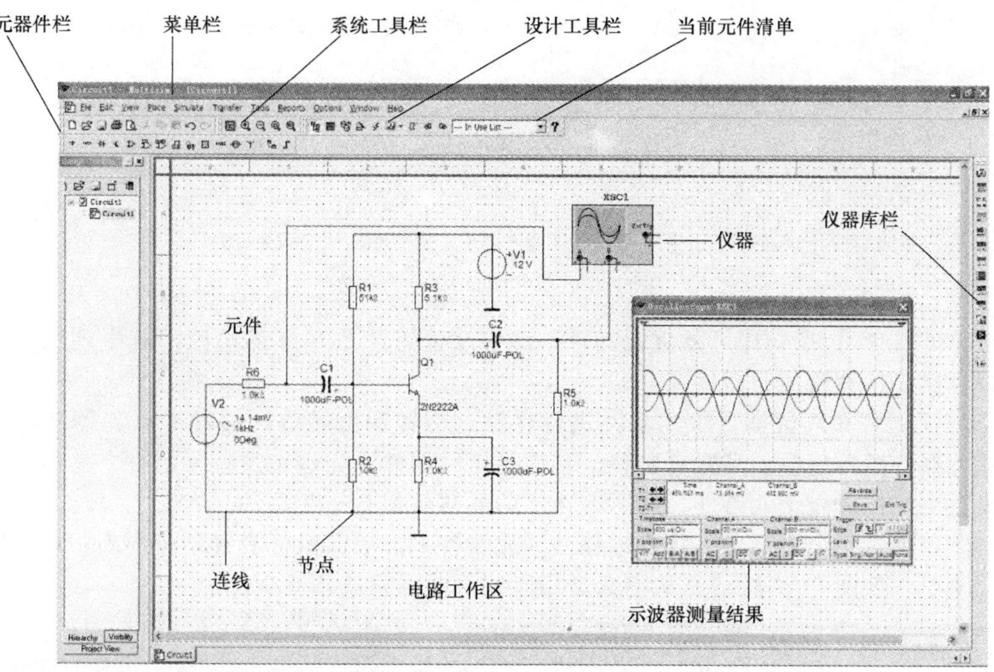

图 1-49　Multisim9.0 基本界面

图 1-50　Multisim9.0 主要工具栏

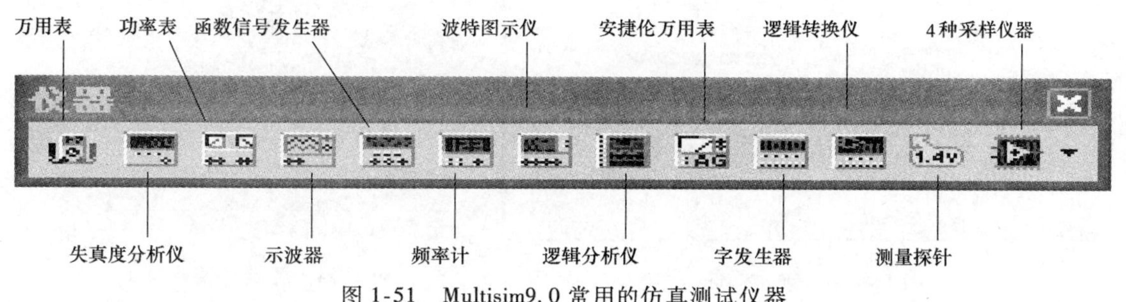

图 1-51　Multisim9.0 常用的仿真测试仪器

4. Multisim9.0 元器件库

Multisim9.0 元器件库如图 1-52 所示。元器件库栏有两种工业标准，即 ANSI（美国标准）和 DIN（欧洲标准），每种标准采用不同的图形符号表示，通过属性可选择这两种标准。图 1-52 所示元器件库为 ANSI（美国标准）。

5. 绘制仿真电路

（1）新建电路文件　选择 File→New 创建新电路文件，系统自动产生名为“circuit#”的电路文件，其中“#”代表一个连续的数字，在电路文件未保存之前，其文件名为“circuit#.ms9”，在该工作窗口内可以进行仿真电路的创建。

（2）放置元器件　用鼠标单击元器件所在库，即可打开相应的部件箱，在部件箱中找到所需的元器件，单击该元器件，系统将弹出图 1-53 所示的对话框，在其中选择需要的标

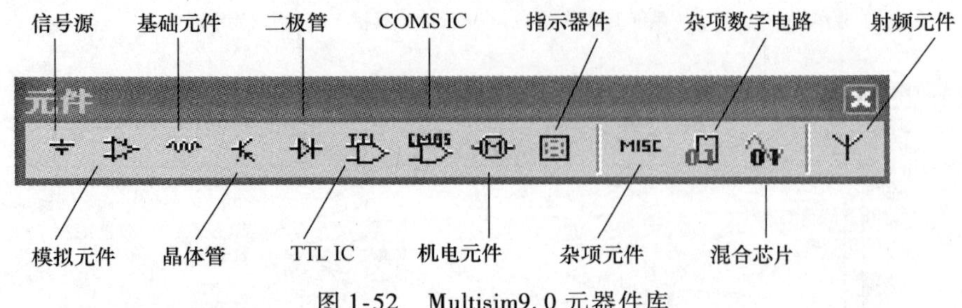

图 1-52 Multisim9.0 元器件库

称值后单击【OK】按钮即可放置元器件，图中放置的是 1.1kΩ 的电阻。其中理想元器件可以设置元器件标称值及元器件标号。

（3）元器件布局调整 对元器件进行移动、旋转和翻转等。移动一个元器件，可通过选中该元器件图标后拖动光标来实现；移动一组元器件，先选中这些元器件，然后用鼠标左键拖曳其中的任意一个元器件，则所有选中的元器件都会一起移动。

旋转和翻转一个元器件，将光标移动到元器件上，单击鼠标右键，将弹出一个元器件调整快捷菜单，如图 1-54 所示，从中选择相应菜单即可完成相应功能。

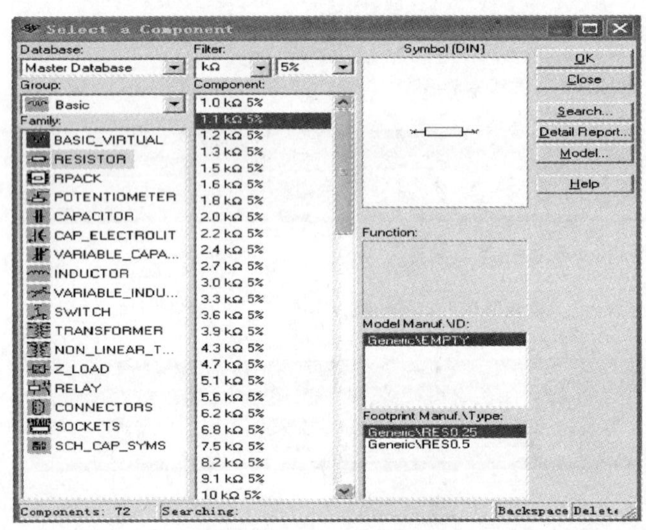

图 1-53 放置元器件

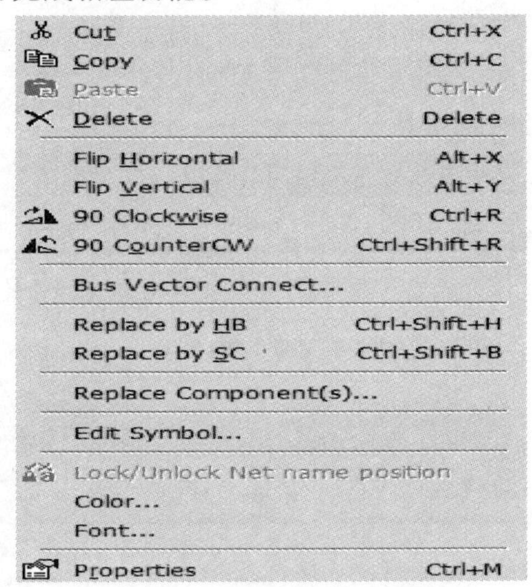

图 1-54 元器件调整快捷菜单

选中“Flip Horizontal”可实现水平翻转；选中“Flip Vertical”可实现垂直翻转；选中“90°Clockwise”可实现顺时针旋转 90°；选中“90°Counter CW”可实现逆时针旋转 90°。

（4）线路连接 元器件布局调整后，进行线路连线。自动连线时将光标指向第一个元器件的引脚上，光标变为“+”号，单击鼠标左键开始连线，移动光标将自动拖出一条连线，将光标移动到下一个元器件的引脚处，再次单击鼠标左键，系统将自动产生一条连线。

（5）设置仪器仿真 虚拟仪器有仪器按钮、仪器图标和仪器面板 3 种表示方式。图 1-55所示为数字万用表的图标、面板图及仪器工具栏，图标上有对应的接线柱。

仪器存放在仪器库栏，移动光标到适当位置单击该仪器即可进行放置操作。仪器的图标用于连接线路。双击仪器图标可打开仪器的面板。

（6）仿真电路运行 仿真电路创建完毕，接入虚拟仪器，执行 simulate→run（仿真开关），即可获得仿真分析结果。

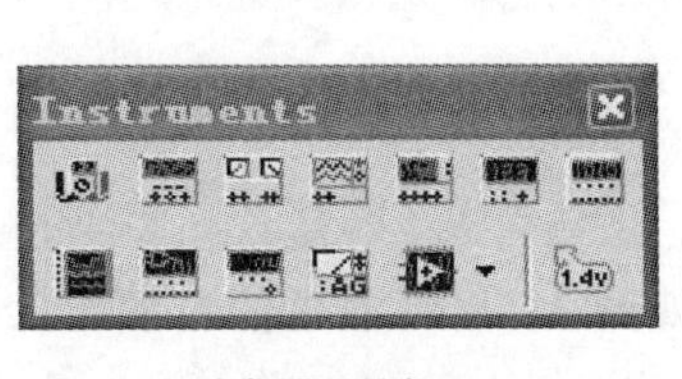

a) 仪器工具条

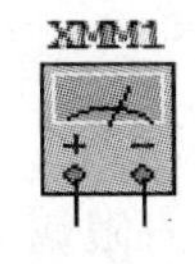

b) 仪器图标

c) 仪器面板图

图 1-55　仪器的表示方式

1.3.3　Multisim 仿真软件的应用训练

1.3.3.1　二极管整流滤波电路的仿真实验

1. 实验目的

1）掌握二极管单相半波整流的工作原理。

2）熟悉常用整流、滤波电路的特点。

3）熟悉仿真软件的应用。

2. 实验原理与步骤

图 1-56 所示为二极管半波整流与二极管半波整流电容滤波电路的仿真组合测试电路。用示波器的 A 端测试半波整流电路的输出波形，用 B 端测试半波整流电容滤波电路的输出波形。用示波器观察波形，如图 1-57 所示。

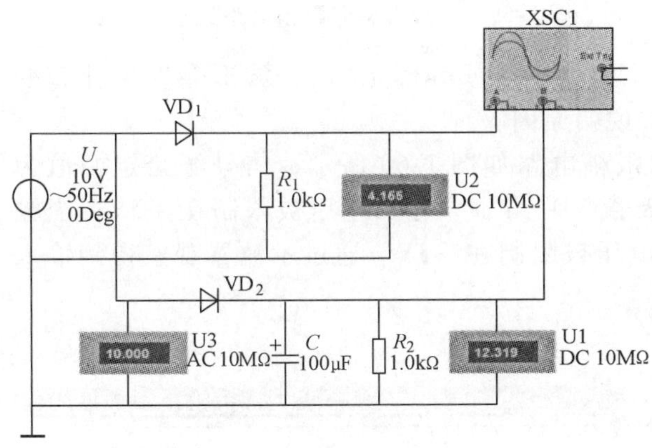

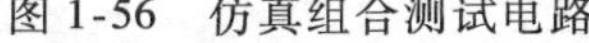

图 1-56　仿真组合测试电路

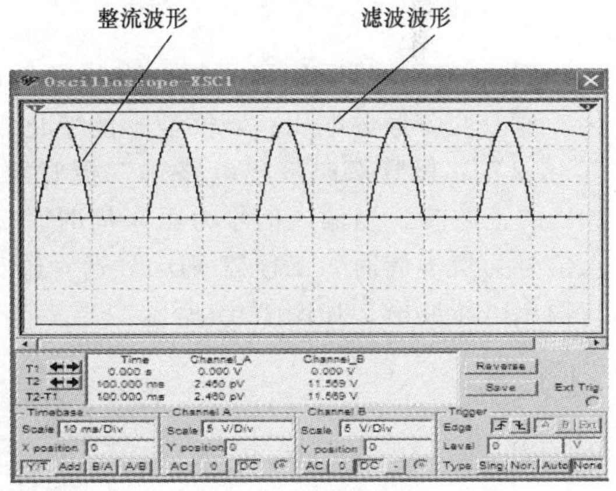

图 1-57　测试波形

测量半波整流电路的输出电压值和半波整流电容滤波电路的输出电压值，并测量出电源电压的有效值，比较测量值与理论值的大小。

将滤波电容 C 的值分别改为 50μF 和 200μF 时，用示波器观察滤波后的信号，并比较信号的变化情况，说明滤波电容 C 对电路滤波效果的影响。并完成上面的操作。

3. 实验思考题

1）二极管在电路中工作时，什么情况下能把它看成开关？

2）如何设计全波整流电容滤波电路，并完成仿真测试工作。

1.3.3.2 二极管限幅电路的仿真实验

1. 实验目的

1）掌握二极管单相导电的特性。

2）了解二极管的基本应用。

3）熟悉仿真软件的应用。

2. 实验原理与步骤

（1）二极管单向限幅电路　二极管单向限幅电路如图 1-58 所示，信号源给定幅值为 8V 的正弦波，当给二极管加正向电压时，二极管导通，输出电压被限制为 4V；当给二极管加反向电压时，二极管截止，输出电压为输入信号电压。通过示波器观察得到输入与输出电压波形，如图 1-59 所示。

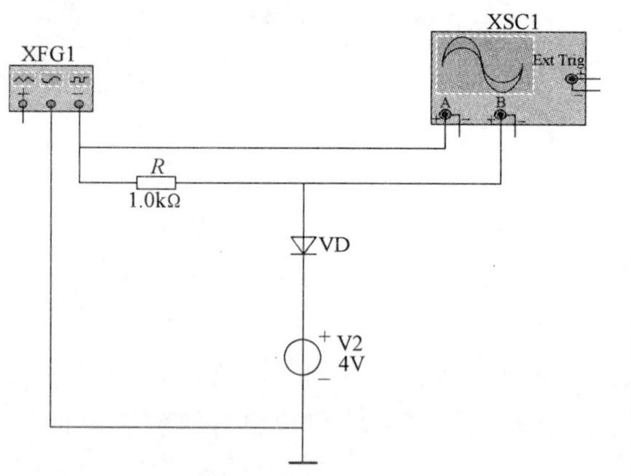

图 1-58　二极管单向限幅电路

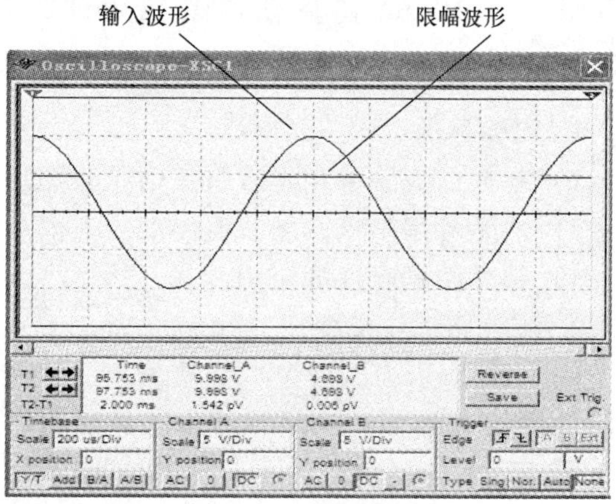

输入波形　限幅波形

图 1-59　二极管单向限幅电路的输出波形

假设二极管导通压降为零，当信号源电压幅值小于或等于 4V 时，波形会发生什么变化？请改变信号源电压，观察波形的变化。并说明原因。

（2）二极管双向限幅电路　二极管双向限幅电路如图 1-60 所示，信号源给定幅值为 10V 的正弦波，当输入信号为正半周时，二极管 VD_1 导通，输出电压被限制在 +5V；当输入信号为负半周时，二极管 VD_2 导通，输出电压被限制在 -3V。通过示波器观察得到输入与输出电压波形，如图 1-61 所示。

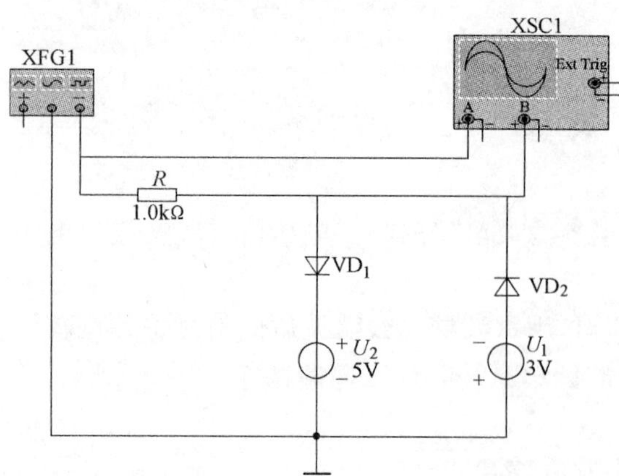

图 1-60　二极管双向限幅实验电路

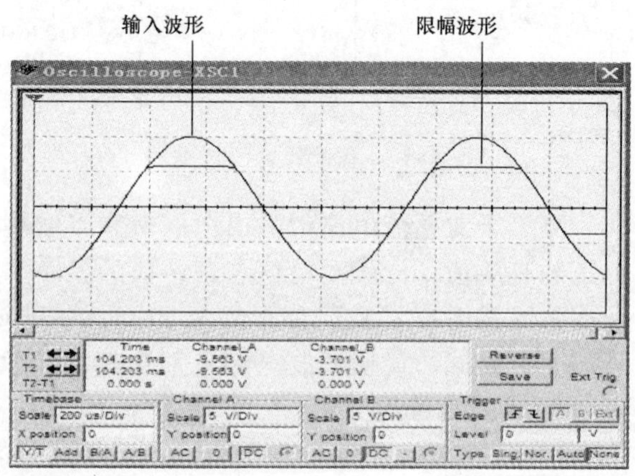

图 1-61　二极管双向限幅电路的输入与限幅波形

假设二极管导通压降为零，当信号源电压幅值小于或等于3V、大于3V且小于或等于5V时，波形会发生什么变化？请改变信号源电压，观察波形的变化。并说明原因。

本章小结

1）半导体有自由电子和空穴两种载流子参与导电，本征半导体的载流子由本征激发产生，电子和空穴成对出现，其浓度随温度升高而增加；杂质半导体的多子主要由掺杂产生，浓度很大且基本不受温度影响，少子由本征激发产生，杂质半导体的导电性能主要由多子浓度决定。

2）在本征半导体中掺入五价元素杂质，则形成N型半导体；掺入三价元素杂质，则成为P型半导体。

3）在同一块半导体基片上，两边掺入不同的杂质，一边形成N型半导体，另一边形成P型半导体，两者交界处便形成PN结。PN结外加正向电压时，PN结处于导通状态；外加反向电压时，PN结处于截止状态。

4）将PN结引出电极进行封装即可组成二极管，二极管正偏导通，反偏截止，具有单向导电性。

5）晶体管由两个背靠背的PN结组成，有基极、发射极和集电极三个电极，它是电流控制器件，主要作用是进行电流放大，实现放大的外部条件是发射结正偏，集电结反偏。

6）整流电路是利用二极管的单向导电性实现把交流电压变换成脉动的直流电压，它有半波整流、桥式整流等形式，常用的是桥式整流电路。

7）由于整流电路的输出电压纹波系数太大，故需接滤波电路，以获得平滑的直流电压。滤波电路主要有电容滤波和电感滤波两大类，前者适用于负载电流小且负载几乎不变的小功率直流电源，后者适用于负载电流大且负载经常变动的大功率直流电源。

8）场效应晶体管利用外部电压对PN结电场强弱的控制实现对导电沟道宽窄的控制，从而达到栅源电压控制漏极电流的目的，它工作时只有一种载流子参与导电，而且输入电阻远大于晶体管，场效应晶体管是电压控制器件。

习　题

一、填空题

1. 在掺杂半导体中，多数载流子的浓度主要取决于____________，而少数载流子的浓度则与____________有很大的关系。

2. PN结未加外部电压时，PN结处于________状态，扩散电流________漂移电流；加正向电压时，内电场与外电场的方向________，扩散电流________漂移电流；耗尽层变________，PN结呈________状态；加反向电压时，内电场与外电场的方向________，扩散电流________漂移电流；耗尽层变________，PN结呈________状态。

3. 二极管的伏安特性曲线上可分为__________区、__________区、__________区和__________区四个工作区。

4. 理想二极管是将二极管看做一个________，加正向电压________，导通时正向电压降为________；加反向电压________，截止时________为零。

5. 稳压二极管反向击穿特性曲线很________，反向击穿时，电流虽然在很大范围内变化，但稳压二极管的变化很小。

6. 单相半波整流电路的输出电压的平均值是变压器二次电压 U_2 的________倍；单相半波整流电容滤波电路的输出电压的平均值是变压器二次电压 U_2 的________倍；桥式整流电路的输出电压的平均值是变压器二次电压 U_2 的________倍；桥式整流电容滤波电路的输出电压的平均值是变压器二次电压 U_2 的________倍。

7. 晶体管工作在放大状态时，发射结处于________偏置，集电结处于________偏置；晶体管工作在饱和状态时，发射结处于________偏置，集电结处于________偏置；晶体管工作在截止状态时，发射结处于________偏置，集电结处于________偏置。

8. 晶体管有三个电极，当组成放大电路时，有三种基本组态，分别为____________电路、____________电路和____________电路。

9. 晶体管属于________控制型器件，场效应晶体管属于________控制型器件。

二、判断题

1. 晶体管在集电极和发射极互换时，仍有较大的电流放大作用。 (　　)
2. 在 N 型半导体中，掺入高浓度的三价杂质，可以改型为 P 型半导体。 (　　)
3. PN 结反向偏置时，其内电场与外电场方向相反。 (　　)
4. N 型半导体中，多数载流子是自由电子，P 型半导体中，多数载流子是空穴。 (　　)
5. N 型半导体中，杂质离子呈正极性，从宏观上看带正电。 (　　)
6. 当温度升高时，二极管的正向电流增大，反向电流减小。 (　　)
7. 利用二极管的单向导电性可以组成整流电路。 (　　)
8. 放大电路选用晶体管时，应选用 β 和 I_{CEO} 均较大的晶体管。 (　　)

三、选择题

1. P 型半导体是在本征硅或本征锗中加入________后形成的杂质半导体，N 型半导体是在本征硅或本征锗中加入________后形成的杂质半导体。(A. 自由电子　B. 空穴　C. 3 价元素　D. 5 价元素)

2. PN 结两端加反向电压时，其反向电流是由________而形成。(A. 多子漂移　B. 少子漂移　C. 多子扩散　D. 少子扩散)

3. 在测量二极管时，如果二极管的正反向电阻都非常小或为零，则该二极管________。(A. 正常　B. 已被击穿　C. 内部已断路)

4. 已知桥式整流电路中，变压器二次电压有效值为 $U_2=20\text{V}$，输出电压平均值 $U_O=$________(A. 20V　B. 18V　C. 9V　D. 28V)；输出平均电流值为 I_O，流过整流二极管电流平均值 $I_D=$________(A. I_O　B. $I_O/2$　C. $I_O/4$　D. $I_O/8$)；每个整流二极管的最高反向电压 $U_{RM}=$________(A. $2\sqrt{2}U_2$　B. $2U_2$　C. $\sqrt{2}U_2$　D. U_2)；若一个二极管开路，则输出________(A. 全波整流波形　B. 半波整流波形　C. 不能整流　D. 无波形)。

5. 稳压二极管的稳压是工作在________。(A. 反偏　B. 反向截止区　C. 反向击穿区)

6. 某晶体管的极限参数为：$I_{CM}=100\text{mA}$，$U_{BR(CEO)}=20\text{V}$，$P_{CM}=100\text{mW}$，则该器件正常工作状态为________。(A. $I_C=10\text{mA}$，$U_{CE}=15\text{V}$　B. $I_C=10\text{mA}$，$U_{CE}=9\text{V}$　C. $I_C=100\text{mA}$，$U_{CE}=9\text{V}$)

7. 测得晶体管在放大状态时，当 $I_B=30\mu\text{A}$，$I_C=2.4\text{mA}$；$I_B=40\mu\text{A}$，$I_C=3\text{mA}$ 时。则晶体管交流放大系数 β 为________。(A. 80　B. 60　C. 75　D. 90)

8. 晶体管参与导电的载流子情况是__________，场效应晶体管参与导电的载流子情况是__________。(A. 多数载流子和少数载流子均参与　B. 多数载流子参与，少数载流子不参与　C. 多数载流子不参与，少数载流子参与　D. 两种载流子均不参与，是离子参与导电)

四、分析计算题

1. 在图 1-62 所示的限幅电路中，已知输入信号为 $u_i=6\sin\omega t\text{V}$，试画出输出电压 u_o 的波形。设二极管为理想管。

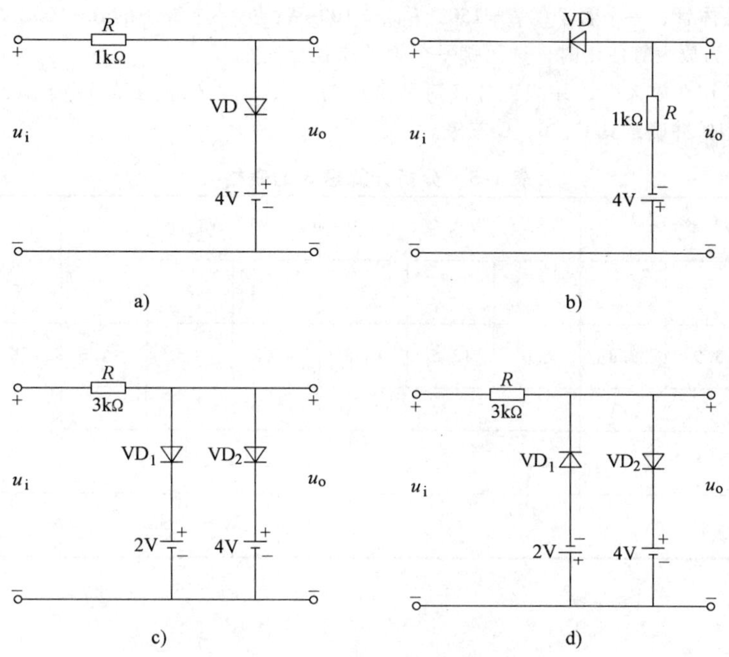

图 1-62　分析计算题 1 电路

2. 如图 1-63 所示，试判断各电路中二极管的工作状态，并求 U_{AB}的值。设二极管为理想管。

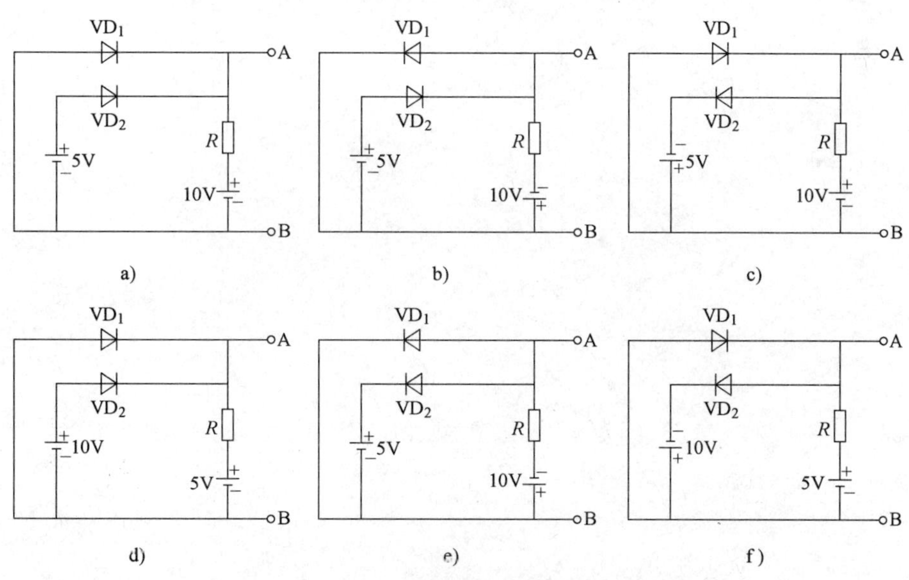

图 1-63　分析计算题 2 电路

3. 在图 1-35 所示桥式整流电容滤波电路中，已知 $R_L=50\Omega$，$C=1000\mu F$。

（1）用交流电压表测得 $U_2=20V$，用直流电压表测得 R_L两端的电压 U_O为：①$U_O=28V$，②$U_O=18V$，③$U_O=24V$，④$U_O=9V$；试分析该电路分别处于何种情况下。

（2）当桥式整流电路中任一个二极管出现下列情况：①短路，②开路，③接反。分析各会出现什么情况和危害。

4. 已知有两个晶体管，一个管子的$\beta=150$，$I_{CEO}=100\mu A$；另一个管子的$\beta=100$，$I_{CEO}=10\mu A$。其他参数大致相同，在作为放大管使用时，选用哪一个管子比较合适？

5. 已知晶体管工作在放大区，并测得各极对地电压为U_1、U_2、U_3，见表1-5，试判断其为硅管或锗管，PNP型或NPN型？并确定其E、B、C三极。

表1-5 分析计算题5的表格

晶体管编号	VT_1管			VT_2管			VT_3管			VT_4管		
晶体管电极编号	1	2	3	1	2	3	1	2	3	1	2	3
对地电位/V	3.2	3.9	9.8	6.0	13.5	13.8	-2.3	-5	-1.6	-3.6	-1.7	-4.3
电极名称												
硅管或锗管												
PNP型或NPN型												

第 2 章　放 大 电 路

2.1　本章任务的导入

连续变化的信号称为模拟信号，通常把输入和输出均为模拟信号的电路称为模拟电路。对微弱的电信号进行放大的电路称为放大电路，它是最常见的模拟电子电路，也是构成其他电子电路的基本单元。日常生活中使用的收音机、扩音机、电视机等仪器设备都包含了各种各样的放大电路，扩音机组成框图如图 2-1 所示，例如扩音机从传声器上接收到微弱的信号，需要经过放大，才能驱动扬声器发出声音。为了达到放大的目的，必须采用具有放大作用的电子器件。晶体管和场效应晶体管便是常用的放大器件。从电子技术的角度来看，放大的实质是实现能量的控制，即用能量小的输入信号控制另一个能源，从而使输出端的负载上得到较大的信号。在晶体管中利用基极电流 I_B 对集电极电流的控制作用实现放大；而在场效应晶体管中则利用栅极与源极之间的电压 U_{GS} 对漏极电流的控制作用实现放大。因此放大电路实际上是一个受输入信号控制的能量转换器。

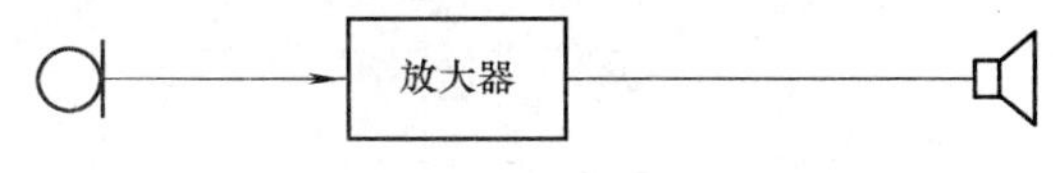

图 2-1　扩音机组成框图

通过本章的学习，要求学习者能够掌握放大电路的组成原则、基本结构、特点、放大原理及分析方法；熟悉线性失真和非线性失真的概念；理解放大电路静态工作点的设置目的及求解方法；掌握运用微变等效电路法求解电路的电压放大倍数、输入电阻、输出电阻；熟悉稳定静态工作点的放大电路；了解多级放大电路的常用耦合方式及分析方法；了解场效应晶体管放大电路的组成及分析方法；了解放大电路的频率特性。

2.2　相关的理论知识

2.2.1　共发射极放大电路

2.2.1.1　共发射极放大电路的组成

1. 共发射极放大电路的组成原则

1）有直流电源且极性与晶体管类型配合，使晶体管处于放大状态，即发射结正向偏置，集电结反向偏置。

2）偏置电阻要与直流电源配合以进一步确保晶体管工作在放大区。

3）输入、输出回路的设置应当保证输入信号能够进入晶体管的输入电极，放大后的电流信号能够转换成负载需要的电压形式从输出端输出。

4）保证输出信号不出现非线性失真。

2. 共发射极放大电路的结构及各部分的作用

一个最简单的共发射极放大电路如图 2-2 所示，它由晶体管 VT、输出负载电阻 R_L、电源偏置电路（R_B、R_C、U_{BB}、U_{CC}）和耦合电容组成。其中图 2-2a 为双电源电路，图 2-2b 为单电源电路。电路中各元器件的作用如下：

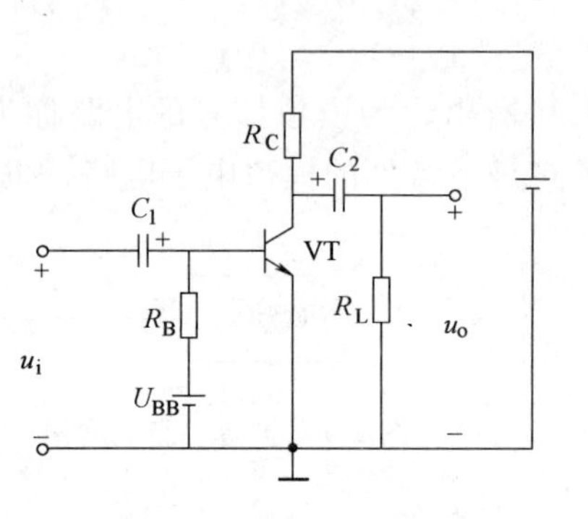

a) 双电源共发射极放大电路

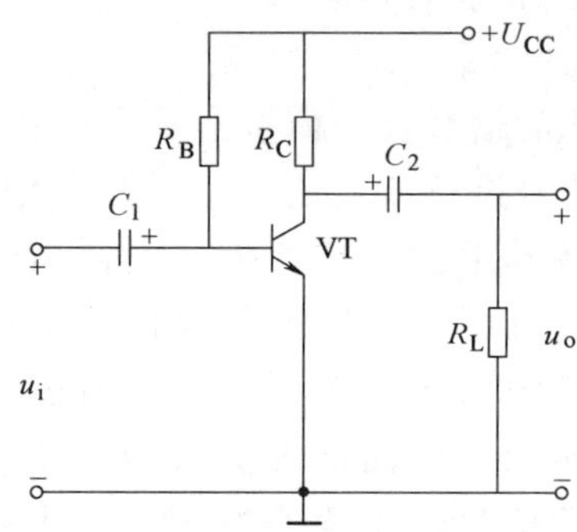

b) 单电源共发射极放大电路

图 2-2 共发射极放大电路

（1）集电极电源 U_{CC}　U_{CC}电源既为放大电路的输出信号提供能量，又保证集电结处于反向偏置，使晶体管工作在放大区。U_{CC}的数值一般为几伏到几十伏。

（2）基极电源和基极电阻　U_{BB}令晶体管的发射结处于正向偏置，以保证工作在放大状态。R_B使晶体管发射结正向偏置，并提供一定的基极电流，使放大电路有合适的静态工作点。R_B的数值一般为几十千欧到几百千欧。

（3）晶体管 VT　此电路采用 NPN 型晶体管，晶体管是放大电路的核心器件。它的作用是按照输入信号的变化规律控制直流电源给出的电流，以便在负载电阻 R_L上获得较大的电压或功率。晶体管本身并没有增强微弱信号的能力，它只是放大电路的关键器件。

（4）集电极电阻 R_C　R_C是晶体管集电极负载电阻，它将集电极电流的变化转化为电压的变化。R_C的值与输出电压以及放大倍数有直接关系。R_C一般为几千欧到几十千欧。

（5）耦合电容 C_1和 C_2　耦合电容 C_1和 C_2分别接在放大电路的输入回路和输出回路。C_1和 C_2一方面起隔直作用，隔断放大电路与输入信号源和输出端负载之间的直流通路，使放大电路的静态值（直流电压和电流）与输入、输出回路的连接无关；另一方面对交流信号起着耦合作用。C_1和 C_2一般取值几十微法到几百微法。使用电解电容器，连接时应注意极性。电解电容器在图中的符号表示“+”端接至电源的正极性端，选用的电容器的耐压值应大于工作电压。

小知识：当电路选用不同类型的晶体管时，直流电源的极性应作相应的调整，当采用 PNP 型晶体管时，直流电源的极性应为 $-U_{CC}$；耦合电容的连接也应注意极性。

2.2.1.2 共发射极放大电路的工作原理

在介绍基本分析方法之前，有必要对共发射极放大电路中各处电压、电流的名称及含义加以区别，见表 2-1。

表 2-1 共发射极放大电路中电压、电流的名称及字符

名称	静态值(直流分量)	交流分量	有效值	总电压或总电流
基极电流	I_B	i_b	I_b	i_B
集电极电流	I_C	i_c	I_c	i_C
发射极电流	I_E	i_e	I_e	i_E
集—发射极电压	U_{CE}	u_{ce}	U_{ce}	u_{CE}
基—发射极电压	U_{BE}	u_{be}	U_{be}	u_{BE}

如图 2-2 所示共发射极放大电路中，只要适当选取 R_B、R_C 和 U_{CC} 的值，晶体管就能够工作在放大区。下面以它为例，分析放大电路的工作原理。

1. 直流工作情况的分析

在图 2-2b 所示的共发射极放大电路中，当 $u_i=0$ 时，放大电路处于静态（或叫直流工作状态），这时的基极电流 I_B、集电极电流 I_C 和集电极发射极电压 U_{CE} 用 I_{BQ}、I_{CQ}、U_{CEQ} 表示。它们在晶体管特性曲线上所确定的点就称为静态工作点，其习惯上用 Q（I_{BQ}、I_{CQ}、U_{CEQ}）表示，此时各电流的通路称为放大电路的直流通路。

直流通路的画法遵循以下规则：

1）电容开路，电感短路。

2）信号源短路。

图 2-2b 所示电路中电容开路后，就变成图 2-3 所示的直流通路了。

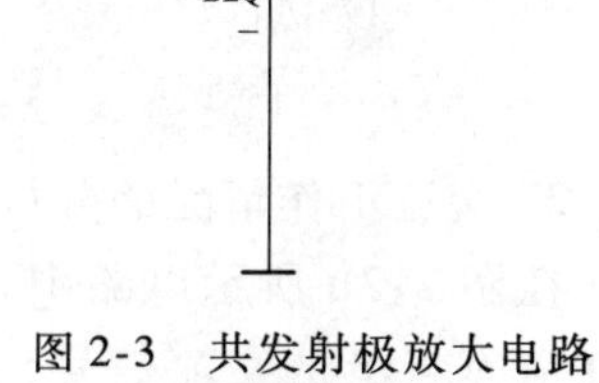

图 2-3 共发射极放大电路的直流通路

用估算法求静态工作点：

在图 2-3 中，设定电压、电流的参考方向，根据 KVL 定律和 KCL 定律列输入电路方程：

$$I_{BQ}R_B+U_{BEQ}-U_{CC}=0 \tag{2-1}$$

$$I_{BQ}=\frac{U_{CC}-U_{BEQ}}{R_B} \tag{2-2}$$

电压 U_{BEQ} 近似等于二极管的正向电压值，对于小功率晶体管，$U_{BEQ}\approx0.3\text{V}$（锗管），$U_{BEQ}\approx0.7\text{V}$（硅管），当 $U_{CC}\gg U_{BEQ}$ 时，一般可忽略不计，式（2-2）可近似为

$$I_{BQ}=U_{CC}/R_B \tag{2-3}$$

同理可得

$$I_{CQ}R_C+U_{CEQ}-U_{CC}=0$$

$$U_{CEQ}=U_{CC}-I_{CQ}R_C \tag{2-4}$$

当晶体管处于放大状态时，由晶体管的电流分配关系可得

$$I_{CQ}=\beta I_{BQ} \tag{2-5}$$

例 2-1 求图 2-3 所示电路的静态工作点。已知 $R_B=300\text{k}\Omega$，$R_C=2\text{k}\Omega$，$U_{CC}=12\text{V}$，$\beta=80$，晶体管为硅管。

解：

$$I_{BQ}=\frac{U_{CC}-U_{BEQ}}{R_B}\approx\frac{12\text{V}-0.7\text{V}}{300\text{k}\Omega}\approx0.04\text{mA}$$

$$I_{CQ}=\beta I_{BQ}=80\times0.04\text{mA}=3.2\text{mA}$$

$$U_{CEQ}=U_{CC}-I_{CQ}R_C=(12-3.2\times2)\text{V}=5.6\text{V}$$

仿真验证： 运行 Multisim9.0 软件制作仿真电路如图 2-4 所示，启动仿真，从图中电压和电流表上可得静态工作点的各参数值。

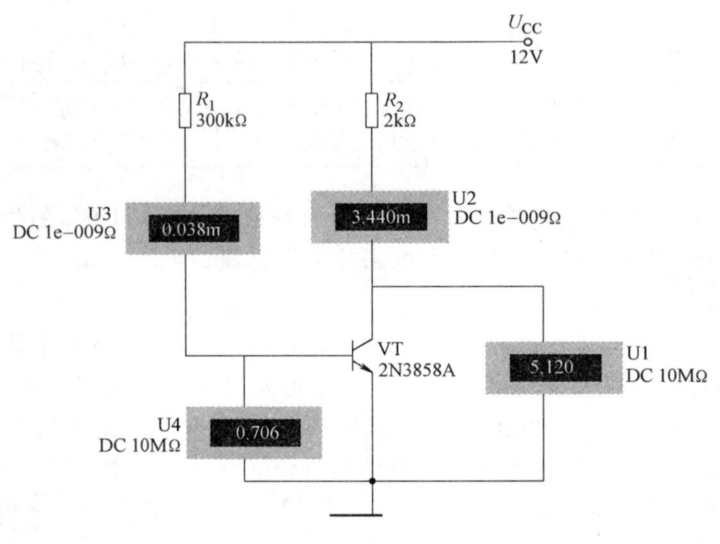

图 2-4 仿真电路

小知识： 注意：上述求静态工作点的方法是假设为工作在放大区的，如果按此法求出 U_{CEQ}太小，接近零或负值时（原因可能是 R_B太小或 R_C太小），说明集电结失去正常的反向偏置，晶体管接近饱和区或已进入饱和区，这时 β 将逐渐减小或根本无放大，$i_C=\beta i_B$不再成立，只能是 $I_{CQ}\approx U_{CC}/R_C$，$U_{CEQ}\approx0$。

2. 交流工作情况的分析

在图 2-2b 所示电路中，当 $u_i\neq0$ 时，电路中除了有直流电压和电流外，还将产生叠加在静态点上的交流信号，此时放大电路称为动态或叫交流状态。对电路中各交流量进行分析的过程称为交流分析（动态分析）。交流信号的通路称为交流通路。分析电路时，一般用交流通路来研究交流量及放大电路的动态性能。

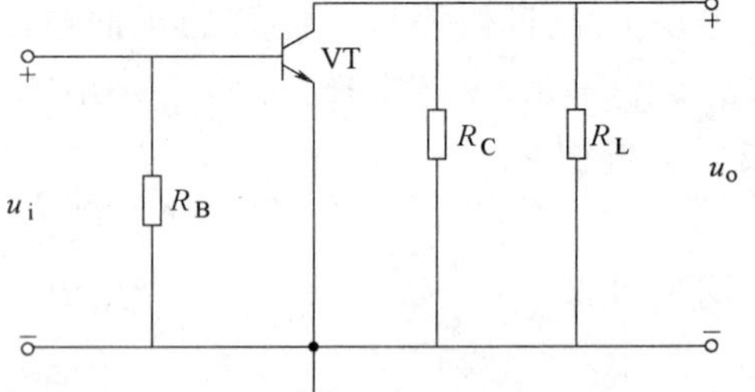

图 2-5 共发射极放大电路的交流通路

交流通路的画法遵循以下原则：

1）电容短路，电感开路。

2）直流电压源短路，直流电流源开路。

图 2-5 所示电路就是图 2-2b 所示电路的交流通路。

当图 2-2b 所示电路中，u_i为正弦信号时，各有关电压和电流的信号波形如图 2-6 所示。

仿真验证： 运行 Multisim9.0 软件制作仿真电路，如图 2-7 所示，启动仿真，可得输入、输出波形图，如图 2-8 所示，可见输入电压与输出电压反相，并且输出电压远大于输入电压。

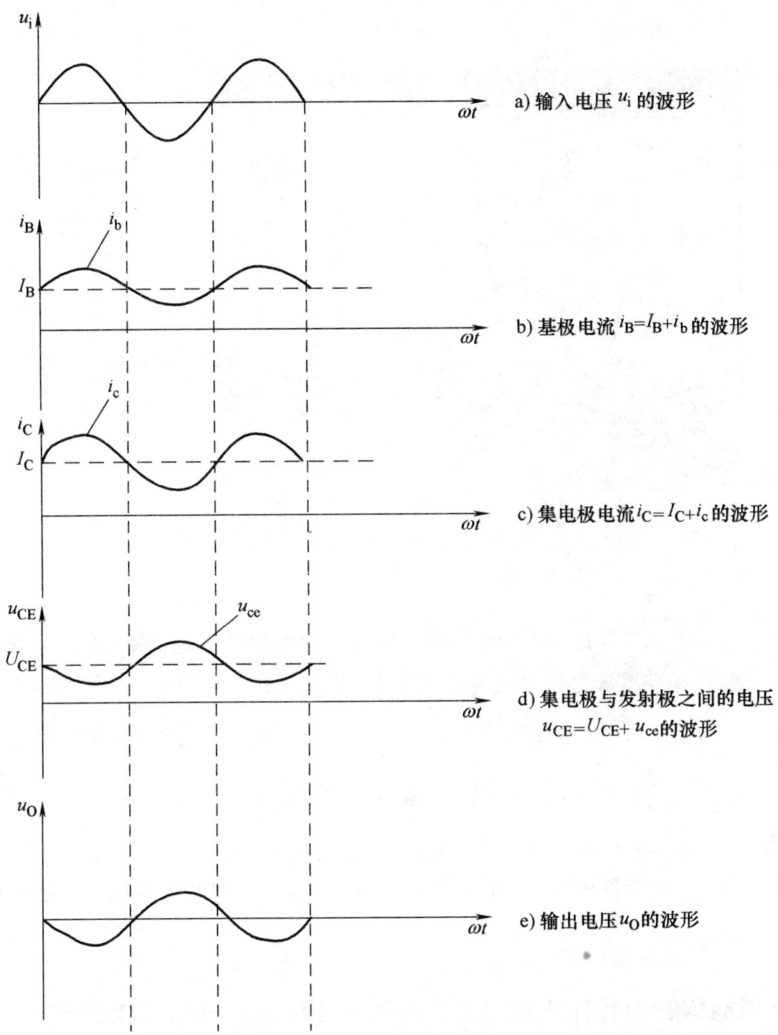

图 2-6 电路中各有关电压和电流的信号波形

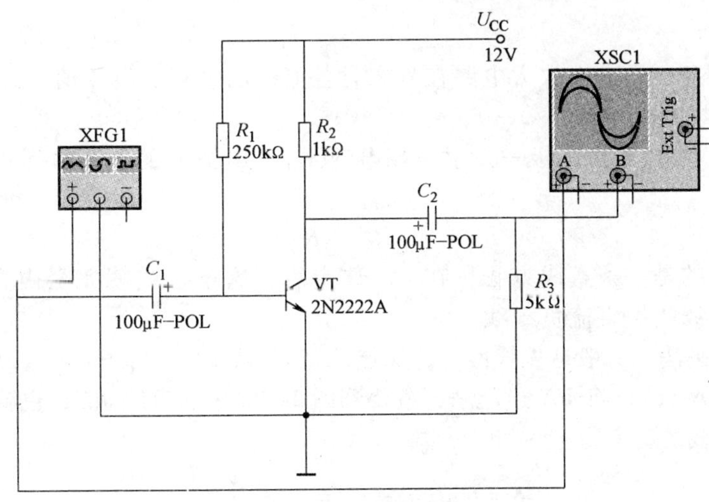

图 2-7 仿真电路

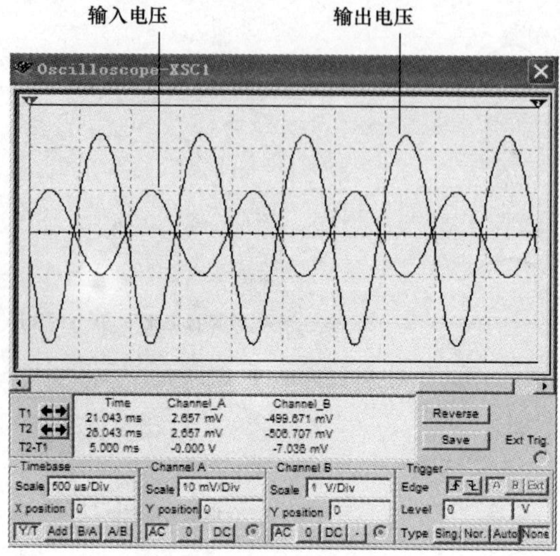

图 2-8 输入与输出波形

小知识：图中可见 u_O与 u_i的相位相反，这种现象称为放大器的倒相作用。放大器的放大原理的实质是：用微弱的信号电压 u_i通过晶体管的控制作用，去控制晶体管集电极的电流 i_C，i_C又在 R_C的作用下转换成电压 u_O输出。

思 考 题

1. 基本放大电路由哪些必不可少的部分组成？各元器件有什么作用？
2. 试画出 PNP 型晶体管的基本共发射极放大电路，并注明电源的实际极性以及各极实际电流方向。

2.2.2 图解分析法

所谓图解法，是利用晶体管的特性曲线，通过画图来分析放大电路性能的方法。其优点是直观、物理意义清楚。通过画出晶体管各点的电流电压波形能直观地反映出放大电路的工作原理。

2.2.2.1 静态分析

静态图解的任务，是求出放大电路在静态时各电极的电流、电压值。

1. 直流负载线的画法

在图 2-9a 中，晶体管集电极—发射极端电压 u_{CE}和电流 i_C的关系由下式决定：

$$i_C = \frac{U_{CC}}{R_C} - \frac{u_{CE}}{R_C} \tag{2-6}$$

显然上式代表的是一条直线方程，在 U_{CC}选定后，这条直线就完全由直流负载电阻 R_C确定，所以把这条线叫做直流负载线。

直流负载线的画法：一般是先找两个特殊点，当 $i_C = 0$ 时，$u_{CE} = U_{CC}$（M 点）；当 $u_{CE} = 0$ 时，$i_C = U_{CC}/R_C$（N 点），将 MN 连起来，就得到图 2-10a 中的直线 MN，也就是放大电路直流负载线。直流负载线的斜率为

$$K = \tan\alpha = -\frac{1}{R_C} = -\frac{|ON|}{|OM|} \tag{2-7}$$

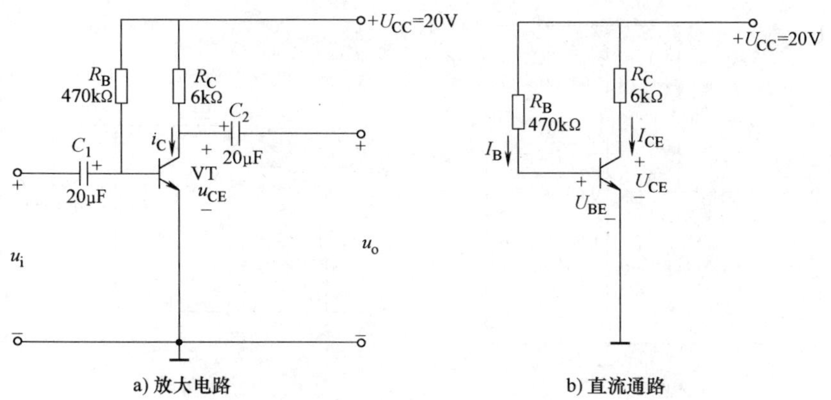

图 2-9　放大电路和直流通路

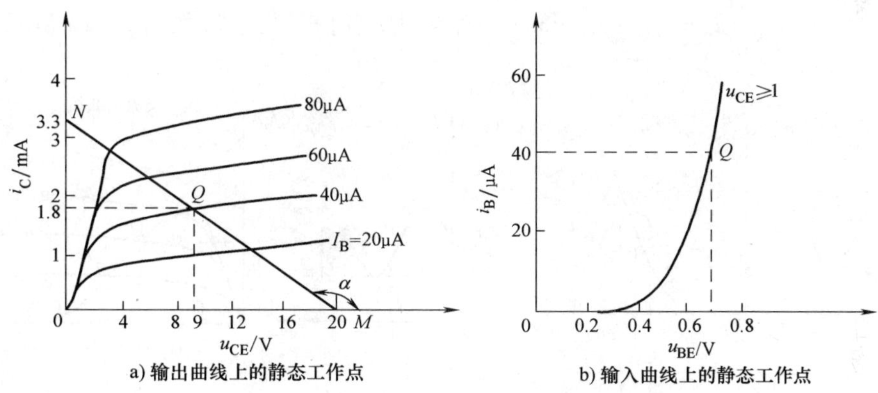

图 2-10　放大电路图解分析

2. 确定静态工作点

在图 2-9b 中，由 KCL 和 KVL 定律可得

$$I_B=\frac{U_{CC}-U_{BE}}{R_C}=\frac{20\text{V}-0.7\text{V}}{470\text{k}\Omega}\approx 40\mu\text{A}$$

直流负载线与 $I_B=40\mu\text{A}$ 对应的那条输出特性曲线的交点，即是静态工作点 Q，如图 2-10a所示。Q 点在输出特性曲线对应数值是：

$$I_{BQ}=40\mu\text{A}\qquad I_{CQ}=1.8\text{mA}\qquad U_{CEQ}=9.0\text{V}$$

也可在输入特性曲线找到 Q 点，如图 2-10b 所示。

2.2.2.2　动态分析

动态分析的任务是求出放大电路在动态情况下，各极电流、电压的交流分量，从而可得输出电压与输入电压之间的大小和相位关系。

共发射极放大电路如图 2-11 所示，其中图 2-11a 为原理电路图，图 2-11b 为交流通路，其静态工作点已在图 2-12 中标出。

1. 根据 u_i波形在输入特性曲线上求 i_B波形

在图 2-11a 中，设电路的输入信号电压 $u_i=U_{im}\sin\omega t$，忽略电容 C_1对交流的压降，则有

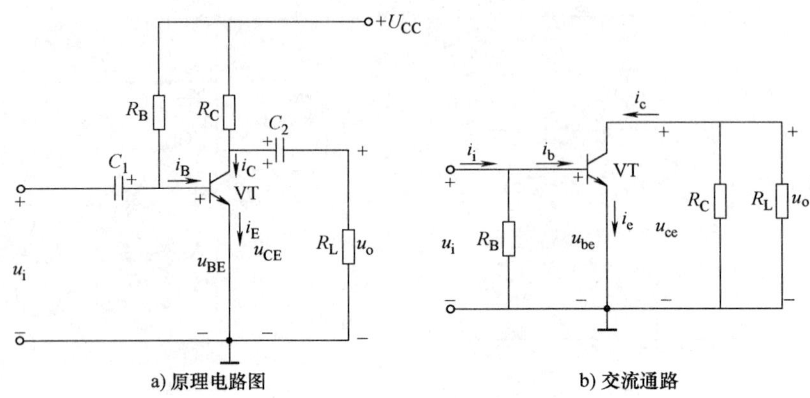

图 2-11 共发射极放大电路

$u_{BE}=U_{BEQ}+u_i=U_{BEQ}+U_{im}\sin\omega t$，根据 u_{BE} 的波形，可由输入特性曲线画出对应的 i_B 波形，其变化规律为 $i_B=I_{BQ}+i_b=I_{BQ}+I_{bm}\sin\omega t$。输入回路各信号的波形如图 2-12a 所示。

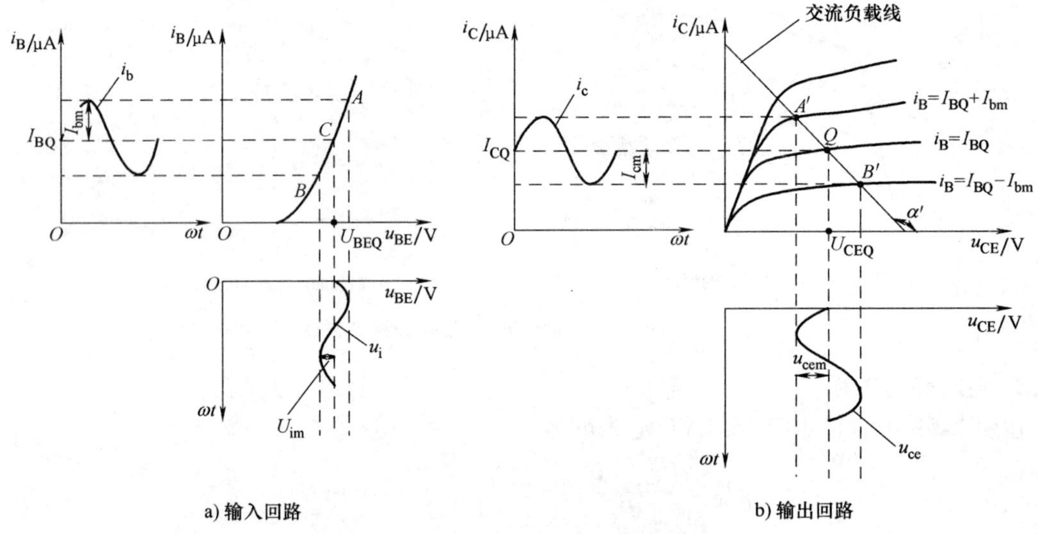

图 2-12 用图解法分析动态工作情况

2. 画交流负载线

如图 2-11a 所示，由于放大电路处于动态时，各极电流和各极间的电压都在静态的基础上叠加一个交流分量，所以有

$$i_C=I_{CQ}+i_c \tag{2-8}$$

$$u_{CE}=U_{CEQ}+u_{ce} \tag{2-9}$$

由交流通路及式（2-8）可得

$$u_{ce}=-i_cR'_L \tag{2-10}$$

式中，$R'_L=R_L//R_C$，称为交流负载电阻。

由式（2-8）、式（2-9）、式（2-10）三式联立得

$$i_C = \frac{U_{CEQ} + I_{CQ}R'_L}{R'_L} - \frac{1}{R'_L}u_{CE} \tag{2-11}$$

这便是交流负载线的特性方程，显然也是直线方程。当 $i_C = I_{CQ}$时，$u_{CE} = U_{CEQ}$，所以交流负载线与直流负载线都经过 Q 点。其斜率为

$$K' = \tan\alpha' = -\frac{1}{R'_L} \tag{2-12}$$

3. 由输出特性曲线和交流负载线求 i_C和 u_{CE}波形

i_B在 I_B的基础上按正弦规律变化，所以交流负载线与输出特性曲线的交点，即工作点，也随之改变，如图 2-12b 所示。工作点由 Q 点 →A'点→Q 点→B'点→Q 点循环移动，根据工作点的移动轨迹，可画出 i_C和 u_{CE}的波形。

2.2.2.3 用图解法分析波形的非线性失真

当放大电路的静态工作点选择不当或输入信号幅度较大时，工作点进入特性曲线的非线性区，输入信号将不再被放大，于是输出信号波形产生了失真。下面分析两种常见的非线性失真。

1. 截止失真

当静态工作点 Q 的位置偏低，而且输入电压的幅度又相对比较大，导致晶体管进入截止区工作，而引起的失真称为截止失真，如图 2-13a 所示。

2. 饱和失真

当静态工作点 Q 的位置偏高，而且输入电压的幅度又相对比较大，导致晶体管进入饱和区工作，而引起的失真称为饱和失真，如图 2-13b 所示。

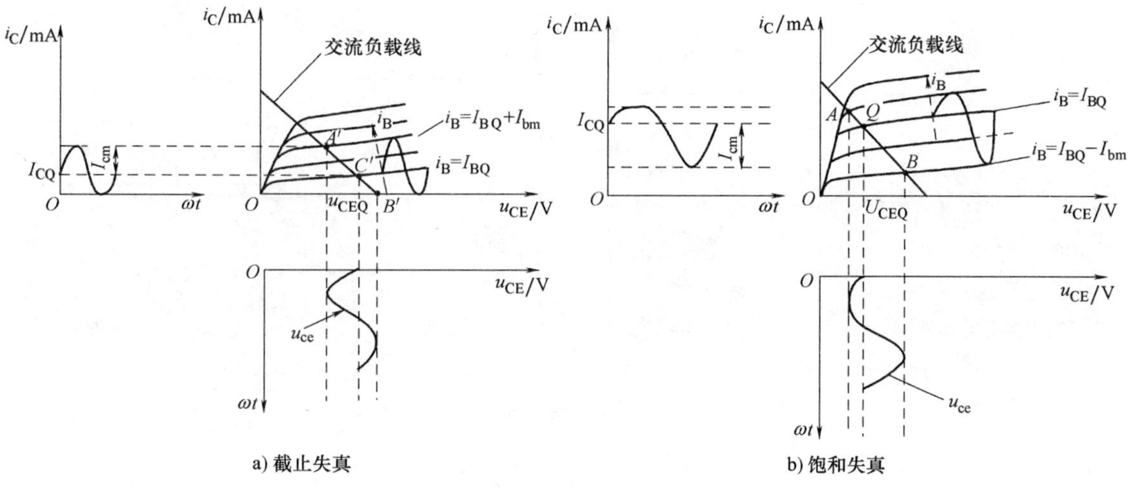

图 2-13 放大电路非线性失真的分析

小知识： 影响静态工作点位置的主要因素有 U_{CC}、R_C和 R_B。在这三个因素中，一般 U_{CC}确定后不易改变；R_C对静态工作点的影响相比之下要小一些；R_B是这三个因素中最主要的因素，一般可认为 I_{BQ}与 R_B成反比。饱和失真时，应增大 R_B，使 I_{BQ}减小，降低静态工作点 Q（或减小 R_C，也可退出饱和失真）；截止失真时应减小 R_B，使 I_{BQ}增大，来升高静态工作点 Q，只要调节 R_B值，总可以使静态工作点在放大区负载线中间。

仿真验证：运行 Multisim9.0 软件制作仿真电路，如图 2-14 所示，启动仿真，当 R_4 调整到 0% 时，即基极偏置电阻 R_B 减小，使 I_{BQ} 增大，来升高静态工作点 Q，输出波形出现了饱和失真，如图 2-15a 所示；当 R_4 调整到 85% 时，即基极偏置电阻 R_B 增大，使 I_{BQ} 减小，来降低静态工作点 Q，输出波形的饱和失真现象消除，如图 2-15b 所示。

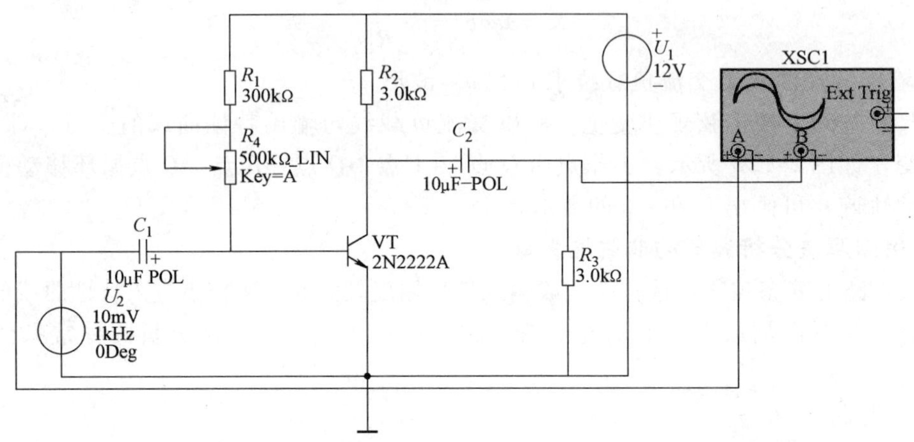

图 2-14 仿真电路

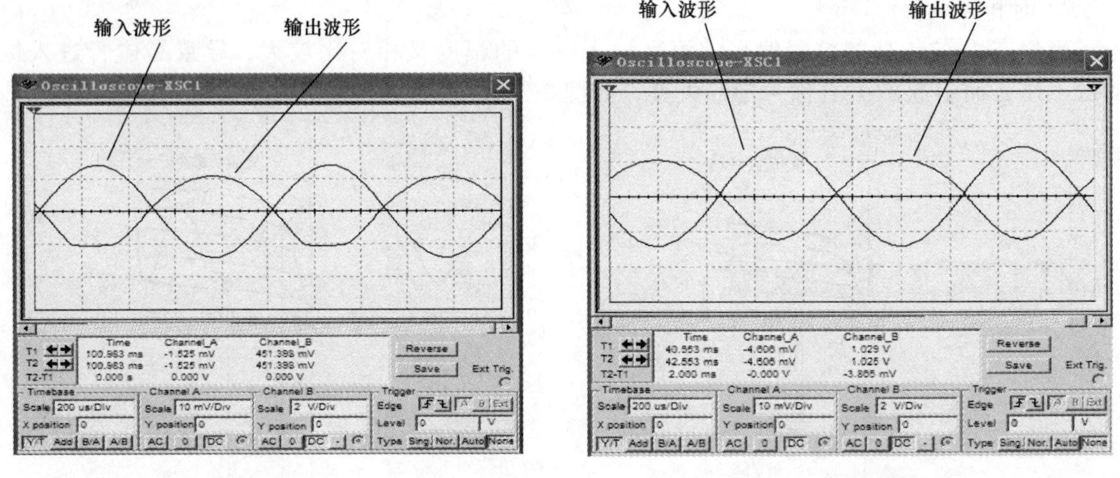

a) 饱和失真波形 b) 无失真波形

图 2-15 仿真电路的输入输出波形的关系

思 考 题

1. 在哪些情况下，工作点沿直流负载线移动？在哪些情况下工作点沿交流负载线移动？
2. PNP 型晶体管的输出电压 u_O 的波形失真现象与 NPN 型晶体管有何不同？

2.2.3 微变等效电路

2.2.3.1 放大电路的微变等效电路

图解法分析放大电路比较直观，但不易进行定量分析，在计算交流参数时较困难，因此现在讨论微变等效电路法。如果将晶体管等效为一个线性元件，也就是把晶体管的输入、输出特性线性化，这样，含有晶体管的放大电路就可等效为线性电路，动态性能分析计算就简单多了。所谓线性化是指晶体管如果在微小的输入信号下工作，那么，特性曲线在静态工作点附近的小范围内的非线性曲线可用直线段来代替。放大电路线性化后所得的电路称为晶体管的微变等效电路。

1. 晶体管的微变等效电路

放大电路的微变等效电路的核心是晶体管的微变等效电路。下面从晶体管的输入、输出特性曲线入手，引出晶体管的微变等效电路。

在图2-16a所示的输入特性曲线上。适当选择 i_B 值，使晶体管工作在静态工作点 Q 附近的一段，由于 Δu_{BE} 和相应的 Δi_B 为微变量，因此，该工作段内的曲线可认为是直线，Δi_B 将随 Δu_{BE} 做线性变化。用 r_{be} 表示两者的比值，它就是晶体管的输入电阻，即

$$r_{be} = \frac{\Delta u_{BE}}{\Delta i_B} \tag{2-13}$$

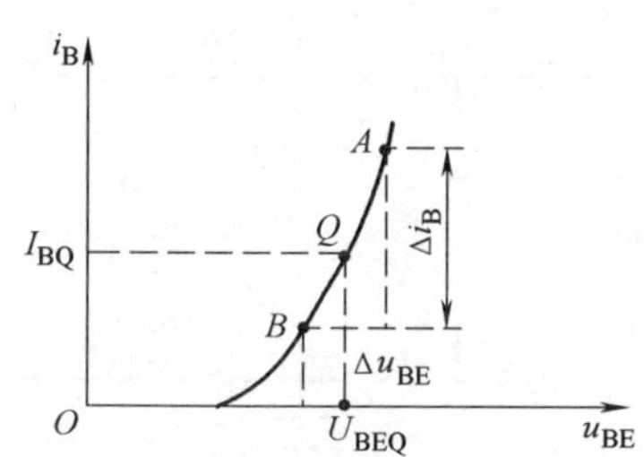

a) 晶体管的输入特性曲线中 r_{be} 的求法

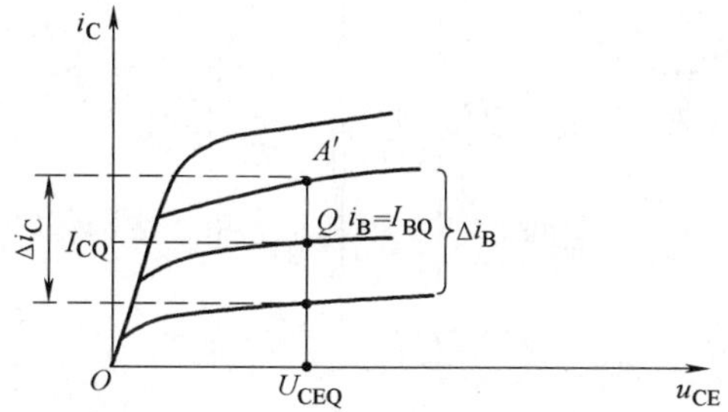

b) 晶体管的输出特性曲线中 β 的求法

图2-16 晶体管的特性曲线中求 r_{be}、β

r_{be} 由半导体的体电阻及PN结的结电阻所形成。对于低频小功率管的输入电阻，工程中常用下式估算：

$$r_{be} = 300\Omega + (1+\beta)\frac{26\text{mV}}{I_E} \tag{2-14}$$

式中，I_E 的单位为mA。

图2-16b所示是晶体管的输出特性曲线族。若晶体管工作在放大区，即 Q 点附近，可认为特性曲线是一组近似等距的水平直线，它反映了集电极电流 i_C 只受基极电流 i_B 控制，而与管子两端电压 u_{CE} 无关，因而晶体管的输出回路可等效为一个受控的恒流源，即 $\Delta i_C = \beta\Delta i_B$，用微变交流量表示时，可得

$$i_c = \beta i_b \tag{2-15}$$

综上所述，晶体管的微变等效电路如图2-17b所示。

2. 共发射极放大电路的微变等效电路

由图2-11a画出图2-18a所示的交流通路，将交流通路中的晶体管用微变等效电路来取代，即可得共发射极放大电路的微变等效电路，如图2-18b所示。

2.2.3.2 用微变等效电路法分析放大电路

用微变等效电路法分析放大电路的步骤：先画出放大电路的交流通路，再相应地画出微变等效电路，最后计算放大电路的性能指标。

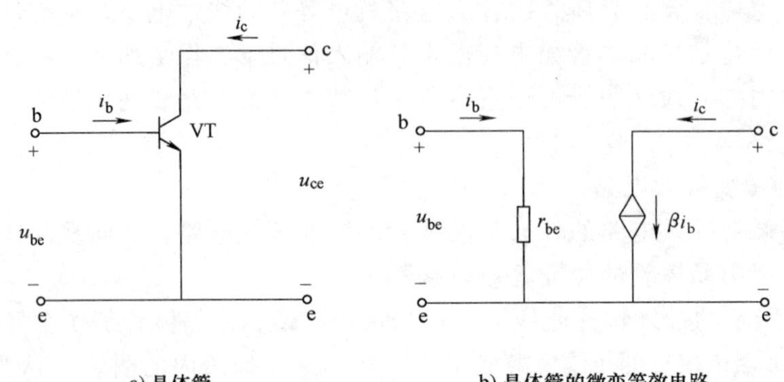

图 2-17 晶体管及其微变等效电路

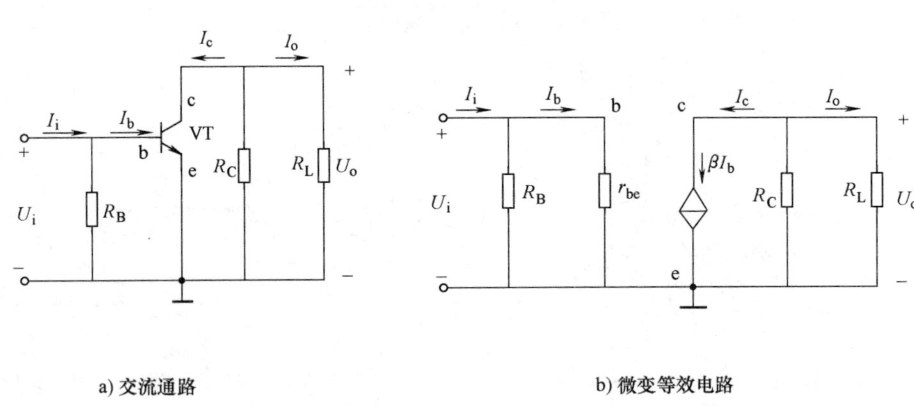

图 2-18 共发射极放大电路的交流通路及微变等效电路

1. 电压放大倍数（或称增益）A_u

输出电压与输入电压的比值称为电压放大倍数。即

$$A_u = \frac{U_o}{U_i} = \frac{u_o}{u_i} \tag{2-16}$$

由图 2-18b 可得

$$U_i = I_b r_{be} \qquad U_o = -I_c R'_L = -\beta I_b R'_L \qquad R'_L = R_C // R_L$$

由此可得

$$A_u = \frac{U_o}{U_i} = \frac{-\beta I_b R'_L}{I_b r_{be}} = -\beta \frac{R'_L}{r_{be}} \tag{2-17}$$

式中的负号表示共发射极放大电路的输出电压与输入电压的相位反相。

当放大电路输出端开路时（未接负载电阻 R_L），可求得空载时的电压放大倍数

$$A_u = -\beta \frac{R_C}{r_{be}} \tag{2-18}$$

2. 放大电路的输入电阻 R_i

放大电路的输入电阻是从放大电路的输入端看进去的等效电阻，为输入电压与输入电流的比值：

$$R_i = \frac{U_i}{I_i} = R_B // r_{be}$$

由于 $R_B \gg r_{be}$，所以

$$R_i \approx r_{be} \tag{2-19}$$

对于共发射极放大电路，r_{be}约为 1kΩ，输入电阻不高。

3. 放大电路的输出电阻 R_o

放大电路的输出电阻是从输出端看进去的等效电阻，因电流源内阻趋近无穷大，所以

$$R_o = R_C \tag{2-20}$$

R_C一般为几千欧，因此共发射极放大电路的输出电阻是较高的，为使输出电压平稳，有较强的带负载能力，应使输出电阻低一些。

4. 微变等效电路分析举例

例 2-2 共发射极放大电路如图 2-19a 所示，已知 $U_{CC} = 12V$，$R_C = 2k\Omega$，$R_B = 500k\Omega$，$R_L = 2k\Omega$，晶体管 $\beta = 100$。求：(1) 估算静态工作点；(2) 画出微变等效电路；(3) 计算电压放大倍数；(4) 计算输入电阻和输出电阻；(5) 标出耦合电容的极性，并求 C_1和 C_2上的电压 U_{C1}和 U_{C2}。

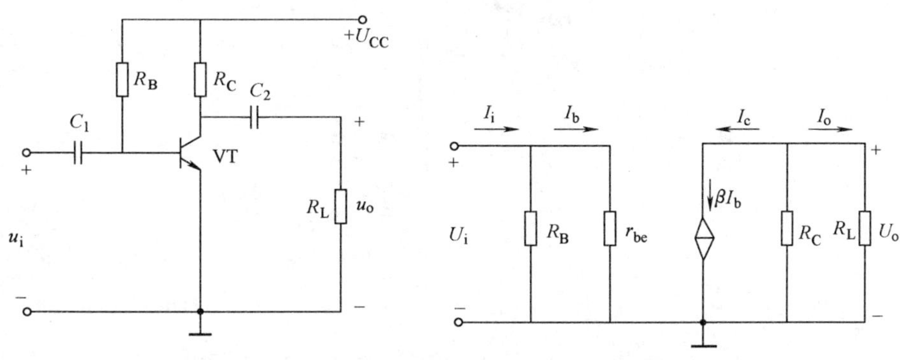

a) 共发射极放大电路　　b) 微变等效电路

图 2-19 共发射极放大电路及微变等效电路

解：(1) 先估算：

$$I_{BQ} = \frac{U_{CC} - U_{BEQ}}{R_B} \approx \frac{U_{CC}}{R_B} = \frac{12V}{500 \times 10^3 \Omega} = 0.024mA = 24\mu A$$

$$I_{CQ} = \beta I_{BQ} = 100 \times 24\mu A = 2400\mu A = 2.4mA$$

$$U_{CEQ} = U_{CC} - I_c R_C = 7.2V$$

(2) 微变等效电路如图 2-19b 所示。

(3) 电压放大倍数：

$$r_{be} = 300\Omega + (1+\beta)\frac{26mV}{I_E} = 1383\Omega = 1.383k\Omega$$

$$R'_L = R_C // R_L = 1k\Omega$$

$$A_u = \frac{U_o}{U_i} = \frac{-\beta I_b R'_L}{I_b r_{be}} = -100\frac{R_C // R_L}{r_{be}} \approx -72$$

(4) 输入电阻：$R_i=(R_B//r_{be})\approx r_{be}=1.383\text{k}\Omega$

输出电阻： $R_o=R_C=2\text{k}\Omega$

(5) C_1的极性为右“+”左“-”，而C_2则是左“+”右“-”，C_1和C_2起隔直作用。

因此，按图上参考方向得：$U_{C1}=U_{BE}$，硅管为0.6~0.7V，锗管为0.2~0.3V。$U_{C2}=U_{CE}=7.2\text{V}$。

仿真验证：运行Multisim9.0软件制作仿真电路，如图2-20a所示，启动仿真，从示波器上可得输入与输出电压波形，如图2-20b所示。输入电压的幅值约为1mV，输出电压的幅值约为0.78V，所以电压放大倍数约为78，并且两者相位相反。图2-21a为测量输入电阻电路，从表中可读出输入电压为20mV，输入电流为0.016mA，可计算出输入电阻为1250Ω。图2-21b为测量输出电阻电路，从表中可读出输出电压为20mV，输出电流为0.010mA，可计算出输入电阻为2000Ω。

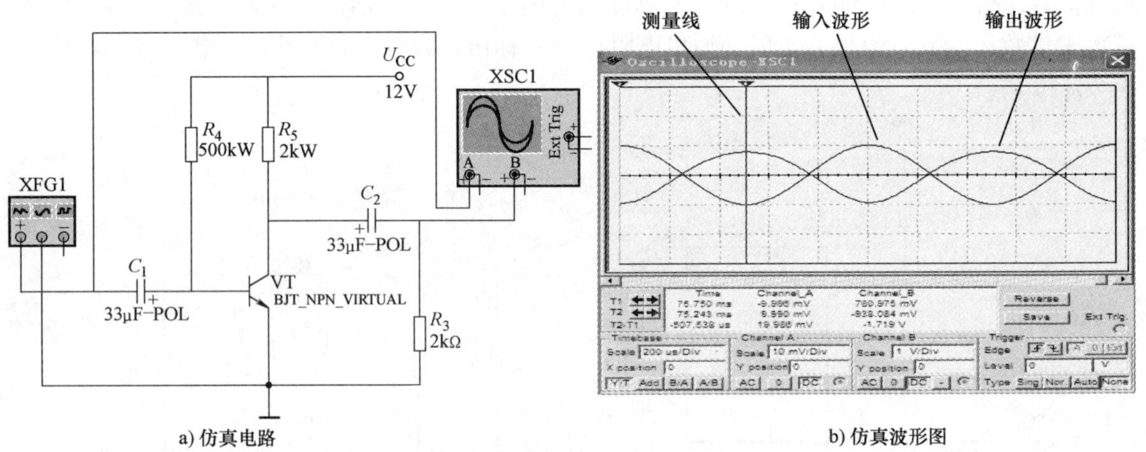

a) 仿真电路 b) 仿真波形图

图2-20 仿真实验验证电压放大倍数及输入、输出电压相位相反

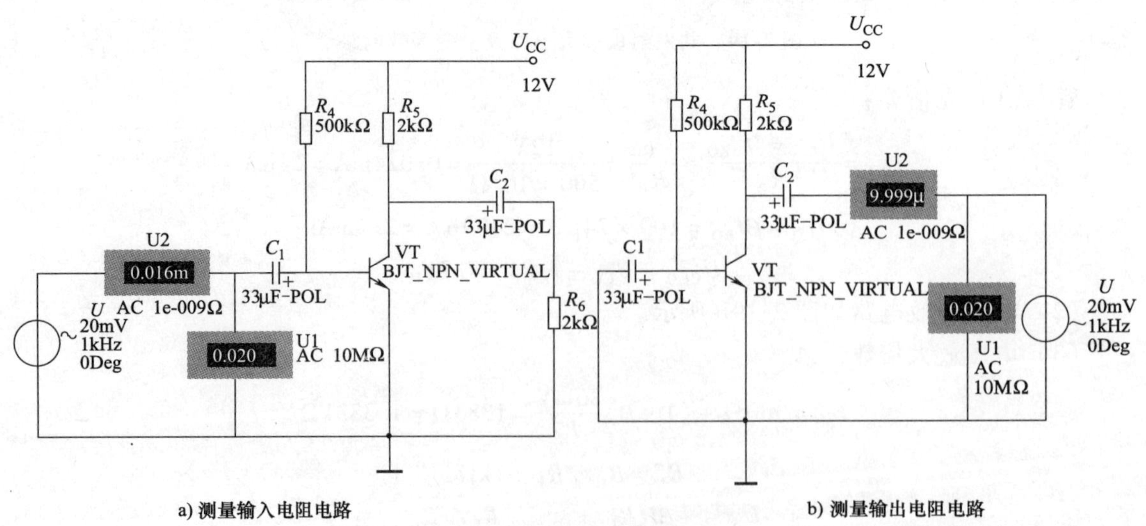

a) 测量输入电阻电路 b) 测量输出电阻电路

图2-21 仿真实验测量输入、输出电阻电路

思　考　题

1. 对于共发射极放大电路，为什么通常希望输入电阻较高为好，而输出电阻较低为好？

2. 共发射极放大电路的放大倍数与哪些参数有关？

2.2.4　稳定静态工作点的放大电路

2.2.4.1　温度对静态工作点的影响

1. 温度对反向饱和电流 I_{CBO} 的影响

I_{CBO} 是由少子形成的漂移电流，对温度十分敏感，当温度升高时，I_{CBO} 增大。

2. 温度对电流放大系数 β 的影响

由于温度的升高，加快了载流子运动速度，在基区中电子和空穴的复合机会减少，所以 β 增大。

3. 温度对发射结电压 U_{BE} 的影响

由于温度的升高，使载流子运动加剧，导致了发射结导通电压减小。

在图 2-11a 所示的共发射极放大电路中，其静态工作点由以下三式确定：

$$I_{BQ}=\frac{U_{CC}-U_{BE}}{R_B} \qquad I_{CQ}=\beta I_{BQ} \qquad U_{CEQ}=U_{CC}-I_{CQ}R_C$$

可见，由于 U_{CC}、R_C 及 R_B 基本不随温度变化，但当温度改变时，晶体管的 U_{BE} 和 β 值等参数都将改变，最终结果将使 I_C 变化，导致 Q 点发生波动。当温度升高时，Q 点上移，可能产生饱和失真；当温度下降时，Q 点下移，可能产生截止失真。如果在原放大电路基础上做一些改变，可以使在 I_C 上升的同时 I_B 下降，以达到自动稳定工作点的目的。这就是下面所要介绍的基极分压式偏置电路。

2.2.4.2　基极分压式偏置电路

基极分压式偏置电路如图 2-22a 所示，其直流通路如图 2-22b 所示。

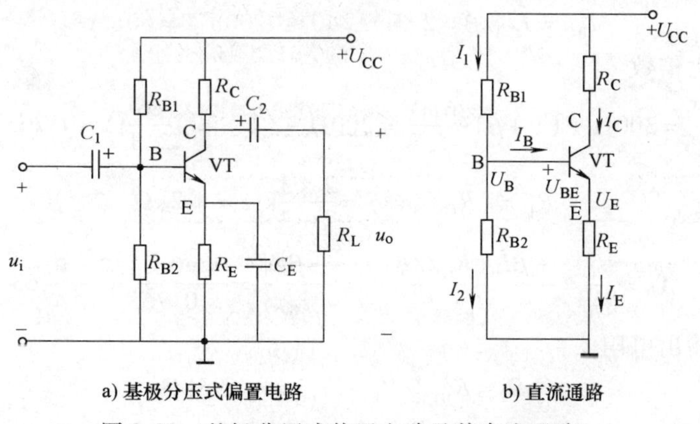

图 2-22　基极分压式偏置电路及其直流通路

1. 稳定静态工作点的原理

利用 R_{B1}、R_{B2} 分压作用，固定基极电位 U_B，当 R_{B1}、R_{B2} 选择适当，并且满足 $I_2 \gg I_B$ 时，

$$U_B = \frac{R_{B2}}{R_{B1} + R_{B2}} U_{CC} \tag{2-21}$$

式中，U_B只与R_{B1}、R_{B2}和U_{CC}有关，可认为U_B是固定的。

利用发射极电阻R_E产生反映I_C变化的电位U_E，U_E能自动调节I_B使I_C保持不变。保持稳定的过程是：

温度$\uparrow \rightarrow I_C \uparrow \rightarrow I_E \uparrow \rightarrow U_E \uparrow \rightarrow U_{BE} \downarrow \rightarrow I_B \downarrow \rightarrow I_C \downarrow$

温度$\downarrow \rightarrow I_C \downarrow \rightarrow I_E \downarrow \rightarrow U_E \downarrow \rightarrow U_{BE} \uparrow \rightarrow I_B \uparrow \rightarrow I_C \uparrow$

从稳定过程可以看出，R_E越大，电路的稳定性越好。

2. 静态工作点估算

如图 2-22b 所示，分析可得：

$$U_B = \frac{R_{B2}}{R_{B1} + R_{B2}} U_{CC}$$

$$I_{CQ} \approx I_E = \frac{U_B - U_{BEQ}}{R_E} \tag{2-22}$$

$$U_{CEQ} = U_{CC} - I_C(R_C + R_E) \tag{2-23}$$

$$I_{BQ} = I_{CQ}/\beta \tag{2-24}$$

3. 举例说明

例 2-3 基极分压式偏置电路如图 2-22a 所示，已知$U_{CC}=12\text{V}$，$R_C=2\text{k}\Omega$，$R_E=1\text{k}\Omega$，$R_{B1}=30\text{k}\Omega$，$R_{B2}=10\text{k}\Omega$，$R_L=3\text{k}\Omega$，晶体管的$\beta=40$，试求：（1）静态工作点；（2）电压放大倍数；（3）输入电阻和输出电阻。

解：（1）由图 2-22b 所示直流通路分析可得：

$$U_B = \frac{R_{B2}}{R_{B1} + R_{B2}} U_{CC} = \frac{10\text{k}\Omega}{30\text{k}\Omega + 10\text{k}\Omega} \times 12\text{V} = 3\text{V}$$

$$I_{CQ} \approx I_E = \frac{U_B - U_{BEQ}}{R_E} = \frac{(3-0.7)\text{V}}{1\text{k}\Omega} = 2.3\text{mA}$$

$$U_{CEQ} = U_{CC} - I_C(R_C + R_E) = 12\text{V} - 2.3\text{mA} \times (2\text{k}\Omega + 1\text{k}\Omega) = 5.1\text{V}$$

$$I_{BQ} = I_{CQ}/\beta = 2.3\text{mA}/40 \approx 0.06\text{mA} = 60\mu\text{A}$$

（2）电压放大倍数

$$r_{be} = 300\Omega + (1+\beta)\frac{26\text{mV}}{I_E} = 300\Omega + (1+40)\frac{26}{2.3}\Omega \approx 0.763\text{k}\Omega$$

$$R'_L = (R_C // R_L) = \frac{2\times 3}{2+3}\text{k}\Omega = 1.2\text{k}\Omega$$

$$A_u = \frac{U_o}{U_i} = \frac{-\beta I_b (R_C // R_L)}{I_b r_{be}} = \frac{-\beta R'_L}{r_{be}} = \frac{-40 \times 1.2}{0.763} \approx -63$$

（3）输入、输出电阻

$$R_i = R_{B1} // R_{B2} // r_{be} = 0.693\text{k}\Omega$$

$$R_o = R_C = 2\text{k}\Omega$$

小知识：电容C_E的作用：与R_E并联的电容C_E称为旁路电容，起到隔直通交的作用，直流时开路，使R_E起到稳定静态工作点的作用，交流时短路，可为交流信号提供低阻通路，使电压放大倍数不至于降低，C_E一般为几十微法到几百微法。

思考题

1. 影响静态工作点稳定的因素有哪些？
2. 叙述基极分压式偏置电路稳定静态工作点的原理。

2.2.5 共集电极放大电路和共基极放大电路

2.2.5.1 共集电极放大电路

1. 电路的组成

图2-23a所示为共集电极放大电路，它也是一种基本放大电路，图2-23b、c、d分别是它的直流通路、交流通路和微变等效电路。由图2-23c可见，输入信号从基极对地之间输入，输出信号从发射极对地取出，集电极为放大电路输入、输出信号的公共端，所以称为共集电极放大电路。共集电极放大电路是从发射极输出信号，所以又称为射极输出器。

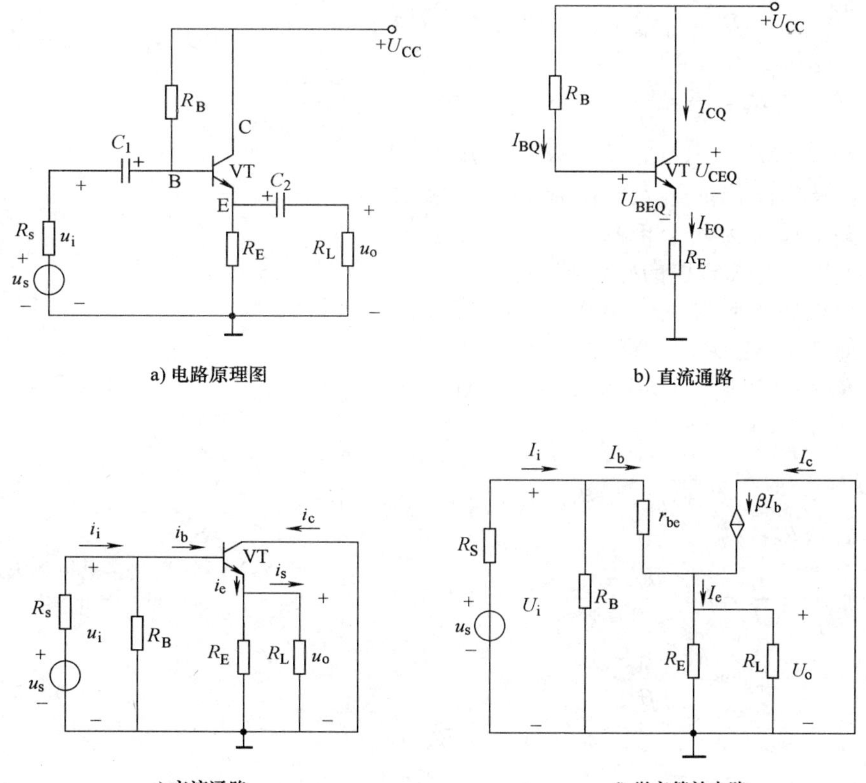

图2-23 共集电极放大电路

2. 静态分析

由图2-23b所示的直流通路可得：

$$U_{CC}=I_{BQ}R_B+U_{BE}+I_{EQ}R_E=I_{BQ}R_B+U_{BE}+(1+\beta)I_{BQ}R_E$$

所以确定的静态工作点为：$I_{BQ}=\dfrac{U_{CC}-U_{BEQ}}{R_B+(1+\beta)R_E}\approx\dfrac{U_{CC}}{R_B+(1+\beta)R_E}$ (2-25)

$$I_{CQ}=\beta I_{BQ}=I_{EQ} \tag{2-26}$$

$$U_{CEQ}=U_{CC}-I_{EQ}R_E\approx U_{CC}-I_{CQ}R_E \tag{2-27}$$

3. 动态分析

（1）电压放大倍数　由图 2-23d 所示的微变等效电路可得：

$$U_o=I_eR'_L=(1+\beta)I_bR'_L$$

$$R'_L=R_E//R_L$$

$$U_i=I_br_{be}+(1+\beta)I_bR'_L$$

因此可得：
$$A_u=\frac{U_o}{U_i}=\frac{(1+\beta)I_bR'_L}{I_br_{be}+(1+\beta)I_bR'_L}=\frac{(1+\beta)R'_L}{r_{be}+(1+\beta)R'_L}<1 \tag{2-28}$$

由式 2-28 可知，由于射极输出器的电压放大倍数小于 1，但接近 1，所以电路没有电压放大作用，但电路仍有电流放大和功率放大作用。又由于输出电压与输入电压大小近似相等，相位相同，因此，射极输出器又称射极跟随器或电压跟随器。

（2）输入电阻　由图 2-23d 所示的微变等效电路可得：

$$U_i=I_br_{be}+(1+\beta)I_bR'_L\quad I_i=\frac{U_i}{R_B}+\frac{U_i}{r_{be}+(1+\beta)R'_L}$$

所以：
$$R_i=\frac{U_i}{I_i}=\frac{U_i}{\dfrac{U_i}{R_B}+\dfrac{U_i}{r_{be}+(1+\beta)R'_L}}=R_B//[r_{be}+(1+\beta)R'_L] \tag{2-29}$$

可见，射极输出器的输入电阻比共发射极放大电路高得多，通常为几十千欧到几百千欧。输入电阻越大，从信号源索取的电流越小。

（3）输出电阻　计算共集电极放大电路输出电阻的电路如图 2-24 所示，将电压源信号短路，保留其内阻 R_S 及受控源，输出端开路，并外加一个电压 U。由图 2-24 可得：

$$I=I_b+\beta I_b+I_{Re}=\frac{U}{R'_S+r_{be}}+\beta\frac{U}{R'_S+r_{be}}+\frac{U}{R_E}$$

式中，$R'_S=R_B//R_S$。

所以：
$$R_o=\frac{U}{I}=R_E//\frac{R'_S+r_{be}}{1+\beta} \tag{2-30}$$

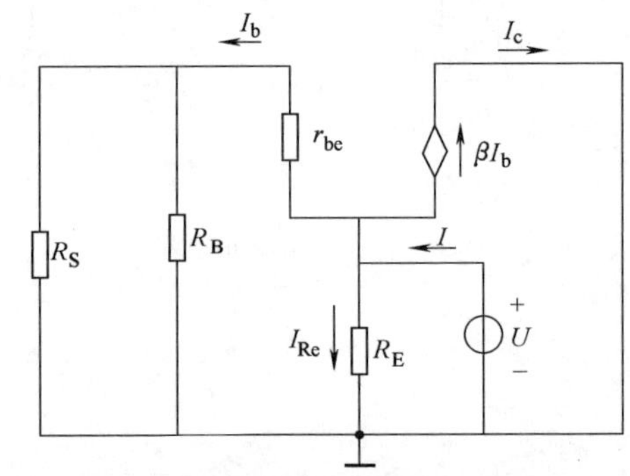

图 2-24　计算共集电极放大电路输出电阻的电路

又因为：
$$R_E\gg\frac{R'_S+r_{be}}{1+\beta}$$

所以：
$$R_o\approx\frac{R'_S+r_{be}}{1+\beta} \tag{2-31}$$

可见，输出电阻很低，一般为几十欧到几百欧。输出电阻越低，带负载能力越强。

小知识：①射极输出器的特点是：电压放大倍数小于 1，但近似等于 1；输出电压与输入电压同相；输入电阻高，输出电阻低。②射极输出器的应用：既可作为多级放大器的输入、输出级，又可作为缓冲级。

2.2.5.2　共基极放大电路

1. 电路的组成

共基极放大电路原理图如图 2-25a 所示，图 2-25b、c、d 分别为共基极放大电路的交流通路、直流通路和微变等效电路。从图 2-25b 中可以看出基极是输入回路和输出回路的公共端，故称为共基极放大电路。

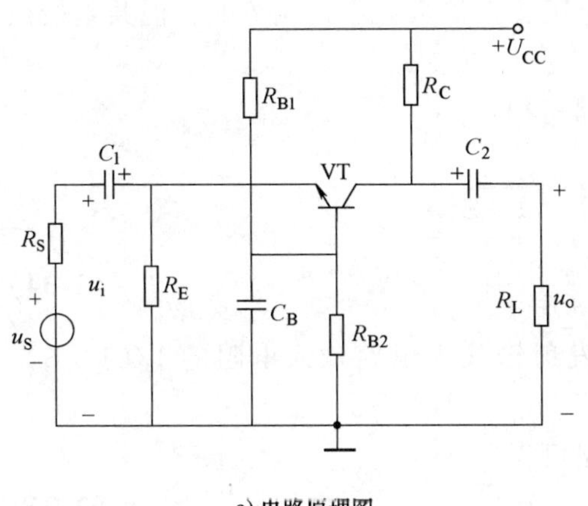

a) 电路原理图

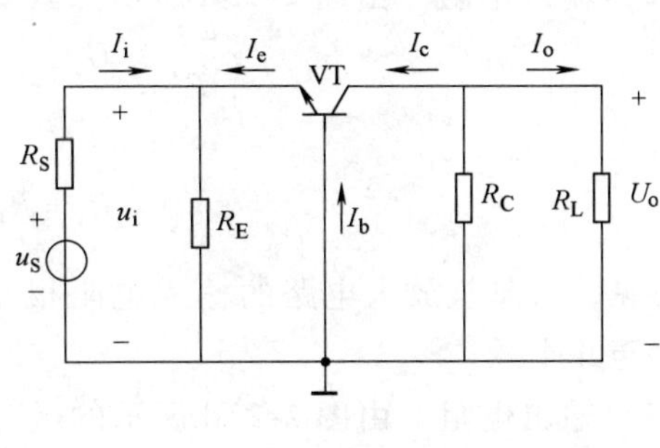

b) 交流通路

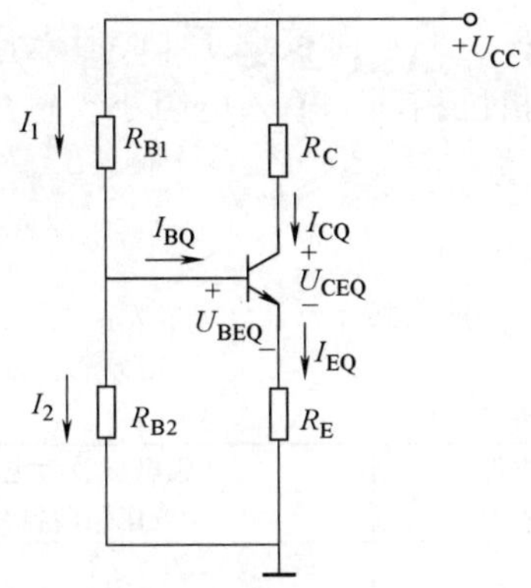

c) 直流通路

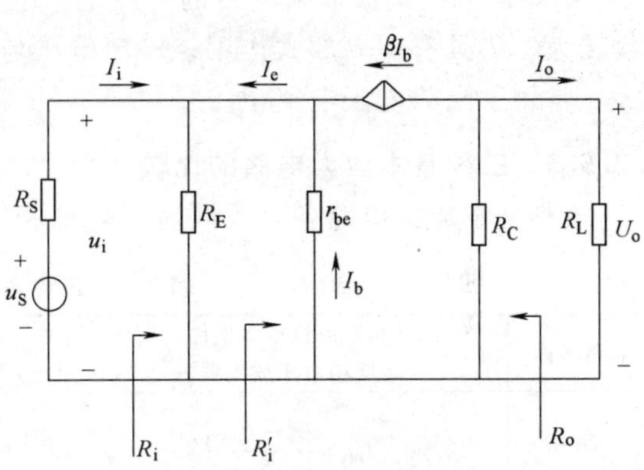

d) 微变等效电路

图 2-25 共基极放大电路

2. 静态分析

由图 2-25c 所示的直流通路可得：

$$U_B=\frac{R_{B2}}{R_{B1}+R_{B2}}U_{CC} \tag{2-32}$$

确定的静态工作点为

$$I_{CQ}\approx I_{EQ}=\frac{U_B-U_{BEQ}}{R_E}\approx\frac{U_B}{R_E}$$

$$U_{CEQ}=U_{CC}-I_{CQ}(R_C+R_E)$$

$$I_{BQ}=I_{CQ}/\beta$$

3. 动态分析

（1）电压放大倍数　由图 2-25d 所示的微变等效电路可得：

$$U_o=-I_cR_L' \qquad R_L'=(R_E//R_L)$$

则
$$A_u=\frac{-\dot{I}_b R'_L}{-\dot{I}_b r_{be}}=\frac{\beta R'_L}{r_{be}} \tag{2-33}$$

可见，共发射极放大电路与共基极放大电路的电压放大倍数大小是相等的，但共基极放大电路的输出电压与输入电压相位相同。

（2）输入电阻　由图 2-25d 所示的微变等效电路可得：

$$R'_i=\frac{U_i}{-I_e}=\frac{-I_b r_{be}}{-(1+\beta)I_b}=\frac{r_{be}}{1+\beta}$$

$$R_i=R_E//R'_i\approx\frac{r_{be}}{1+\beta} \tag{2-34}$$

可见，共基极放大电路的输入电阻很小，是共发射极放大电路输入电阻的 $1/(1+\beta)$，为几欧至几十欧。

（3）输出电阻　由图 2-25d 所示的微变等效电路可得：

$$R_o\approx R_C \tag{2-35}$$

共基极放大电路的输出电阻与共发射极放大电路的输出电阻相同。

小知识：共基极放大电路的特点是：电流放大倍数小于 1 而接近于 1，但电压放大倍数较大，仍具有功率放大作用；输出电压与输入电压相位相同；输入电阻小，输出电阻较大。常用于高频电子电路中。

2.2.5.3　三种基本放大电路的比较

三种基本放大电路各有不同特点，见表 2-2，以便分析比较。

表 2-2　三种基本放大电路的比较

电路名称	共发射极放大电路（反相电压放大器）	共基极放大电路（电流跟随器）	共集电极放大电路（电压跟随器）
静态工作点	$I_{BQ}=\frac{U_B-U_{BEQ}}{R_B}$ $U_{CEQ}=U_{CC}-I_{CQ}R_C$ $I_{BQ}=I_{CQ}/\beta$	$I_{CQ}\approx I_{EQ}=\frac{U_B-U_{BEQ}}{R_E}$ $U_{CEQ}=U_{CC}-I_{CQ}(R_C+R_E)$ $I_{BQ}=I_{CQ}/\beta$	$I_{BQ}=\frac{U_{CC}-U_{BEQ}}{R_B+(1+\beta)R_E}$ $I_{CQ}=\beta I_{BQ}=I_{EQ}$ $U_{CEQ}=U_{CC}-I_{EQ}R_E\approx U_{CC}-I_{CQ}R_E$
A_u	大（几十至几百） $A_u=-\frac{\beta R'_L}{r_{be}}$ 其中，$R'_L=R_C//R_L$	大（几十至几百） $A_u=\frac{\beta R'_L}{r_{be}}$ 其中，$R'_L=R_C//R_L$	小（小于 1 而近似于 1） $A_u=\frac{(1+\beta)R'_L}{r_{be}+(1+\beta)R'_L}$ 其中，$R'_L=R_E//R_L$
R_i	中（几百至几千欧姆） $R_i=R_B//r_{be}$	小（几欧姆至几十欧姆） $R_i=\frac{r_{be}}{1+\beta}$	大（几千欧姆以上） $R_i=R_B//[r_{be}+(1+\beta)R'_L]$
R_o	大　$R_o\approx R_C$	大　$R_o\approx R_C$	小　$R_o=\frac{R'_S+r_{be}}{1+\beta}$
输出、输入电压相位关系	反相	同相	同相
用途	多级放大电路的中间级	高频、宽频带放大电路	输入级、输出级、缓冲级

思　考　题

1. 共集电极放大电路与共发射极放大电路相比，有何不同？电路有何特点？

2. 共集电极放大电路发射极电阻 R_E 能否像基极分压放大电路一样并联一个旁路电容 C_E 来提高电路的电压放大倍数？为什么？

2.2.6　多级放大电路

2.2.6.1　多级放大电路的组成

在实际应用中，为了得到足够大的放大倍数或者考虑输入、输出电阻的特殊要求，放大电路往往由多级组成。多级放大电路通常由输入级、中间级、输出级三部分组成，如图2-26所示。其中，输入级主要完成与信号源的衔接并对信号进行放大；中间级主要完成电压放大，将微弱的输入电压放大到足够的幅度；输出级主要用于对信号进行功率放大，完成输出负载所需要的功率，并完成和负载的匹配。

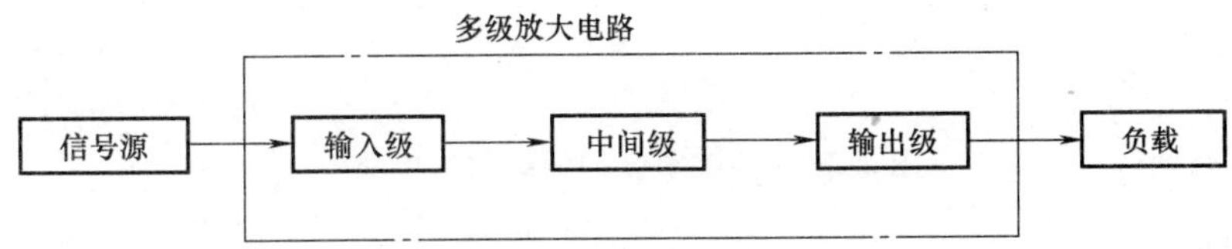

图 2-26　多级放大电路组成框图

2.2.6.2　多级放大电路的级间耦合方式

多级放大电路各级之间的连接方式称为耦合。级间耦合方式应满足以下要求：

1）各级电路仍具有合适的静态工作点。

2）保证信号在级与级之间能顺利而有效地传输，并减小传输中的损耗。

3）多级放大电路的性能指标必须满足实际负载的要求。

级间耦合的方式主要有阻容耦合、直接耦合和变压器耦合。

1. 阻容耦合

阻容耦合就是利用电容和电阻作为耦合元件，将信号由一级传到另一级的方式，如图 2-27 所示。

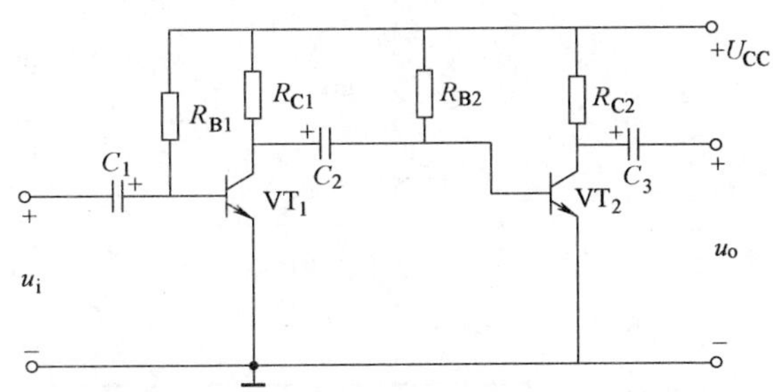

图 2-27　阻容耦合的两级放大电路

阻容耦合的优点：前后级直流通路彼此隔开每一级的静态工作点都相互独立，便于分析、设计和应用。阻容耦合的缺点：信号在通过耦合电容加到下一级时会大幅度衰减。在集成电路里制造大电容很困难，所以阻容耦合只适用于分立元器件电路。

2. 直接耦合

直接耦合是将前级的输出端与后级的输入端直接相连的一种耦合方式，如图 2-28 所示。

直接耦合的优点：不仅能放大交流信号，也可以放大直流信号和缓慢变化的信号，元器件少，体积小，便于集成，它在集成电路中得到了广泛的应用。直接耦合的缺点：它的前、后级直流电路相通，静态工作点相互牵制、相互影响，同时还存在零点漂移问题。因此在采用直接耦合方式时，必须解决静态工作点相互影响和零点漂移两个问题，以保证各级有合适的静态工作点。解决这两个问题的方法是采用差动放大电路，此内容将在后面进行讲述。

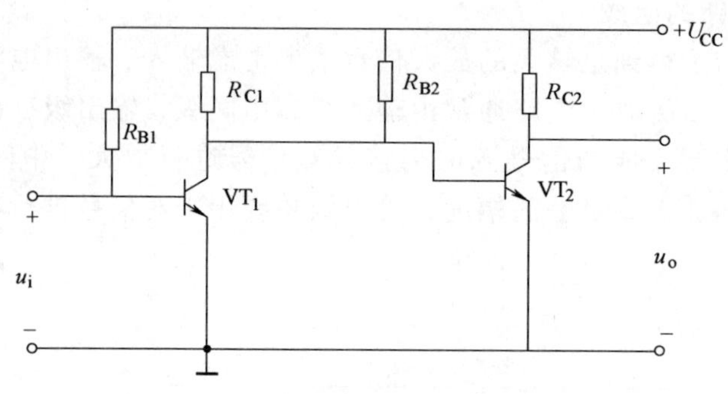

图 2-28　直接耦合的两级放大电路

3. 变压器耦合

变压器耦合是利用变压器将前级的输出端与后级的输入端连接起来，这种耦合方式称为变压器耦合，如图 2-29 所示。

变压器耦合的优点是：各级静态工作点相互独立、互不影响，便于设计、调试和维修；能实现电压、电流和阻抗的变换，适合于放大器之间、放大器与负载之间的匹配。变压器耦合的缺点是：体积和重量都比较大，不便于集成，频率特性比较差，不能传输直流信号和变化缓慢的信号，一般只适用于低频功率放大电路和中频调谐放大电路。

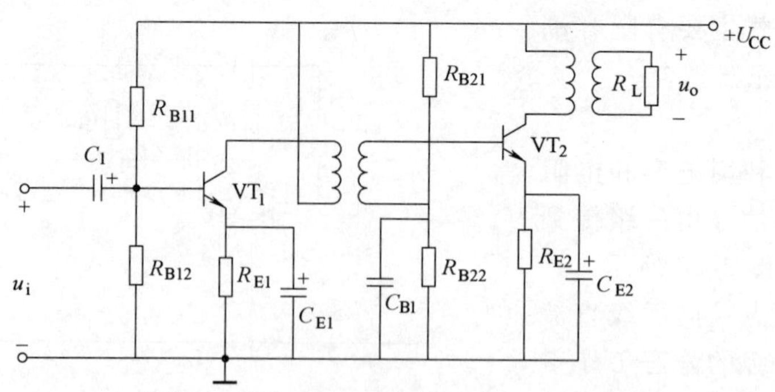

图 2-29　变压器耦合的两级放大电路

2.2.6.3　两级阻容耦合放大电路的分析

1. 静态分析

两级阻容耦合放大电路如图 2-30 所示，由于是阻容耦合电路各级静态工作点相对独立，因此两级可以分别求出静态工作点，求解方法同单级电路，这里不再阐述。

2. 动态分析

因为多级放大电路，是多级串联逐级连续放大，所以总的电压放大倍数是各级放大倍数之积，即

$$A_u = A_{u1} \times A_{u2} \cdots A_{un} \tag{2-36}$$

在计算每一级的增益时，必须考虑到本级输出负载即为后级输入电阻；本级的输出电压即是后级的输入信号；第一级的输入信号就是整个放大电路的输入信号；最后一级的输出信号就是整个放大电路的输出信号；第一级的输入电阻就是整个放大电路的输入电阻；最后一级的输出电阻就是整个放电路的输出电阻。

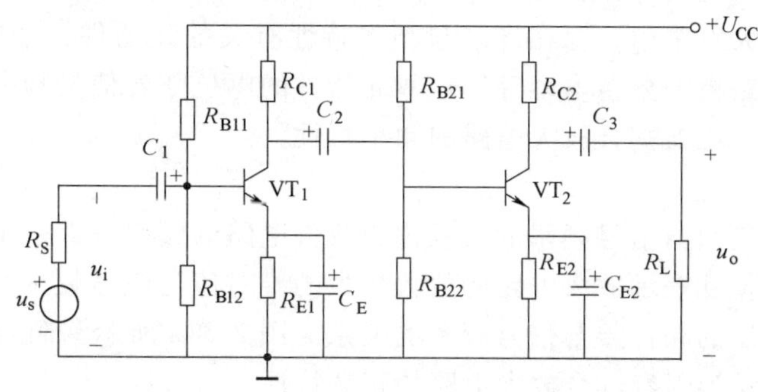

图 2-30 两级阻容耦合放大电路

下面结合例题来讨论多级放大电路的放大倍数、输入电阻和输出电阻。

例 2-4 两级阻容耦合放大电路如图 2-30 所示，已知 $\beta_1 = 100$，$\beta_2 = 60$，$r_{be1} = 1\text{k}\Omega$，$r_{be2} = 0.8\text{k}\Omega$；电路元件参数 $R_{B11} = 36\text{k}\Omega$，$R_{B12} = 24\text{k}\Omega$，$R_{C1} = 2\text{k}\Omega$，$R_{E1} = 2\text{k}\Omega$，$R_{B21} = 33\text{k}\Omega$，$R_{B22} = 10\text{k}\Omega$，$R_{C2} = 3.3\text{k}\Omega$，$R_{E2} = 1.5\text{k}\Omega$，直流电源 $U_{CC} = 24\text{V}$，交流负载电阻 $R_L = 5.1\text{k}\Omega$，信号源内阻 $R_s = 360\Omega$。试求：（1）各级的输入电阻和输出电阻；（2）放大电路的电压放大倍数；（3）放大电路的输入、输出电阻。

解：

（1）求各级输入、输出电阻：

第一级： $R_{i1} = R_{B11} // r_{be1} // R_{B12} \approx r_{be1} \approx 1\text{k}\Omega$ $\quad R_{O1} = R_{C1} = 2\text{k}\Omega$

第二级： $R_{i2} = r_{be2} // R_{B21} // R_{B22} \approx r_{be2} = 0.8\text{k}\Omega$ $\quad R_{O2} = R_{C2} = 3.3\text{k}\Omega$

（2）求各级放大倍数和总放大倍数：

各级等效负载电阻：$R'_{L1} = R_{O1} // R_{i2} = \dfrac{2 \times 0.8}{2 + 0.8}\text{k}\Omega = 0.57\text{k}\Omega$

$$R'_{L2} = R_{O2} // R_L = \frac{3.3 \times 5.1}{3.3 + 5.1}\text{k}\Omega = 2\text{k}\Omega$$

第一级放大倍数： $A_{u1} = -\dfrac{\beta_1 R'_{L1}}{r_{be1}} = -100 \times \dfrac{0.57}{1} = -57$

第二级放大倍数： $A_{u2} = -\beta \dfrac{R'_{L2}}{r_{be2}} = -60 \times \dfrac{2}{0.8} = -150$

总的放大倍数： $A_u = A_{u1} \times A_{u2} = -57 \times (-150) = 8550$

（3）放大电路的输入、输出电阻：

$$R_{\mathrm{i}} = R_{\mathrm{i1}} = 1\mathrm{k}\Omega \qquad R_{\mathrm{O}} = R_{\mathrm{O2}} = 3.3\mathrm{k}\Omega$$

2.2.6.4 放大倍数的分贝表示法

在实际工程中，电压和电流放大倍数常用增益来表示，增益的单位为分贝（dB），其公式为

$$A_u(\mathrm{dB}) = 20\lg|A_u|(\mathrm{dB}) \tag{2-37}$$

$$A_i(\mathrm{dB}) = 20\lg|A_i|(\mathrm{dB}) \tag{2-38}$$

2.2.6.5 放大电路的频率特性

实际上，凡是放大电路都存在着对于不同频率的信号其放大倍数有所变化的问题。阻容耦合和变压器耦合放大电路中，存在许多与频率特性有关的元器件，如电容、电感、PN结的结电容、导线和电路板的分布电容等。这些元器件的电抗随着信号频率的变化而改变，从而影响到阻容耦合和变压器耦合放大电路的频率特性。

1. 频率特性

放大电路的放大倍数与信号频率的关系称为放大电路的频率特性，由幅频特性和相频特性两部分组成。幅频特性表示放大电路的放大倍数的绝对值与信号频率的关系；相频特性表示输出电压与输入电压的相位差与信号频率的关系。图2-31a所示为阻容耦合放大电路的幅频特性，图2-31b所示为阻容耦合放大电路的相频特性。

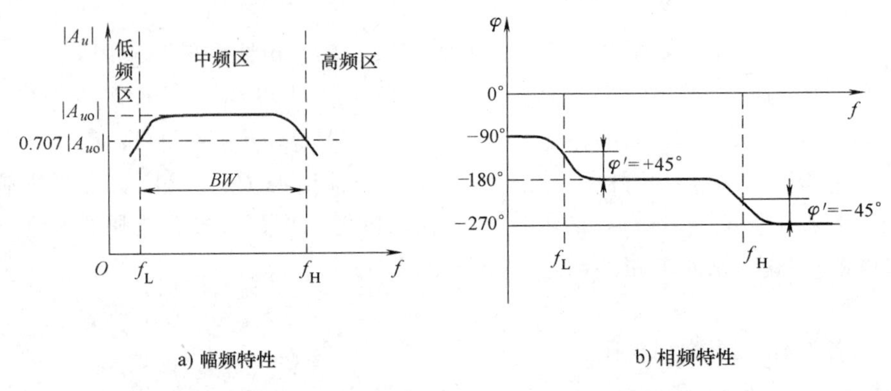

图2-31 阻容耦合放大电路的频率特性

放大电路的频率特性表明，在某一段频率范围内，放大电路的放大倍数$|A_u|$是一个常数，与频率无关。随着信号频率的增加或减小，放大倍数也随之减小，同时输出电压与输入电压的相位差也随着信号频率的变化而变化。当放大电路的放大倍数下降到$0.707|A_u|$时所对应的两个频率，分别称为下限频率f_{L}和上限频率f_{H}。这两个频率之间的频率范围，称为放大电路的通频带$BW = f_{\mathrm{H}} - f_{\mathrm{L}}$，通频带越宽，放大电路的频率范围越宽。

2. 影响频率特性的因素

中频段：由于耦合电容和发射极旁路电容的数值较大，对中频段信号的容抗很小，可视为短路。晶体管结电容和导线分布电容均很小，对中频信号的容抗很大，可视为开路。所以在中频段，可认为电容不影响交流信号的传送，放大电路的放大倍数与频率无关。

低频段：由于耦合电容和发射极旁路电容的容抗的增加，不能再视为短路，信号通过时明显衰减，并产生了附加相移。

高频段：由于晶体管的结电容和导线的分布电容对输入信号产生分流，降低了放大电路的放大倍数，同时也产生了附加相移。晶体管电流放大系数 β 值的下降，也是影响放大电路放大倍数的原因之一。

思　考　题

1. 多级放大电路通常有哪些耦合方式？它们各自具有什么优缺点？
2. 多级放大器的输出级一般由哪一种放大电路担任？
3. 影响阻容耦合放大电路频率特性的主要因素是什么？

2.2.7　场效应晶体管放大电路

用场效应晶体管作为放大器件组成的放大电路，称为场效应晶体管放大电路。场效应晶体管与晶体管一样，也具有放大作用，也能组成三种组态放大电路，分别为共源极、共漏极、共栅极放大电路。在场效应晶体管放大电路中，为实现电路对信号的放大作用，需要设置合适的静态工作点，以保证场效应晶体管工作在输出特性曲线的恒流区。

本节主要介绍共源极、共漏极两种组态的电路。

2.2.7.1　共源极放大电路

1. 电路的组成

共源极放大电路根据场效应晶体管偏置电路不同可分为自偏压电路和分压式偏置电路，如图 2-32 所示，其中图 2-32a 为自偏压电路（适用于耗尽型 MOS 场效应晶体管），图 2-32b 为分压式偏置电路。

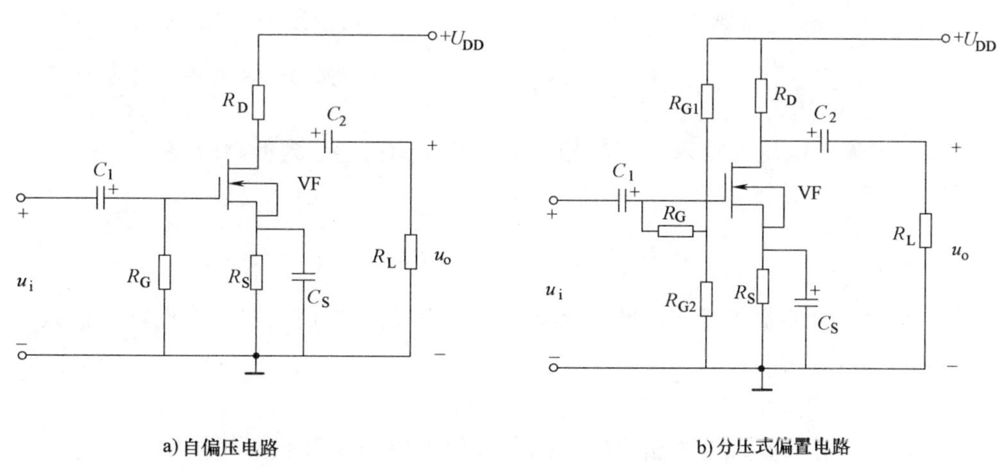

图 2-32　场效应晶体管共源极放大电路

2. 静态分析

场效应晶体管放大电路的静态工作点指直流量 U_{GS}、I_D 和 U_{DS}，它们同样对应于特性曲线上的某一点。下面介绍静态工作点的估算法。

(1) 自偏压电路 如图2-32a所示，在直流通路中，由于$I_G=0$，则R_G上无电流，所以$U_G=0$，则：

$$U_{GS}=U_G-U_S=-R_SI_D \tag{2-39}$$

由转移特性曲线得：

$$I_D=I_{DSS}\left[1-\frac{U_{GS}}{U_{GS(Off)}}\right]^2 \tag{2-40}$$

$$U_{DS}=U_{DD}-(R_D+R_S)I_D \tag{2-41}$$

图2-32a中，栅极通过电阻R_G接地，源极通过电阻R_S接地。这种偏置方式通过漏极电流I_D在源极电阻R_S上产生的电压为栅源极间提供一个偏置电压U_{GS}，故称为自偏压电路。

(2) 分压式偏置电路 如图2-32b所示，此电路适用于各种类型的场效应晶体管。直流通路中，由于$I_G=0$，则R_G上无电流，所以

$$U_G=\frac{R_{G2}}{R_{G2}+R_{G1}}U_{DD}$$

由于

$$U_S=I_DR_S$$

$$U_{GS}=U_{DD}\frac{R_{G2}}{R_{G2}+R_{G1}}-I_DR_S \tag{2-42}$$

可见，适当选取R_{G1}、R_{G2}和R_S值，就可以得到各类场效应晶体管放大电路所需要的正偏压、负偏压或零偏压。

3. 交流分析

图2-32b所示为N沟道耗尽型绝缘栅场效应晶体管共源极放大电路，图2-33为N沟道耗尽型绝缘栅场效应晶体管共源极放大电路的微变等效电路。

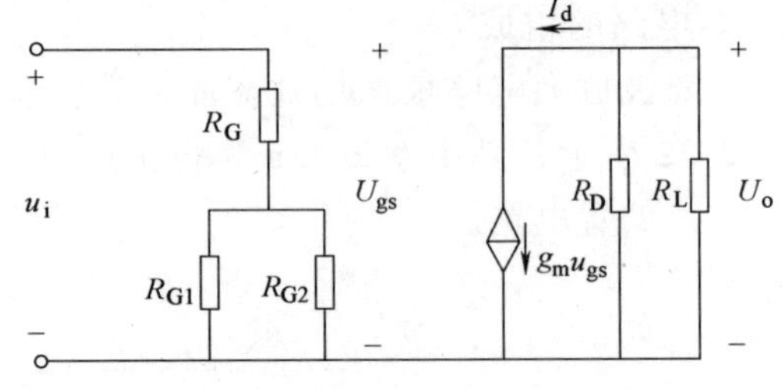

图2-33 微变等效电路

1) 电压放大倍数（设输入为正弦量）：

$$A_u=\frac{U_o}{U_i}=\frac{-I_dR_L'}{U_{gs}}=-g_mR_L' \tag{2-43}$$

式中，负号表示输出电压与输入电压反相，$R_L'=R_D//R_L$，g_m为低频跨导。

2) 输入电阻：

$$R_i=\frac{U_i}{I_i}=R_G+(R_{G1}//R_{G2})\approx R_G \tag{2-44}$$

可见，R_G的接入不影响静态工作点和电压放大倍数，却提高了放大电路的输入电阻。

3) 输出电阻：

$$R_O=R_D \tag{2-45}$$

与晶体管共发射极放大电路相比较，共源极放大电路也具有反相作用。

2.2.7.2 共漏极放大电路

1. 电路的组成

共漏极放大电路又称为源极输出器或源极跟随器，具有与共集电极放大电路相同的特性，输入电阻高、输出电阻低和电压放大倍数小于1并接近于1。分压式共漏极放大电路如图2-34a所示，图2-34b为其微变等效电路。

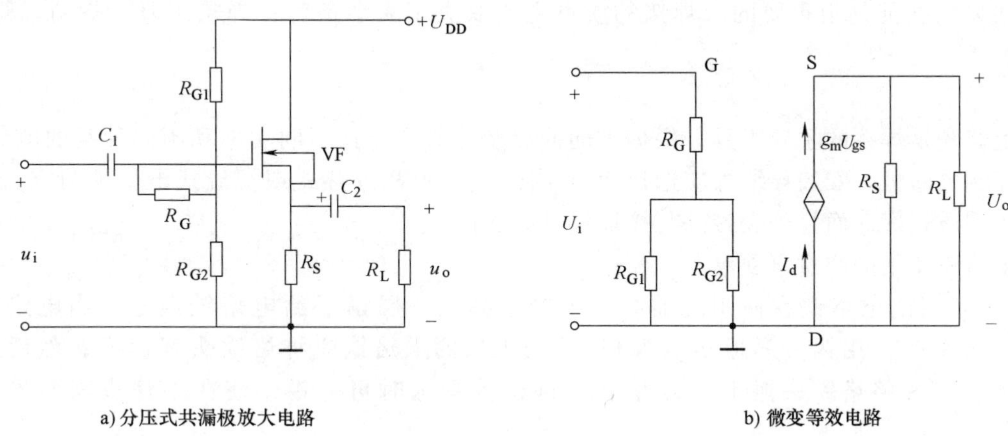

a) 分压式共漏极放大电路　　b) 微变等效电路

图 2-34　共漏极放大电路

2. 静态分析

由于共漏极放大电路的直流通路与共源极放大电路基本相同，因此有关静态工作点的求法这里不再重述。

3. 交流分析

由图 2-34b 所示的微变等效电路可得：

1）电压放大倍数：

由于：　$R_L' = R_S // R_L \quad U_o = I_d R_L' = g_m U_{gs} R_L' \quad U_{gs} = U_i - U_o$

所以：
$$A_u = U_o / U_i = \frac{g_m R_L'}{1 + g_m R_L'} \tag{2-46}$$

A_u为正实数，表示输出电压与输入电压同相，且 $A_u \leqslant 1$。

2）输入电阻：
$$R_i = R_{G1} // R_{G2} + R_G \tag{2-47}$$

3）输出电阻：
$$R_O = \frac{R_S}{1 + g_m R_S} = R_S // \frac{1}{g_m} \tag{2-48}$$

思 考 题

1. 和晶体管放大电路相比，场效应晶体管放大电路的输入、输出电阻及电压放大倍数有何特点？
2. 场效应晶体管共源极、共漏极和共栅极放大电路分别相当于晶体管放大电路的哪一种组态电路？

2.3　相关的基本技能

2.3.1　电子元器件的焊接技术

焊接技术是从事电子技术工作人员的基本功，也是电子设备装配的重要工艺。学习电子技术离不开焊接工艺。焊接质量的好坏，直接影响电子电路及电子装置的工作性能。优秀的焊接质量，可为电路提供良好的稳定性、可靠性；不良的焊接方法会导致元器件损坏，给测试带来很大的困难，有时会留下隐患，使设备不能正常工作。因此了解和掌握必要的焊接操作技能是很重要的。焊接的质量主要取决于4个条件：焊接工具、焊料、焊剂、焊接技术。

1. 焊接工具

电烙铁是焊接的主要工具，根据不同的焊接对象应选择不同功率和不同种类的电烙铁。一般印制电路板、安装导线等应选择20W内热式、30W外热式或恒温式电烙铁为宜。电烙铁头为铜质较好，而且外壳最好与接地线良好连接。

电烙铁使用的注意事项：

1）新买的电烙铁在使用之前必须先给它蘸上一层锡（给电烙铁通电，当电烙铁升至一定温度时，用锡条靠近烙铁头）；使用很久的电烙铁应将烙铁头部锉亮，然后通电加热升温，并将烙铁头蘸上一点松香，待松香冒烟时再上锡，使在烙铁头表面先镀上一层锡。

2）电烙铁使用一段时间后，可能在烙铁头部留有锡垢，可以在烙铁加热的条件下，用湿布轻擦。如有出现凹坑或氧化块，应用细纹锉刀修复或者直接更换烙铁头。

3）电烙铁通电后温度高达250℃以上，不使用时应放在烙铁架上，但较长时间不使用时应切断电源，防止高温“烧死”烙铁头（被氧化）。要防止电烙铁烫坏其他元器件，尤其是电源线，若其绝缘层被烙铁烧坏便容易引发安全事故。

4）不要猛力敲打电烙铁，以免震断电烙铁内部电热丝或引线而产生故障。

2. 焊料

能熔合两种或两种以上的金属，使之成为一个整体的易熔金属或合金称为焊料。

焊料的种类很多，焊接不同的金属可使用不同的焊料。焊料按成分不同可分为锡铅焊料、银焊料、铜焊料等。在一般的电子产品装配中，通常使用锡铅焊料，俗称焊锡。这种焊锡的优点是熔点只有183℃，便于焊接；表面张力低，焊料的流动性增强，有利于提高焊点的质量；抗氧化能力增强；机械强度增高。市场上出售的焊锡常有两种：一种是将焊锡做成管状，管内填有松香，称松香焊锡丝，使用这种焊锡丝时可以不用助焊剂；另一种是无松香的焊锡丝，焊接时要加助焊剂。

3. 焊剂

助焊剂是指焊接时用于去除被焊金属表面氧化层及杂质的混合物质。

助焊剂种类很多，一般可分为三大类：无机助焊剂、有机助焊剂和松香基助焊剂。在电子产品中普遍使用的是松香基助焊剂中的松香焊剂。

4. 焊接技术

焊接的步骤：

1）将烙铁头的刃口置于引线底盘交界处。

2）用另一只手拿着焊锡丝触到被焊件上与烙铁头对称的一侧，而不是直接加在烙铁头上。

3）当焊锡丝熔化一定量之后迅速移开焊锡丝。

4）当焊锡流量适中后，迅速移开电烙铁。

焊接的要点及焊接注意事项：

1）焊接时最好用松香、松香油或无酸性焊剂。不能用酸性焊剂，否则会把焊接的地方腐蚀掉。

2）焊接前，把需要焊接的地方先用小刀刮净，使它显出金属光泽。

3）焊接时电烙铁应有足够的热量，才能保证焊接质量，防止虚焊和日久脱焊。

4）在焊接晶体管等怕高温器件时，最好用小平嘴钳或镊子夹住晶体管的管脚，焊接时还要掌握时间。

5）电烙铁在焊接处停留的时间不宜过长，一般为2～5s，一次焊成。常出现的问题是在焊点上反复地抹来抹去。

6）烙铁头离开焊接处后，被焊接的零件不能立即移动，否则因焊锡尚未凝固而使零件容易脱焊。

7）半导体器件的焊接最好采用较细的低温焊丝，焊接时间要短。

8）对接的元器件接线最好先绞合后再上锡。

9）焊接时，不允许将焊锡滴溅在元器件上或其他部位，以免烫坏元器件，造成电路板短路。

10）焊接高压电路时应注意：焊接点应无锡刺；焊点之间、导线之间应无残存的焊剂或脏物，焊点周围应干净，以提高绝缘强度；焊接地线要牢固，防止高压电场感应电压；高压部分要加绝缘套；高压部分电路紧固部分要紧固。

11）高频电路焊接工艺的要求：为防止噪声干扰，地线应短而粗，且接地面积应较大，严防虚焊；要求引线最短为佳；高频电路中导线要按实际要求，横平竖直都会产生互感或分布电容。

12）焊接COMS器件时，应采用外壳接地的电烙铁，如一时找不到这样的电烙铁，可以在焊接时，将电烙铁的插头拔离插座，焊好一个焊点后，再插上插头加热电烙铁，直到焊好所有的焊点为止。

2.3.2 晶体管放大电路的仿真实验

1. 实验目的

1）学习静态工作点 Q 的测量和调整方法，分析静态工作点对放大电路性能的影响。

2）加深对基本放大电路放大特性的理解。

3）学习放大电路动态指标 A_u、R_i、R_O 等的测量方法。

4）学习放大电路最大不失真输出电压的测量方法。

2. 实验原理

图2-35所示为电阻分压式静态工作点稳定放大电路，其中 $R_{B1}=R_P+R_1$。当在放大电路输入端输入信号 U_i 后，在放大电路输出端便可得到与 U_i 相位相反，且被放大的输出信号 U_O，实现电压放大。

放大电路的基本任务是在不失真的前提下，对输入信号进行放大，所以设置放大电路静态工作点的原则是：保证输出波形不失真，使放大电路具有较高的电压放大倍数。

改变电路参数 U_{CC}、R_C、R_B 都会引起静态工作点的变化，通常以调节上偏置电阻来取得一个合适的静态工作点，如调节图2-35所示电路中 R_P。R_P 减小将引起 I_C 增加，使工作点偏高，易产生饱和失真。当 R_P 增加，I_C 减小，使工作点偏低，易产生截止失真。适当的调节 R_P 可得到合适的静态工作点。

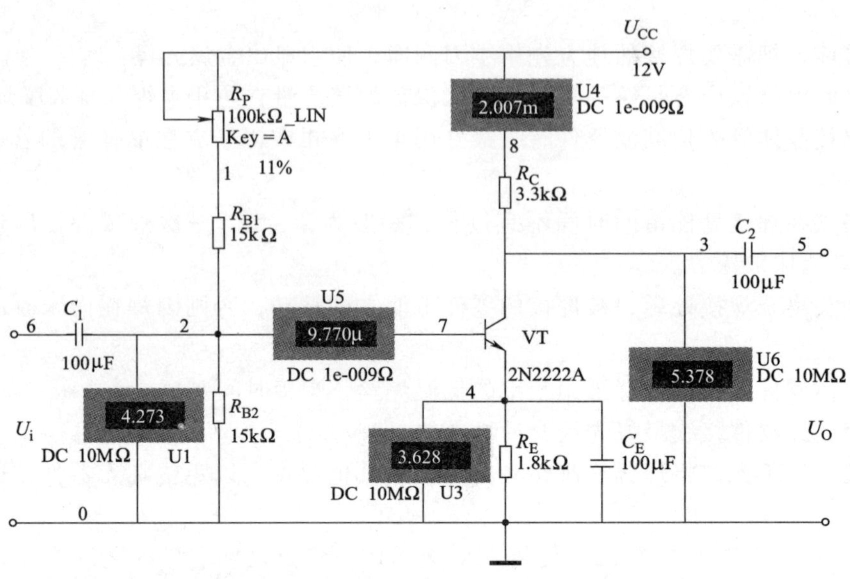

图 2-35 电阻分压式静态工作点稳定放大电路

为了在动态时获得最大不失真输出电压，静态工作点应尽可能选在交流负载线中点，因此在上述调试静态工作点的基础之上，应尽量加大 U_i，同时适当调节偏置电阻 R_P。若加大 U_i时先出现饱和失真，说明静态工作点太高，应将 R_P增大，使 I_C小下来，即静态工作点低下来。若加大 U_i时先出现截止失真，则说明静态工作点太低，应减小 R_P使 I_C增大。直至当 U_i增大时截止失真和饱和失真几乎同时出现，此时的静态工作点即在交流负载线中点。这时，再慢慢减小 U_i，当刚刚出现输出电压不失真时，此时的输出电压即为最大不失真输出电压。

3. 实验内容及步骤

(1) β 及静态工作点的测试　如图 2-35 所示，调 R_P使 $I_C = 2\text{mA}$，启动仿真，所得结果如图 2-35 中电压表和电流表所示。将电路中的电压表和电流表的实测值和计算后的理论值填入表 2-3，并将实测值和计算后的理论值进行比较。可见实测值与理论计算值基本相符。

表 2-3　实测值与理论计算值对照表

	U_E/V	U_B/V	U_C/V	I_{BQ}/μA	I_{CQ}/mA	U_{CEQ}/V	U_{BEQ}/V	β
实测值	3.628	4.273	5.378	9.77	2.007	1.75	0.654	205
理论值	3.69	4.39	5.235	10.25	2.05	1.545	0.7	200

(2) 电压放大倍数的测量　调节信号发生器，使其输出频率为 1kHz 的正弦波信号，逐渐加大信号幅值，用示波器观察输入、输出信号，在保证输出不失真的情况下，测量 U_i、U_O（$R_L = 2\text{k}\Omega$，有载）、U'_O($R_L = \infty$，空载)。可采用两种方法进行测量：一种是用电压表进行测量；另一种用示波器进行测量，如图 2-36 所示（为空载时测量电路及波形图，有载时的测量电路和波形图略）。计算出有载时电压放大倍数 A_u和空载时电压放大倍数 A'_u。同时再根据理论推导公式进行计算求出 A_u和 A'_u，二者进行比较，得出实验值与理论值基本相符，见表 2-4。

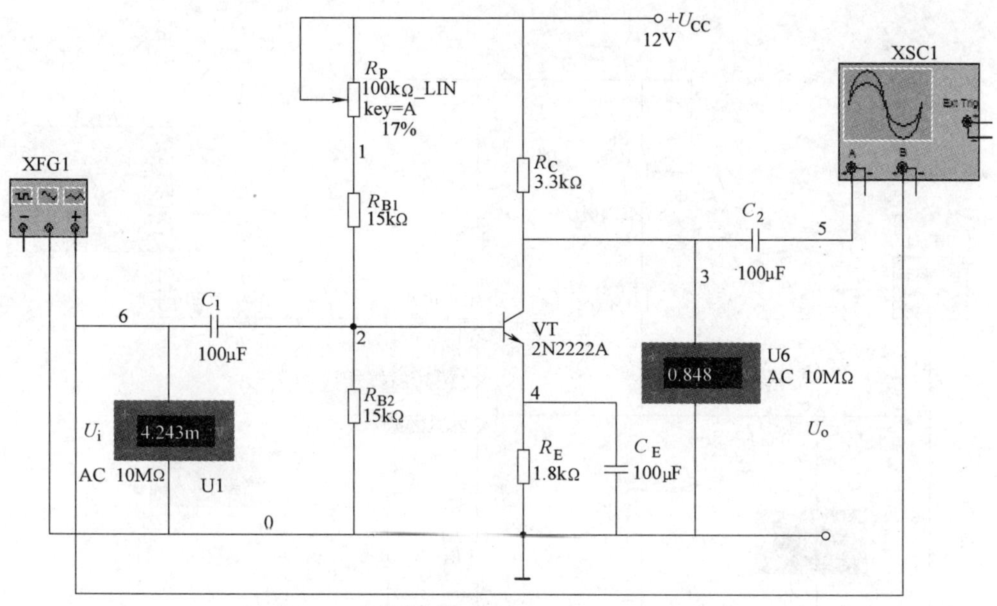

a) 仿真电路

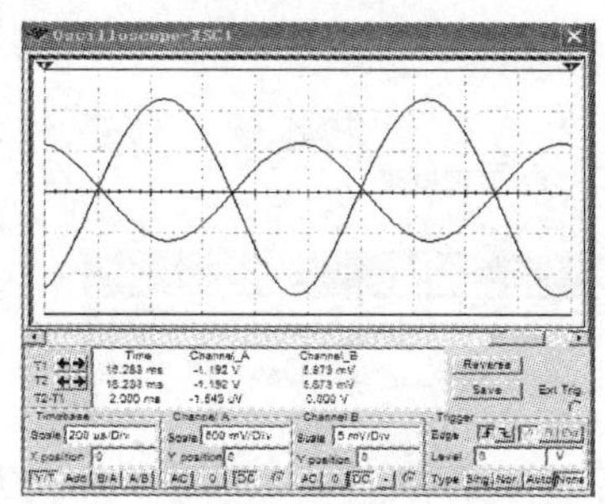

b) 输入与输出波形图

图 2-36 测量放大倍数的仿真电路和波形图（空载）

表 2-4 实验值与理论值对照表

	U_i/mV	U_O(U'_O)/V	A_u/A'_u
实测值(有载)(电压表测量有效值)	4.243	0.33	77.8
实测值(有载)(示波器测量幅值)	5.953	0.492	82.6
理论值(有载)			75.5
实测值(空载)(电压表测量有效值)	4.243	0.848	200
实测值(空载)(示波器测量幅值)	5.958	1.259	211
理论值(空载)			200

（3）最大不失真输出电压的测量　如图 2-37a 所示，当 $R_L=\infty$，尽量加大 U_i（在函数发生器上调节），观察示波器，使 U_O波形同时出现饱和失真和截止失真，调节 R_P改变静态工作点，使 U_O无明显失真；继续加大 U_i，重复上面步骤，直到 U_O上、下同时出现失真，再稍许减小 U_i，测量此时的 U_O值，即为最大不失真输出电压、由电压表和电流表测出有效值（注意取表的交流状态）：$U_{imax}=0.011V$，$U_{Omax}=2.134V$，如图 3-37b 所示。由示波器测出幅值 $U_{im(max)}=16mV$，$U_{Om(max)}=3.4V$

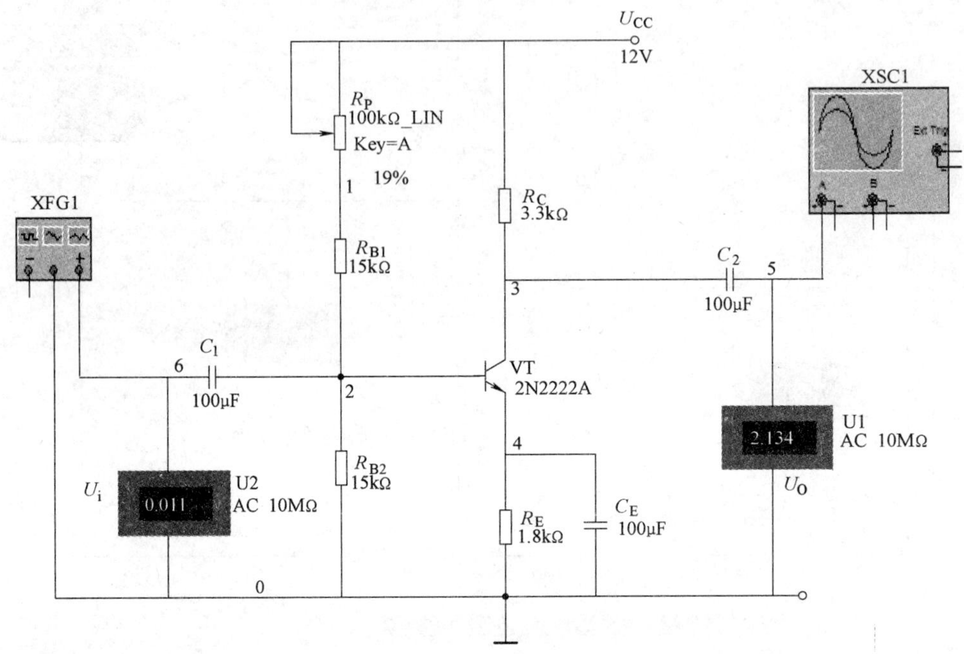

a) 原理电路

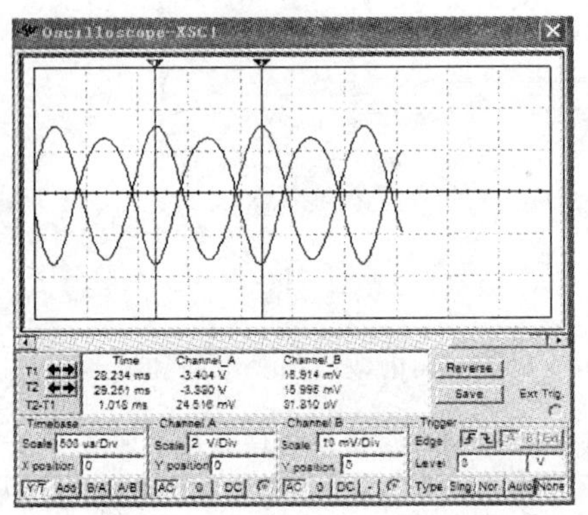

b) 测量波形

图 2-37 测量最大不失真输出电压的电路与波形

(4) 观察静态工作点对放大器失真的影响　如图 2-37a 所示，调节 R_P，使 R_P减小将引起 I_C增加，工作点偏高，产生饱和失真，如图 2-38a 所示；当调节 R_P，使 R_P增加，I_C减小，工作点偏低，产生截止失真，如图 2-38b 所示。

(5) 输入电阻和输出电阻的测量　测量输入电阻电路如图 2-39a 所示，设置电压表和电流表为交流方式，运行仿真，记录电压表和电流表的读数，计算出在 1kHz 频率下的输入电阻值 $R_i = \dfrac{10\text{mV}}{3.558\mu\text{A}} = 2.8\text{k}\Omega$。

测量输出电阻电路如图 2-39b 所示，设置电压表和电流表为交流方式，运行仿真，记录

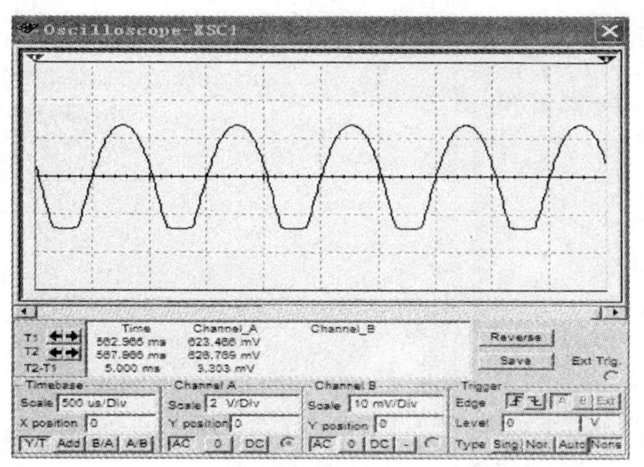

a) 饱和失真

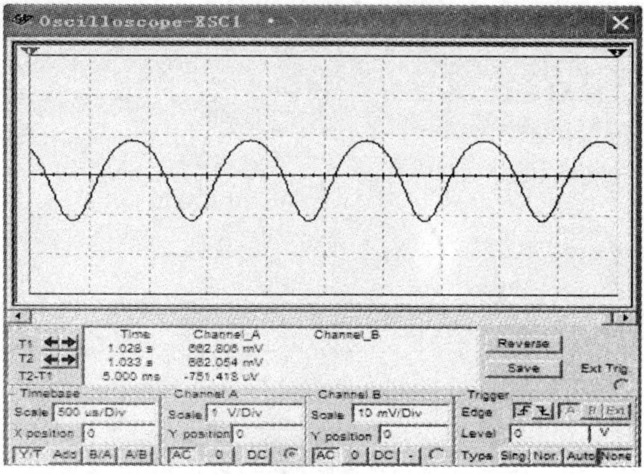

b) 截止失真

图 2-38 不同静态工作点下的波形图

电压表和电流表的读数，计算出在 1kHz 频率下的输出电阻值 $R_O=\dfrac{10\text{mV}}{3.17\mu\text{A}}=3.15\text{k}\Omega$

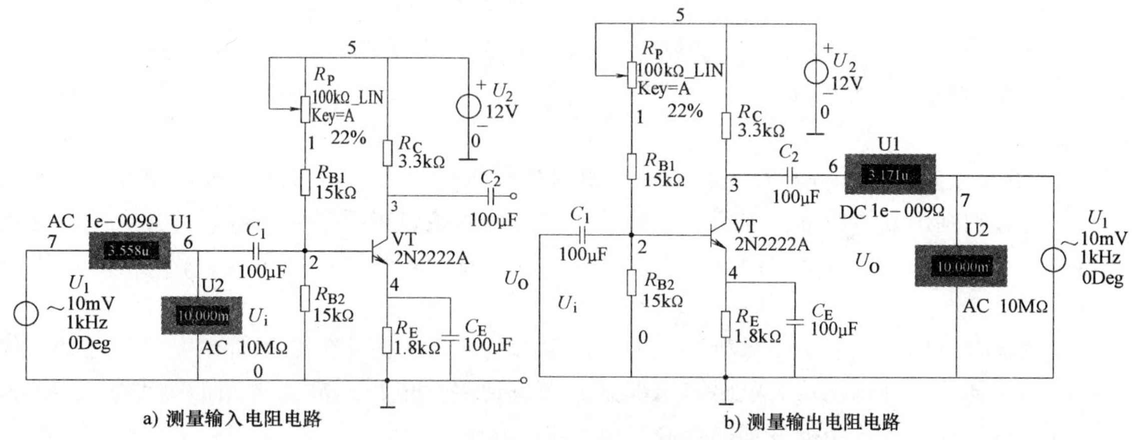

a) 测量输入电阻电路　　b) 测量输出电阻电路

图 2-39 测量输入、输出电阻电路

（6）频率特性分析　电路如图 2-39a 所示，选择 Multisim9.0 的分析菜单中的“AC Analysis”项，在交流频率分析对话框中设定：起始频率为 1Hz，终止频率为 1GHz，扫描形式为十进制，纵向刻度为线性，节点 3 为输出节点。起动仿真，得到仿真实验图 2-40 所示。

将指针 1 移到下限频率处，将指针 2 移到上限频率处，移动指针时，观察图 2-40b 中的数据 y1 和 y2，使其约为电路中频电压放大倍数的 70%，图 2-40a 中的中频电压放大倍数为 181，下限频率为 99Hz，上限频率为 10.9MHz，如图 2-40b 所示。放大电路的通频带约为 10.9MHz。频率特性分析结果与理论结果基本相符。

用以上同样的方法分析共集电极放大电路，并比较两种放大电路的特点。

本章小结

1）放大电路是一种模拟电子电路，对放大电路最基本的要求是对输入的模拟信号进行不失真地放大，因此，放大电路中的晶体管必须始终工作在放大区，而不能工作在截止区或饱和区。

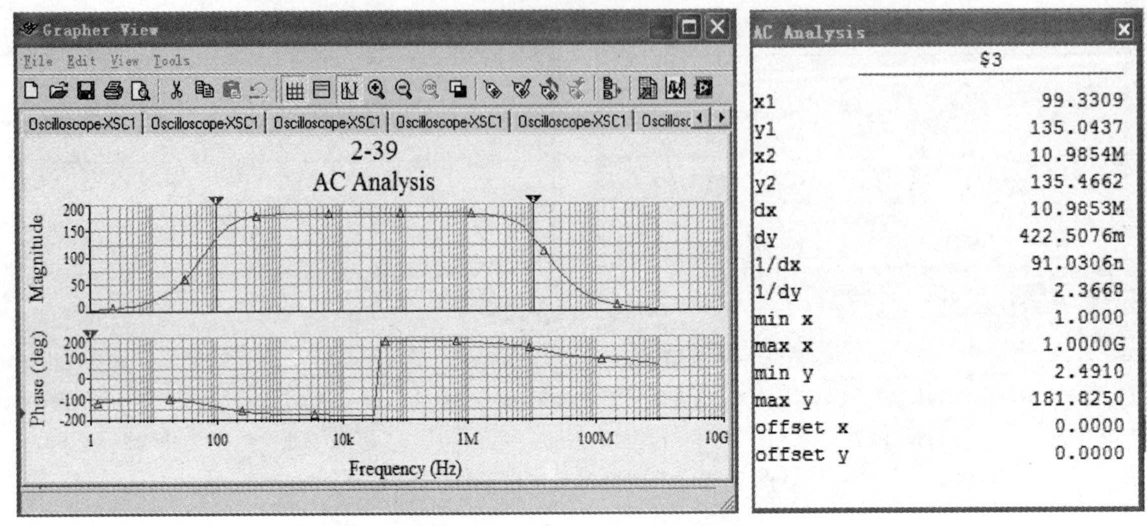

a) 幅频特性和相频特性　　b) 幅频特性的相关数据

图 2-40　频率特性分析仿真实验图

在组成基本放大电路时，除了要保证信号能送进来，在电路中信号能够得到放大，放大后的信号能送出去以外，还要保证信号基本上不失真，为此需要设置合适的静态工作点。

2）放大电路的基本分析方法有两种：图解法和微变等效电路法。用图解法分析放大电路时，要分别画出晶体管部分和负载部分的伏安特性曲线，然后联合求解。首先，根据直流通路画出直流负载线，以确定静态工作点；然后，根据交流通路画出交流负载线，以求得电压放大倍数。

微变等效电路法只能用于分析放大电路的动态情况，用简化的晶体管微变等效电路替代电路中的晶体管，并画出放大电路其余部分的交流通路，就得到放大电路的微变等效电路，然后就可以用线性电路中列方程的方法求解。

3）常用的静态工作点稳定电路是采用负反馈的原理，使集电极电流的变化影响输入回路中发射结电压的变化，从而保持静态工作点基本不变。

4）基本放大电路有三种接法，即共射接法、共集接法、共基接法。

5）可以采用两种不同放大器件组成不同基本放大电路，即晶体管放大电路和场效应晶体管放大电路，两种放大电路的工作原理和分析方法类似。

6）多级放大电路常用的耦合方式有三种：阻容耦合、直接耦合和变压器耦合。其中直接耦合方式具有元器件少、电路简单等优点，常用于集成电路中；阻容耦合和变压器耦合电路的体积和重量都比较大，不易集成，但具有各级静态工作点独立的优点，一般用于低频功率放大和中频调谐放大等分立元器件电路中。

7）放大电路的频率特性，主要介绍了幅频特性和相频特性及通频带的定义。

习　题

一、填空题

1. 在单级共发射极放大电路中，如果静态工作点设置过高，容易发生______失真；如果静态工作点设置过低，容易发生______失真。

2. 对于共发射极、共集电极和共基极三种基本组态放大电路，若希望电压放大倍数大，可选用______组态；若希望带负载能力强，应选用______组态；若希望从信号源索取电流小，应选用______组态；若希望高频性能好，应选用________组态。

3. 射极输出器具有__________略小于1，但接近于1，_________和____________同相，并具有__________高和__________低的特点。

4. 温度升高时，晶体管电流放大系数 β _________，反向饱和电流 I_{CBO} ___________，发射结电压U_{BE}________。

5. 放大电路的基本分析方法有____________法和______________法两种。

6. 多级放大电路通常有________耦合、___________耦合和__________耦合三种耦合方式。

7. 直接耦合的多级放大电路既能放大____________信号，也能放大______________信号。

8. 多级放大电路总的电压放大倍数等于_____________，总的输入电阻等于__________，总的输出电阻等于__________。

9. 场效应晶体管自偏压电路适合于__________场效应晶体管和____________场效应晶体管组成的放大电路。

二、判断题

1. 放大电路中的输入信号和输出信号的波形总是反相关系。 ( )
2. 晶体管在发射极和集电极互换使用时，仍具有电压放大作用。 ( )
3. 有的场效应晶体管的漏极和源极可以互换使用，而不影响其工作性能。 ( )
4. 共发射极放大电路输出波形出现上削波，说明出现了饱和失真。 ( )
5. 设置静态工作点的目的是让交流信号叠加在直流信号上全部通过放大电路。 ( )
6. 所有的电压放大电路的级间耦合都可以采用阻容耦合方式。 ( )
7. 晶体管放大电路所带负载大小不一样，会使其电压放大倍数有所改变。 ( )
8. 共基极放大电路，基本上没有电流放大作用，但具有功率放大作用。 ( )

三、选择题

1. 既能放大电压，也能放大电流的是______组态放大电路；可以放大电压，但不能放大电流的是______组态放大电路；只能放大电流，但不能放大电压的是______组态放大电路。（A. 共射 B. 共集 C. 共基）

2. 共发射极基本放大电路中集电极电阻 R_C 的作用是______。（A. 放大电流 B. 调节 I_{BQ} C. 将放大后的电流信号转换为电压信号）

3. 射极输出器的输出电阻小，说明该电路的________。（A. 带负载能力差 B. 带负载能力强 C. 减轻前级或信号源负荷）

4. 在共发射极基本放大电路中，若电路原来未发生非线性失真，更换一个 β 比原来大的晶体管后出现了失真，则失真应是__________；若电路原来有非线性失真，但减小 R_B 后，失真消失了，则原来的失真应是________。（A. 截止失真 B. 饱和失真 C. 交越失真）

5. 源极输出器属于________。（A. 共源极放大电路 B. 共漏极放大电路 C. 两者都不是）

6. 阻容耦合的多级放大电路只能放大__________。（A. 直流信号 B. 交流信号 C. 变化缓慢的信号）

四、分析计算题

1. 试判断图 2-41 所示电路对交流信号是否具有放大作用？为什么？若不能，应如何纠正？

2. 已知共发射极放大电路如图 2-42 所示，$R_B = 220\text{k}\Omega$，$R_C = 3\text{k}\Omega$，$R_L = 4\text{k}\Omega$，$U_{CC} = 12\text{V}$，$r_{be} = 800\Omega$，$\beta = 40$，晶体管为硅管，求放大电路的静态工作点、输入电阻 R_i、输出电阻 R_O、电压放大倍数 A_u。

3. 已知分压式共发射极放大电路如图 2-43 所示，晶体管为硅管，$\beta = 60$，试求静态工作点、输入电阻、输出电阻、电压放大倍数。

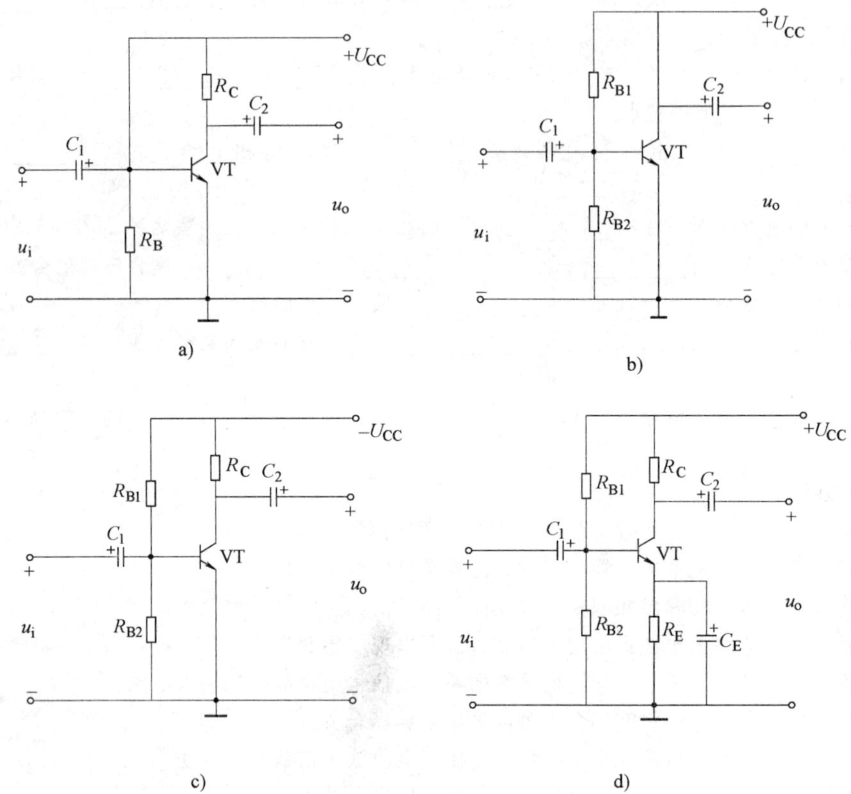

图 2-41 分析计算题 1 题图

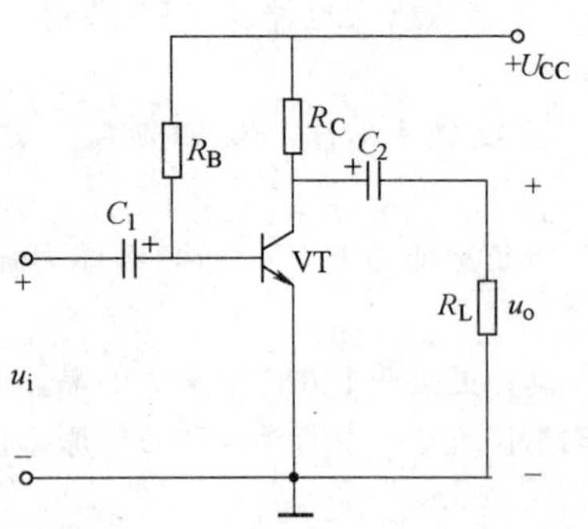

图 2-42 分析计算题 2 题图

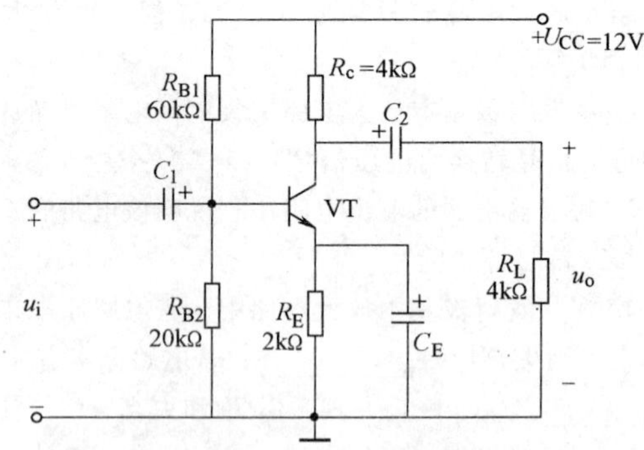

图 2-43 分析计算题 3 题图

4. 已知图 2-44 所示电路中的 $\beta=40$，晶体管为锗管，当开关 S 分别与 A、B、C 三点连接时，试分析晶体管处于何种工作状态，并估算出集电极电流 I_C。

5. 由示波器可测得由 NPN 型晶体管组成的共发射极基本放大电路的输出波形如图 2-45 所示，试分析这些波形属于何种失真？应如何调整电路参数以消除失真？

6. 已知电路如图 2-46 所示，$U_{CC}=24V$，$R_{B1}=150k\Omega$，$R_{B2}=110k\Omega$，$R_E=5k\Omega$，$R_L=1k\Omega$，$U_{BEQ}=0.7V$，$\beta=50$，试求静态工作点、输入电阻、输出电阻、电压放大倍数，并画出微变等效电路。

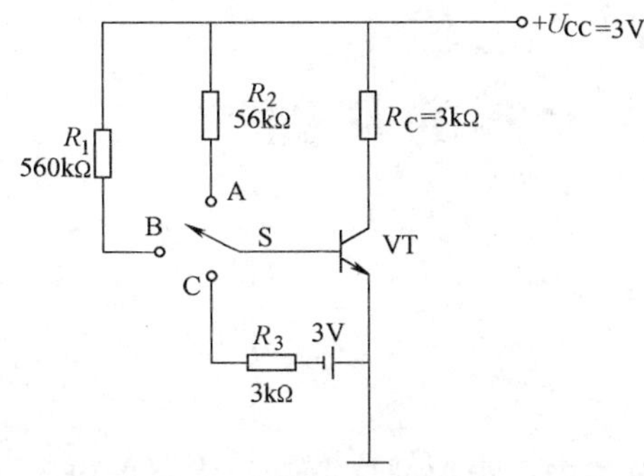

图 2-44　分析计算题 4 题图

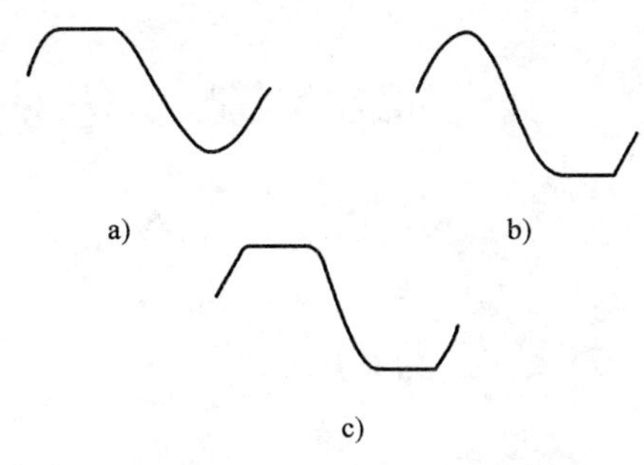

图 2-45　分析计算题 5 题图

7. 已知电路如图 2-47 所示，$U_{CC}=12V$，$R_{B1}=47k\Omega$，$R_{B2}=18k\Omega$，$R_E=2.7k\Omega$，$R_L=1.2k\Omega$，$U_{BEQ}=0.7V$，$\beta=60$，$R_C=1.3k\Omega$，试求静态工作点、输入电阻、输出电阻、电压放大倍数，并画出微变等效电路。

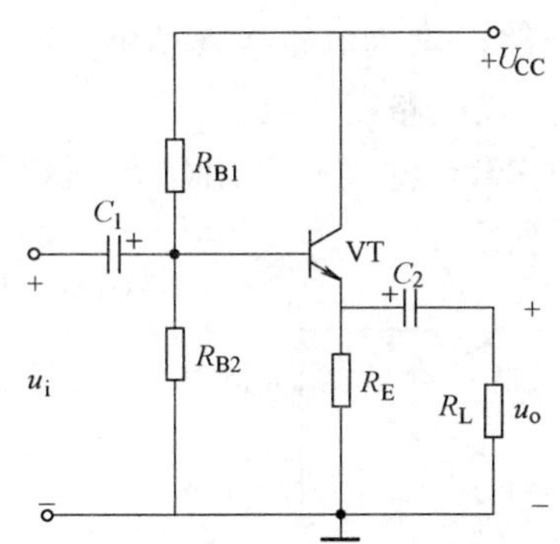

图 2-46　分析计算题 6 题图

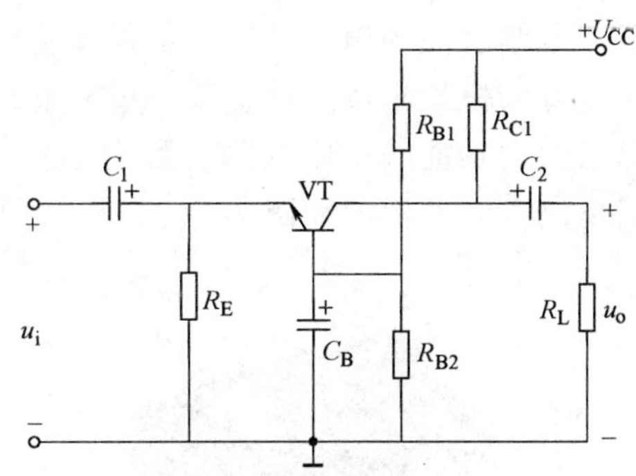

图 2-47　分析计算题 7 题图

8. 已知电路如图 2-48 所示，$U_{DD}=12V$，$R_{G1}=2M\Omega$，$R_{G2}=500k\Omega$，$R_G=3.3M\Omega$，$R_S=12k\Omega$，$R_L=12k\Omega$，$g_m=1.5mS$，试求 R_i、R_O、A_u。

9. 两级阻容耦合放大电路如图 2-49 所示，已知 $U_{CC}=12V$，$R_{B1}=30k\Omega$，$R_{B2}=20k\Omega$，$R_{B3}=300k\Omega$，$R_C=4k\Omega$，$R_{E1}=4k\Omega$，$R_{E2}=3k\Omega$，$R_L=1.5k\Omega$，晶体管 $\beta_1=\beta_2=50$，取 $U_{BEQ}=0.7V$。试求：前后两级电路的静态工作点；画出电路的交流通路和微变等效电路；各级电压放大倍数和总的电压放大倍数；放大电路的总输入电阻和输出电阻，说明输出级采用射极输出器的优点。

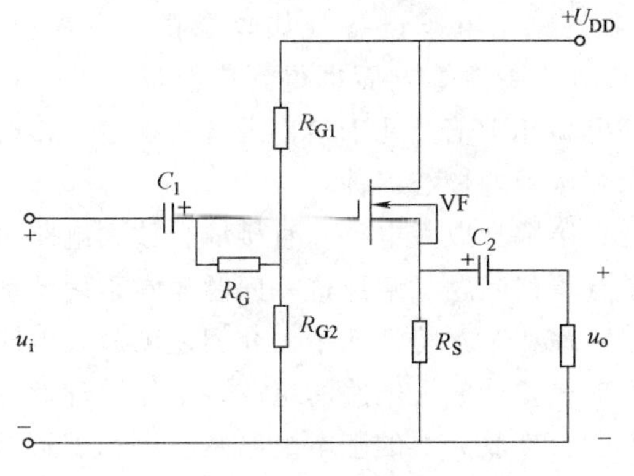

图 2-48　分析计算题 8 题图

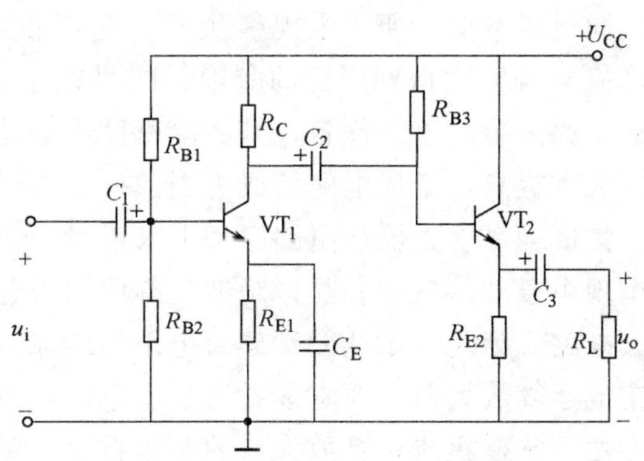

图 2-49　分析计算题 9 题图

第3章　集成运算放大器的基础

3.1　本章任务的导入

旧式的录音机、电视机、半导体收音机等电器设备内部电路非常复杂，大量的电子元器件让人眼花缭乱。而现在的电视机、录音机等，功能多了，音质高了，但电路却简单多了。有些电视机内部只需一块不大的电路板就可以正常工作。其中重要的原因就是集成技术的发展。采用一定的工艺，把一个电路中所需的晶体管、二极管、电阻、电容和电感等元器件及导线互连，制作在一小块或几小块半导体晶片或介质基片上，然后封装在一个管壳内，成为具有所需电路功能的微型结构，这种微型结构称为集成电路。集成电路按其功能、结构的不同，可以分为模拟集成电路、数字集成电路和数/模混合集成电路三大类。

具有放大功能的集成电路又称为集成运算放大器。LM386 就是一种用作音频信号放大的集成电路，其外形图如图 3-1a 所示，引脚图如图 3-1b 所示。

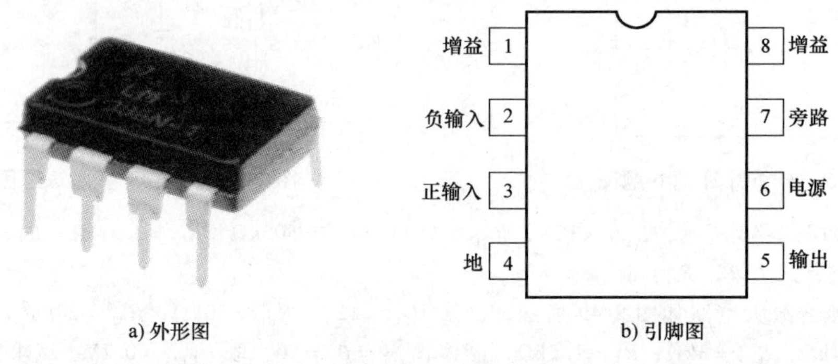

a) 外形图　　b) 引脚图

图 3-1　LM386 型集成运算放大器的外形及引脚图

集成电路具有体积小、重量轻、引出线和焊接点少、寿命长、可靠性高、性能好等优点，同时成本低，便于大规模生产。它不仅在工业、民用电子设备（如收录机、电视机、计算机）等方面得到广泛的应用，同时在军事、通信、遥控等方面也得到广泛的应用。用集成电路来装配电子设备，其装配密度比晶体管可提高几十倍至几千倍，设备的稳定工作时间也大大提高。集成电路已成为当前模拟电子技术领域中的核心器件。

集成运算放大器从电路原理上来说是一个多级直接耦合放大电路。直接耦合放大电路可能出现由温度的变化和晶体管老化等原因引起的零点漂移问题。解决这一问题通常采用差动放大电路。因此本章从差动放大电路的组成、工作原理和基本特性入手，介绍差动放大电路和集成运算放大器。要求读者通过本章的学习能够掌握差动放大电路的组成、工作原理及分析方法；掌握集成运算放大器的基本特点；掌握集成运算放大器的基本电路及应用；了解差动放大电路的改进；了解集成电路的结构及参数。

3.2　相关的理论知识

3.2.1　差动放大电路

3.2.1.1　直接耦合放大电路中需要解决的问题

在多级放大电路中，采用直接耦合，虽然可以解决传输变化缓慢的信号以及设备小型化等问题，但存在两个特殊问题：一是各级静态工作点互相影响、互相牵制问题，二是零点漂移问题。

在直接耦合放大电路中，由于前后级之间存在直流通道，当某一级静态工作点发生变化时，会对后级产生影响，几级耦合之后末级的集电极电位可能会接近于电源电压，从而限制了放大电路的级数，因此，需要合理地安排各级的直流电平，使它们之间能够正确配合。

所谓的零点漂移，是指当输入信号为零时，在放大电路输出端出现一个变化不定（时大时小，时快时慢）的输出信号的现象，简称零漂。产生零漂的原因有：温度变化、电源电压波动、晶体管参数变化等。但主要是温度变化引起的，所以零漂又称为温漂。在多级直接耦合放大电路中，由于前级的零漂会被后级放大，因而将会严重干扰正常信号的放大和传输。所以多级直接耦合放大电路的第一级工作点的漂移对整个放大电路影响是最严重的。显然，放大电路的级数越多，零漂越严重。目前抑制零漂最实用、最广泛的方法是采用差动放大电路。

3.2.1.2　基本差动放大电路

1. 基本差动放大电路的组成

基本差动放大电路如图3-2所示，它由两个完全相同的共发射极单管放大电路连在一起，电路接入两个电源：$+U_{CC}$和$-U_{EE}$。由于两个晶体管VT_1、VT_2的特性完全一样，外接电阻也完全对称相等，两边各元器件的温度特性也都一样，因此两边电路完全对称。输入信号从两管的基极输入，输出信号从两管的集电极之间输出。

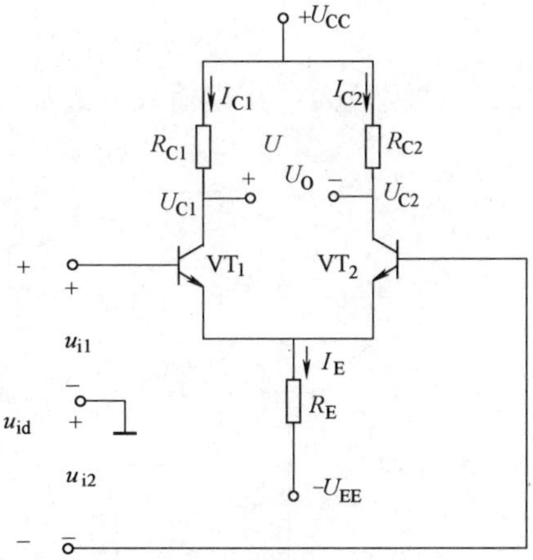

图3-2　基本差动放大电路

2. 静态分析

当输入信号为零时，即$u_{i1}=u_{i2}=0$。由于电路完全对称，即$I_{C1}=I_{C2}$，$I_{C1}R_C=I_{C2}R_C$或$U_{C1}=U_{C2}$，故输出电压为$U_O=U_{C1}-U_{C2}=0$。由此可知，输入信号为零时，基本差动放大电路的输出信号电压U_O也为零。

静态工作点的求法：

由于　$U_B=0$，$U_E=0.7V$

所以　$$I_{RE}=\frac{U_E-(-U_{EE})}{R_E},\ I_{RE1}=I_{RE2}=\frac{1}{2}I_{RE},\ I_{B1}=I_{B2}=\frac{I_{RE1}}{(1+\beta)},$$

$$I_{C1}=I_{C2}=\beta I_{B1},\ U_{CE1}=U_{CE2}=U_{CC}-I_{C1}R_{C1}-U_E$$

注意：R_E和负电源 U_{EE}的作用。

R_E的作用是引入直流负反馈。当温度升高时，两管的 I_{C1}和 I_{C2}同时增大，引入 R_E后，稳定静态工作点、抑制零漂的过程如下

$$T(℃)\uparrow \rightarrow \begin{cases} I_{C1}\uparrow \\ I_{C2}\uparrow \end{cases} \rightarrow I_E\uparrow \rightarrow U_{RE}\uparrow \rightarrow \begin{cases} U_{BE1}\downarrow \rightarrow I_{B1}\downarrow \rightarrow I_{C1}\downarrow \\ U_{BE2}\downarrow \rightarrow I_{B2}\downarrow \rightarrow I_{C2}\downarrow \end{cases}$$

可见，由于射极电阻 R_E的作用，使每个管子的零漂得到了抑制，从而促进整个电路零漂的抑制。从这个角度来看，R_E越大越好。然而，若 R_E过大，会使其直流压降也过大，由此可能会使静态电流值下降。为了弥补这一不足，在 R_E下端引入了负电源 U_{EE}，用来补偿 R_E上的直流压降，从而保证了放大电路的正常工作。

3. 抑制零漂的原理

当电源波动或温度变化时，两管集电极电位将同时发生变化。当温度升高时，两管的集电极电流同步增加，相应地，集电极电位同步下降。由于电路对称，两管变化量相等，即 $\Delta U_{C1}=\Delta U_{C2}$，因此输出电压为 $\Delta U_O=\Delta U_{C1}-\Delta U_{C2}=0$，可见，两管各自的零漂电压在输出端可以互相抵消，因而使零漂被抑制掉。显然，电路的对称性越好，对零漂的抑制能力越强，但是也应该看到，两边电路的绝对对称是不可能的，因此，零漂也不可能完全被抑制。

4. 动态分析

（1）共模输入信号与差模输入信号　差动放大电路的输入信号可以分为两种，即共模输入信号和差模输入信号。在放大电路的两个输入端分别输入大小相等、极性相同的信号，即 $u_{i1}=u_{i2}$时，这种输入方式称为共模输入，所输入的信号称为共模输入信号。共模输入信号常用 u_{ic}来表示，即 $u_{ic}=u_{i1}=u_{i2}$。在放大电路的两个输入端分别输入大小相等、极性相反的信号，即 $u_{i1}=-u_{i2}$时，这种输入方式为差模输入，所输入的信号称为差模输入信号。差模输入信号常用 u_{id}来表示，即

$$u_{i1}=u_{id}/2 \qquad u_{i2}=-u_{id}/2$$

（2）共模输入　共模输入方式如图 3-3a 所示，由图中可以看出，当差动放大电路输入

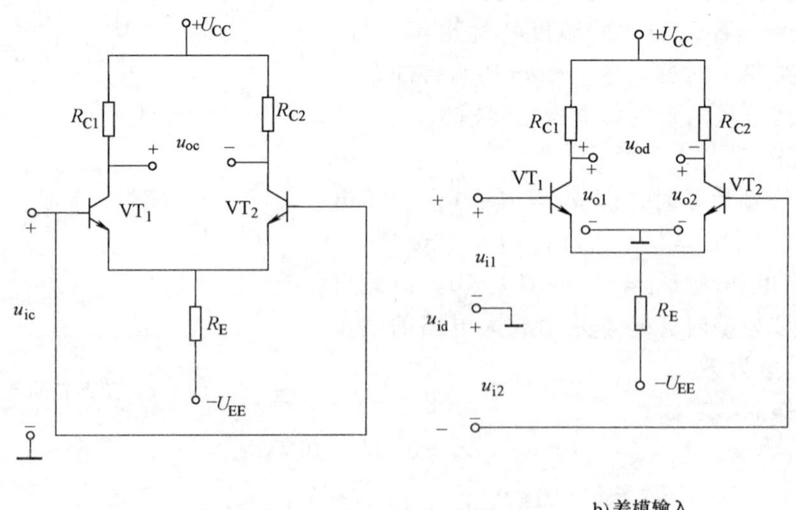

图 3-3　差动放大电路的输入方式

共模信号时，由于电路对称，两管的集电极电位变化相同，因而输出电压 u_{oc} 恒为零。可见，在理想情况下（电路完全对称），差动放大电路在输入共模信号时不产生输出电压，也就是说，理想差动放大电路的共模电压放大倍数为零，或者说，差动放大电路对共模信号没有放大作用，而是有抑制作用。实际上，上述差动放大电路对零漂的抑制作用就是抑制共模信号。

（3）差模输入　差模输入方式如图 3-3b 所示，由图中可以看出，当差动放大电路输入差模信号时，由于电路对称，其两管输出电位的变化也是大小相等、极性相反。若其中一个晶体管集电极电位升高 Δu_c，则另一个晶体管集电极电位必然降低 Δu_c。

设两管的电压放大倍数均 A，则两管输出电压分别为 u_{o1}，u_{o2}，则

$$u_{o1} = Au_{i1} = Au_{id}/2 \qquad u_{o2} = Au_{i2} = -Au_{id}/2$$

总电路的输出为

$$u_{od} = u_{o1} - u_{o2} = Au_{id}$$

差模电压放大倍数为

$$A_{ud} = \frac{u_{od}}{u_{id}} = A$$

可见，差动放大电路的差模电压放大倍数等于组成该差动放大电路的半边电路的电压放大倍数。

由单管共发射极放大电路的电压放大倍数计算式，可得

$$A_{ud} = A \approx -\frac{\beta R_C}{r_{be}} \tag{3-1}$$

当两个集电极接有负载 R_L时，则：

$$A_{ud} = -\frac{\beta R'_L}{r_{be}} \tag{3-2}$$

式中，$R'_L = R_C // (R_L/2)$。

放大电路的输入回路经过两个管子的发射结，故输入电阻为

$$R_{id} = 2r_{be} \tag{3-3}$$

放大电路的输出端经过两个 R_C，故输出电阻为

$$R_{od} = 2R_C \tag{3-4}$$

小知识：R_E对两种信号放大倍数的影响。

作交流分析时，对共模输入信号，由于两管的 i_e变化量大小相等，方向相同（同增同减），因而流过 R_E的总电流变化量为 $2\Delta i_e$，该增量在 R_E上引起的电压增量构成了负反馈电压，使共模输出信号受到抑制。对于差模输入信号，由于两管的 i_e变化方向相反，一个 i_e增加，另一个 i_e减少，但增减的数量相等，$\Delta i_e = -\Delta i_e$，因而流过 R_E的总电流不变，R_E对差模信号不起作用，R_E的引入不影响差模电压放大倍数。

5. 共模抑制比

差动放大电路能够放大差模信号，抑制共模信号，所以通常希望差模放大倍数尽量大，共模放大倍数尽量小。为了全面衡量一个差动放大电路放大差模信号、抑制共模信号的能力，引入一个新的量——共模抑制比，用来综合表征这一性质。共模抑制比定义为放大电路

的差模电压放大倍数与共模电压放大倍数之比的绝对值，即

$$K_{\mathrm{CMR}} = \left|\frac{A_{ud}}{A_{uc}}\right| \tag{3-5}$$

有时也用对数形式表示：

$$K_{\mathrm{CMR}} = 20\lg\left|\frac{A_{ud}}{A_{uc}}\right| \mathrm{dB} \tag{3-6}$$

这个定义表明，共模抑制比越大，差动放大电路放大差模信号（有用信号）的能力越强，抑制共模信号（无用信号）的能力也越强。也就是说共模抑制比越大越好。理想情报况下 $K_{\mathrm{CMR}} \to \infty$。

3.2.1.3 差动放大电路的四种接法

前面讲到的差动放大电路，信号都是从两个管的基极输入，从两个管的集电极输出，这种方式称为双端输入、双端输出。此外，根据不同需要，输入信号也可以从一个管的基极和地之间输入（即单端输入），输出信号也可以从一个管的集电极和地之间输出（即单端输出）。因此，差动放大电路可以有以下四种接法。

（1）双端输入、双端输出　图 3-3b 所示电路即为这种接法。电压放大倍数的计算式见式（3-1），输入/输出电阻的计算式见式（3-3）和式（3-4）。

（2）双端输入、单端输出　如图 3-4a 所示，输出只从一个管子 $\mathrm{VT_1}$ 的集电极与地之间引出。u_o 只有双端输出时的一半，电压放大倍数 A_{ud} 也只有双端输出时的一半，即

$$A_{ud} = \frac{1}{2}A = -\frac{\beta R_C}{2r_{be}} \tag{3-7}$$

输入电阻不随输出方式而变，即

$$R_{id} = 2r_{be}$$

输出电阻为

$$R_{od} = R_C \tag{3-8}$$

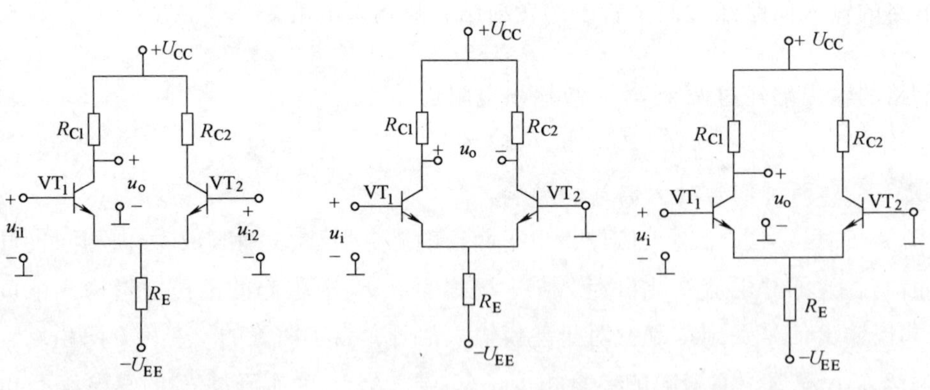

a) 双端输入、单端输出　　b) 单端输入 、双端输出　　c) 单端输入、单端输出

图 3-4　差动放大电路的不同接法

（3）单端输入、双端输出　如图 3-4b 所示，输入信号只从一个管子 $\mathrm{VT_1}$ 的基极引入，另一管子 $\mathrm{VT_2}$ 的基极接地。表面上看，似乎两管不是工作在差动状态。然而 R_E 一般很大，

因而其对信号的分流作用可以忽略不计，VT_1、VT_2两管的基极的信号仍分别为 $u_{i1}/2$ 和 $-u_{i1}/2$，所以这种接法的动态分析与双端输入方式相同。

（4）单端输入、单端输出　如图 3-4c 所示，这种接法，它既有图 3-4a 所示电路的单端输出的特点，又具有图 3-4b 所示电路的单端输入的特点。所以，它的电压放大倍数、输入电阻、输出电阻的计算与双端输入、单端输出的情况相同。这种接法的特点是通过改变输入或输出端的位置，可以得到同相或反相放大输出。图 3-4c 所示电路即为反相放大输出，若将输出由 VT_2集电极引出，输入端为 VT_1基极，则变为同相输出。

小知识： 不论何种输入方式，只要是双端输出，其差模放大倍数就等于单管放大电路的放大倍数，输出电阻就等于 $2R_C$；只要是单端输出，差模放大倍数及输出电阻均减少一半。另外输入方式对输入电阻无影响。

3.2.1.4　差动放大电路的改进

前面讲到的基本差动放大电路是利用电路两侧的对称性及引入发射极公共电阻来抑制零漂等共模信号的。但是在实际差动放大电路中，还存在两个问题：一是差动放大电路两侧的参数不可能绝对一样；二是发射极电阻 R_E不可能太大。下面讨论解决这两个问题的方法。

为了克服电路不对称问题，往往在差动电路中引入调零电位器，用电路形式上的不平衡来抵消元器件参数的不对称。调零电位器有集电极调零和发射极调零两种，如图 3-5a、b 所示。

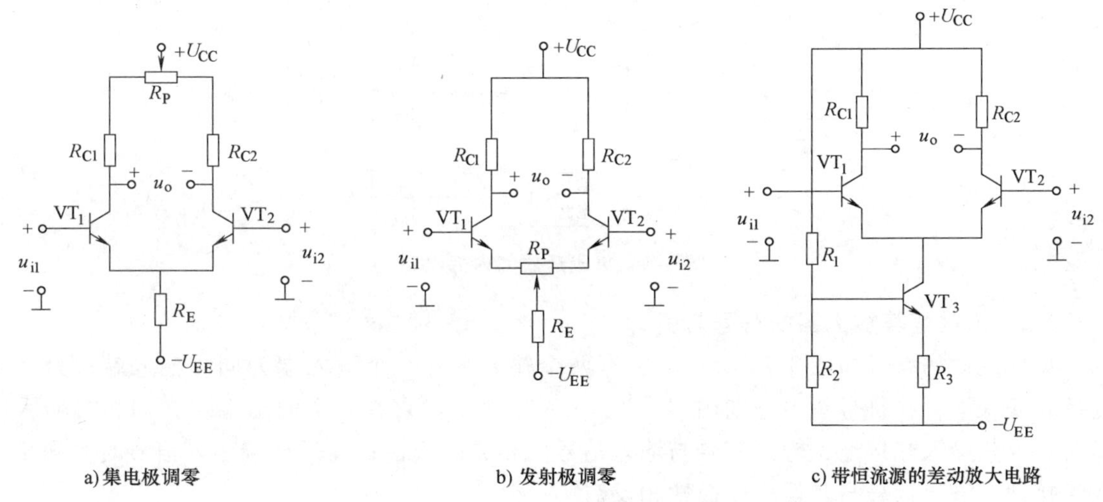

a) 集电极调零　b) 发射极调零　c) 带恒流源的差动放大电路

图 3-5　改进后的差动放大电路

在前面介绍的差动放大电路中，欲提高电路的共模抑制比，发射极电阻 R_E越大越好。不过这样做就必须提高负电源电压 U_{EE}的值，显然，使用过高的电源是不合适的，而且 R_E过大会造成直流能耗也大。

为了解决这个矛盾，这里用恒流源来代替 R_E，如图 3-5c 所示。电路中 VT_3是一个恒流源，它能维持自身集电极电流 I_{C3}恒定，而 $I_{C3}=I_{C1}+I_{C2}$，所以 I_{C1}和 I_{C2}也就保持恒定，它们同时增加或同时减少，也就是不随共模信号的增减而变化，使共模抑制比大大提高。这种抑制作用相当于恒流源的内阻（严格说，恒流源内阻为∞）对共模信号引入了很强的负反馈。

而这个负反馈对差模信号是不起作用的。

小知识：当两个输入信号既非共模信号，又非差模信号，而是任意的两个信号，这种情况称为不对称输入。分析这类信号时，可先将它们分解成共模信号和差模信号，然后再去处理。其中差模信号是两个输入信号之差。

思 考 题

1. 什么是零点漂移？什么是差模信号？什么是共模信号？
2. 差动放大电路是如何抑制零漂的？
3. 带恒流源的差动放大电路是如何提高共模抑制比的？

3.2.2 集成运算放大器的简介

集成运算放大电路按集成度不同，可分为小规模、中规模、大规模和超大规模集成运算放大电路；按导电类型分，有晶体管集成运算放大电路和场效应晶体管集成运算放大电路或两者兼有。

3.2.2.1 集成运算放大器的电路结构

集成运算放大器（集成运放）从电路结构而言，是一个具有高开环电压放大倍数的多级直接耦合放大电路。集成运放的内部电路一般由输入级、中间级、输出级和偏置电路四个基本环节组成，如图 3-6 所示。

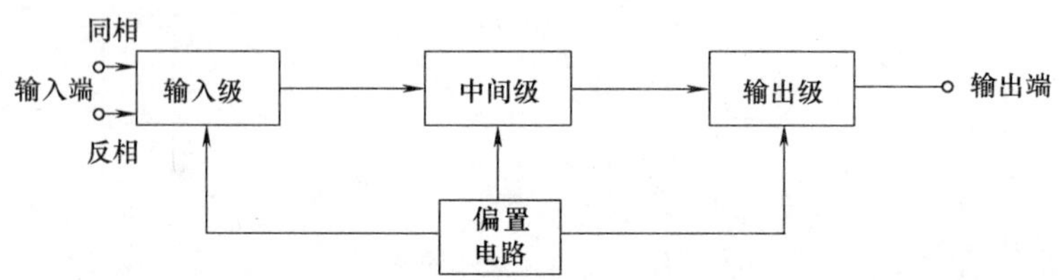

图 3-6 集成运放的内部电路

3.2.2.2 集成运算放大器的符号与引脚

集成运放的符号如图 3-7a 所示。它有两个输入端：一个输入端为同相输入端；另一个为反相输入端；在符号图中分别用“+”、“-”表示。它有一个输出端。在同相端输入信号时，反相输入端接地，输出信号与输入信号同相或同极性；在反相端输入信号时，同相输入端接地，输出信号与其反相或极性相反。

集成运放的外引脚排列因型号而异。图 3-7b 所示为国产 F007 型集成运放的引脚连接示意图。

3.2.2.3 集成运算放大器的主要参数

（1）开环差模电压放大倍数 A_{uo}　A_{uo}是集成运放在开环时输出电压与输入差模信号电压之比，常用分贝表示。这个值越大越好。

（2）差模输入电阻 R_{id}　R_{id}是集成运放两输入端之间的动态电阻，它是衡量差动对管从差模输入信号源索取电流大小的标志，一般为 MΩ 级。

（3）输出电阻 R_o　R_o是集成运放开环工作时，从输出端向里看进去的等效电阻，其值

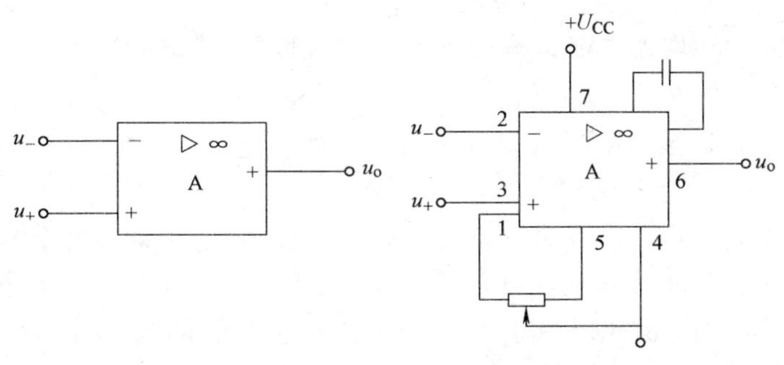

a) 集成运放的符号　b) F007 型集成运放的引脚连接示意图

图 3-7　集成运放的符号及引脚连接图

越小，说明集成运放带负载的能力越强。

（4）共模抑制比 K_{CMR}　集成运放开环差模电压放大倍数与开环共模电压放大倍数之比就是集成运放的共模抑制比，常用分贝表示。

（5）最大差模输入电压 U_{idm}　U_{idm} 是指同相输入端和反相输入端之间所能承受的最大电压值。

（6）最大共模输入电压 U_{icm}　U_{icm} 是集成运放在线性工作范围内所能承受的最大共模输入电压。

3.2.3　集成运算放大器的基本运算电路

3.2.3.1　理想运算放大器

1. 集成运放的理想化条件

在分析集成运放构成的应用电路时，将集成运放看成理想运算放大器，可以使分析大大简化。理想集成运算放大器应当满足以下几项条件：

1）开环差模电压放大倍数：$A_{uo}=\infty$。

2）输入电阻：$R_{id}=\infty$。

3）输出电阻：$R_o=0$。

4）共模抑制比：$K_{CMR}=\infty$。

5）失调电压、失调电流均为零。

6）上限频率：$f_H=\infty$。

尽管理想运放并不存在，但由于实际集成运放的技术指标比较理想，通常在具体分析时允许将其理想化。本书除特别指出外，均按理想运放处理。

2. 理想运算放大器的特点

（1）线性区　集成运放工作在线性区时，输出信号与输入信号之间有以下的关系成立：

$$u_o = A_{uo}(u_+ - u_-) \tag{3-9}$$

由于一般集成运放的开环差模增益都很大，因此，都要接有深度负反馈，使其净输入电压减小，这样才能使其工作在线性区。理想集成运放工作在线性区时，有以下两条重要特点：

1）由于理想运放的 $R_{id}=\infty$，可知其两个输入端的电流都为零，即

$$i_{i+} = i_{i-} = 0 \tag{3-10}$$

这就是说两个输入端均无电流，这一特点为“虚断”。“虚断”只是指输入端电流趋近于零，而不是输入端真的断开。

2）由于 $A_{uo} = \infty$，而输出电压总为有限值，则有

$$u_+ = u_- \tag{3-11}$$

这里把理想集成运放两个输入端电位相等称为“虚短”。但两点并非真正短路。

（2）非线性区　由于集成运放的开环增益 A_{uo} 很大，当它工作于开环状态或加有正反馈时，只要有差模信号输入，哪怕是微小的信号，集成运放都将进入非线性区，其输出电压将立即达到正向饱和值（U_{om}）或负向饱和值（$-U_{om}$）（U_{om} 或 $-U_{om}$ 在数值上接近正负电压源）。此时，式（3-9）不再成立。理想运放工作在非线性区时，有以下两条特点：

1）只要输入电压 u_+ 与 u_- 不相等，输出电压就饱和。因此：

当 $u_+ > u_-$ 时，可得　　$u_o = U_{om}$

当 $u_+ < u_-$ 时，可得　　$u_o = -U_{om}$

而 $u_+ = u_-$ 是正负两种饱和状态的转换点。

2）虚断仍然成立，即　　$i_{i+} = i_{i-} = 0$

3.2.3.2　比例运算电路

1. 反相比例运算电路

反相比例运算电路如图 3-8 所示。输入信号从反相输入端输入，同相端通过电阻接地。由 $i_{i+} = i_{i-} = 0$ 可知，R_2 上无压降，所以得 $u_+ = 0$，再由 $u_+ = u_-$，得 $u_- = 0$。即反相端也为地电位，但反相端并没有真正接地，称它为“虚地”。

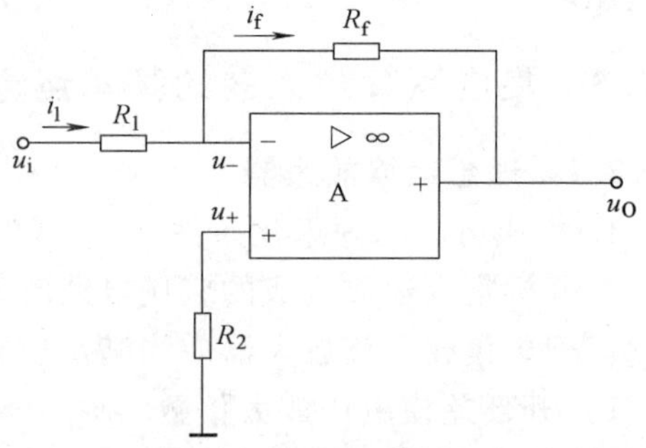

各电流的参考方向如图 3-8 所示，分析电路可得

$$i_1 = \frac{u_i}{R_1} = i_f = -\frac{u_O}{R_f}$$

图 3-8　反相比例运算电路

整理后可得输出电压与输入电压的关系式及电压放大倍数如下：

$$u_O = -\frac{R_f}{R_1}u_i \tag{3-12}$$

$$A_{uf} = -\frac{R_f}{R_1} \tag{3-13}$$

式（3-13）表明放大倍数仅取决于反馈网络的电阻比值 R_f/R_1，而与运放本身的参数无关，式中的负号说明输出电压与输入电压反相。

当 $R_f/R_1 = 1$ 时，$A_{uf} = -\frac{R_f}{R_1} = -1$，这样的反相比例电路，又称为反相器。同相端与地之间的电阻 R_2 为平衡电阻，大小为 $R_2 = R_1 // R_f$。

2. 同相比例电路

同相比例运算电路如图 3-9 所示。输入信号从同相端加入集成运算放大器，反相端通过

电阻接地，并引入负反馈。平衡电阻 $R_2 = R_1 // R_f$。

各电流的参考方向如图 3-9 所示，由虚断（$i_{i+} = i_{i-} = 0$）、虚短（$u_+ = u_-$）可得

$$i_1 = -\frac{u_i}{R_1} = i_f = \frac{u_i - u_O}{R_f}$$

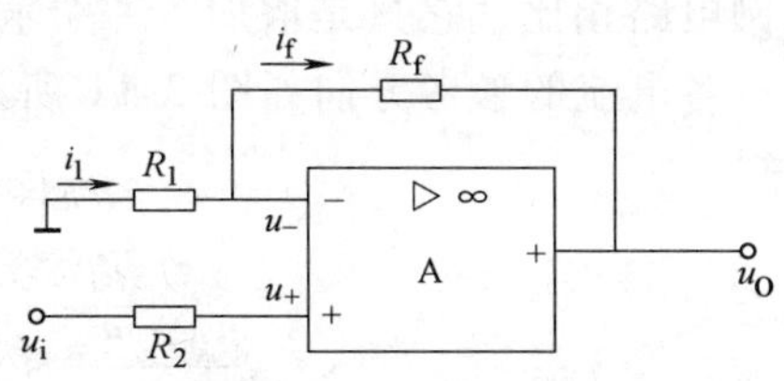

图 3-9　同相比例运算电路

整理上式可得输出电压与输入电压的关系式及电压放大倍数为

$$u_O = \left(1 + \frac{R_f}{R_1}\right) u_i \tag{3-14}$$

$$A_{uf} = 1 + \frac{R_f}{R_1} \tag{3-15}$$

式（3-15）表明电压放大倍数仅取决于反馈网络的电阻比值（$1 + R_f/R_1$），而与运放本身的参数无关，式中电压放大倍数为正值，说明输出电压与输入电压同相。

在同相比例电路中，当 $R_f = 0$（反馈电阻短路）或 $R_1 = \infty$（反相输入端电阻开路）时，$A_{uf} = 1$。这时 $u_O = u_i$，输出电压等于输入电压，所以，这种运放电路又称为电压跟随器。

3.2.3.3　加法运算电路

1. 反相加法运算电路

三个输入信号的反相加法运算电路如图 3-10 所示。信号由反相输入端引入，同相输入端通过一个电阻接地。它能实现输出电压正比于三个输入电压之和的运算功能。与前面讲到的反相比例电路相比，它只是增加了两个输入端。平衡电阻 $R_4 = R_1 // R_2 // R_3 // R_f$。

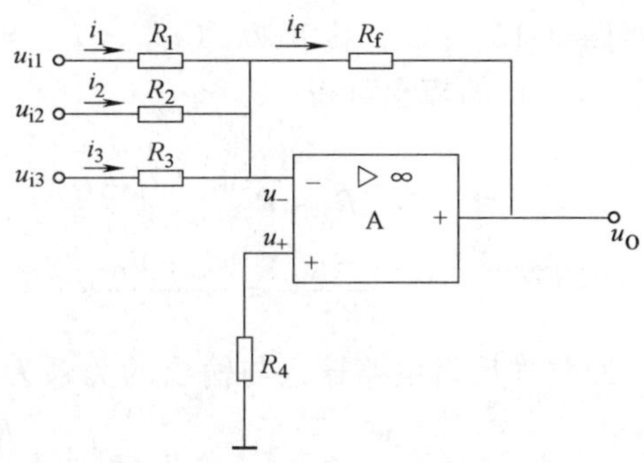

图 3-10　反相加法运算电路

各电流的参考方向如图 3-10 所示，由虚断（$i_{i+} = i_{i-} = 0$）、虚地（$u_- = 0$）的概念可得

$$i_1 + i_2 + i_3 = i_f$$

$$\frac{u_{i1}}{R_1} + \frac{u_{i2}}{R_2} + \frac{u_{i3}}{R_3} = -\frac{u_O}{R_f} \tag{3-16}$$

整理后得电路输入与输出的关系为

$$u_O = -R_f\left(\frac{u_{i1}}{R_1} + \frac{u_{i2}}{R_2} + \frac{u_{i3}}{R_3}\right) \tag{3-17}$$

从上式可见，此电路的结果相当于三个反相比例电路输出结果之和。多个输入端的计算方法相同。实现了反相求和的功能。

当 $R_1 = R_2 = R_3 = R_f = R$ 时，可得

$$u_O = -(u_{i1} + u_{i2} + u_{i3}) \tag{3-18}$$

2. 同相加法运算电路

两个输入信号的同相加法运算电路如图 3-11 所示，信号由同相输入端引入，与前面讲到的同相

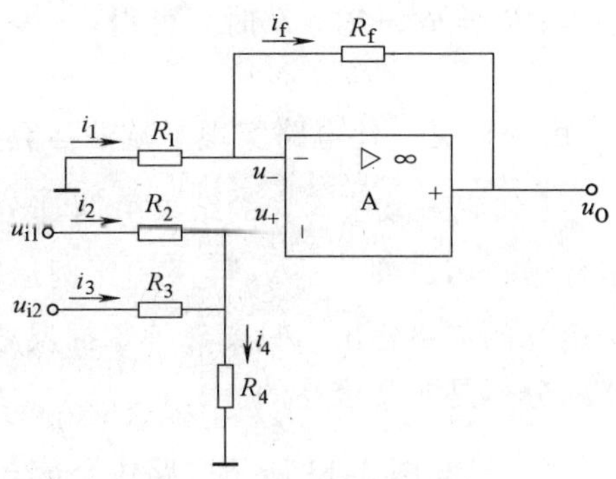

图 3-11　同相加法运算电路

比例电路相比，它只是增加了一个输入端。电路中 $R_1//R_f=R_4//R_2//R_3$。

各电流的参考方向如图 3-11 所示，由虚断（$i_{i+}=i_{i-}=0$）、虚短（$u_+=u_-$）的概念可得

$$i_3+i_2=i_4$$

$$\frac{u_{i1}-u_+}{R_2}+\frac{u_{i2}-u_+}{R_3}=\frac{u_+}{R_4},\ u_-=\frac{R_1}{R_1+R_f}u_O$$

整理后得电路输入与输出的关系为

$$u_O=\left(1+\frac{R_f}{R_0}\right)\left(\frac{u_{i1}}{R_2}+\frac{u_{i2}}{R_3}\right)R_P \tag{3-19}$$

式中，$R_P=R_2//R_3//R_4$。

小知识：同相加法电路中的 u_+，可用节点电压法、叠加定理求解，同样可得上述结论。

3.2.3.4 减法运算电路

差动输入时能实现减法运算的电路，如图 3-12 所示，u_{i1} 和 u_{i2} 分别加在运放的反相和同相输入端，输出信号仍由反馈电阻 R_f 和 R_1 经分压后加在反相输入端。电路中，$R_2//R_3=R_1//R_f$。各电流的参考方向如图 3-12 所示，由虚断（$i_{i+}=i_{i-}=0$）、虚短（$u_+=u_-$）的概念可得

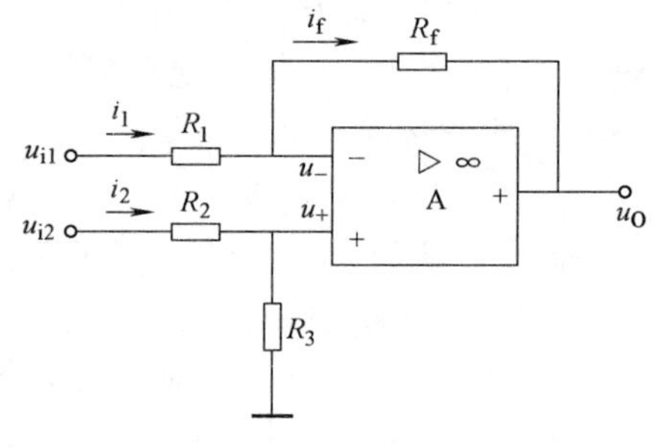

图 3-12 减法运算电路

$$u_+=\frac{R_3}{R_2+R_3}u_{i2},\ i_1=i_f$$

$$\frac{u_{i1}-u_-}{R_1}=\frac{u_--u_O}{R_f}$$

经整理后得电路输入与输出的关系为

$$u_O=\left(1+\frac{R_f}{R_1}\right)\frac{R_3}{R_2+R_3}u_{i2}-\frac{R_f}{R_1}u_{i1} \tag{3-20}$$

当 $R_1=R_2$，$R_3=R_f$ 时，可得

$$u_O=\frac{R_f}{R_1}(u_{i2}-u_{i1}) \tag{3-21}$$

当 $R_1=R_2=R_3=R_f$ 时，可得

$$u_O=(u_{i2}-u_{i1}) \tag{3-22}$$

由此可见，此电路实现了减法运算。

小知识：减法运算的结果由两部分组成、第一部分是 u_{i2} 经同相比例运算后所得的输出分量；第二部分是 u_{i1} 经反相比例运算后所得的输出分量，两个分量叠加的结果就是减法运算的最终输出。只要熟练掌握反相和同相比例运算的分析方法，对差动输入的运算电路的分析是非常容易的。

例 已知图 3-13 所示电路中，$u_i=-2\text{V}$，$R_f=2R_1$，试求 u_O。

解：此电路为两个单级运放的串联形式，可以每级单独计算。

第一级为电压跟随器，因此可得

$$u_{O1}=u_i=-2V$$

第二级为同相比例运算，其输入电压为 u_{O1}，因此，按 $u_O=\left(1+\frac{R_f}{R_1}\right)u_i$ 可求得

$$u_O=\left(1+\frac{R_f}{R_1}\right)u_i=\left(1+\frac{R_f}{R_1}\right)u_{O1}=\left(1+\frac{2R_1}{R_1}\right)(-2V)=-6V$$

3.2.3.5　积分运算电路与微分运算电路

1. 积分运算电路

积分运算电路如图 3-14 所示，与反相比例运算电路相比较，反相比例运算电路中接在输出端与反相输入端之间的反馈电阻 R_f，这里用电容 C 来代替。

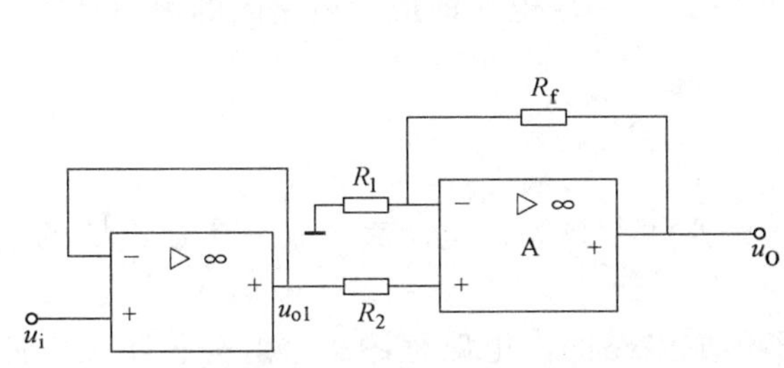

图 3-13　例题电路图

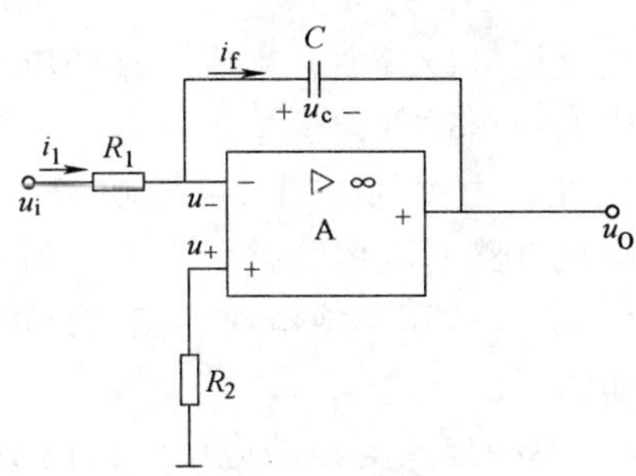

图 3-14　积分运算电路

电流参考方向如图 3-14 所示，由虚地概念可得

$$i_1=i_f=\frac{u_i}{R_1}$$

$$u_O=-u_C=-\frac{1}{C}\int i_f dt=-\frac{1}{R_1 C}\int u_i dt \tag{3-23}$$

上式表明，电路实现了积分运算功能。负号表示反相，R_1C 为积分时间常数。

2. 微分运算电路

微分运算电路如图 3-15 所示。微分运算是积分运算的逆运算，在电路结构上只要将积分运算电路中的反馈电容和输入端的电阻位置互调便可构成微分运算电路。

电流参考方向如图 3-15 所示，由虚断（$i_{i+}=i_{i-}=0$）、虚短（$u_+=u_-$）的概念可得

$$i_c=i_f=-\frac{u_O}{R_f}=C\frac{du_C}{dt}$$

由于 $u_C=u_i$，所以

$$u_O=-R_f C\frac{du_i}{dt} \tag{3-24}$$

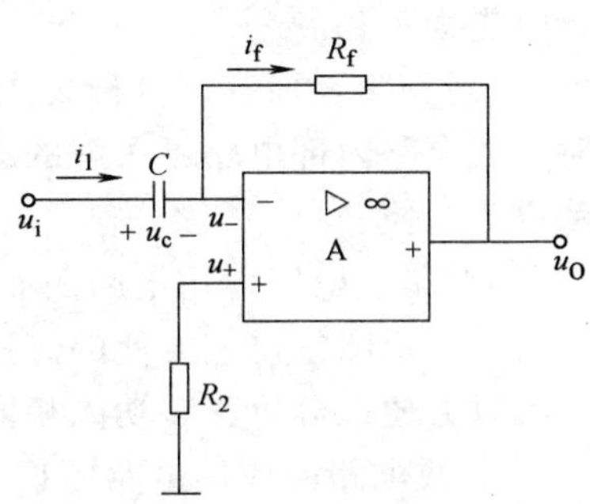

图 3-15　微分运算电路

即输出电压与输入电压的变化率成正比。由于此电路工作稳定性较差，所以实际中很少应用。

思 考 题

1. 理想集成运放的主要条件有哪些?
2. 什么是虚短、虚断、虚地?同相输入电路是否存在虚地?
3. 理想集成运放工作在线性区或非线性区时,各有什么特点?
4. 画出集成运放实现加、减、积分、微分运算的基本电路,写出运算关系式。

3.3 相关的基本技能

3.3.1 集成电路的识图、读图方法

在无线电设备中,集成电路的应用愈来愈广泛,对集成电路的应用电路图的识图是电路分析中的一个重点,也是难点之一。

1. 集成电路的应用电路图功能

集成电路的应用电路图具有下列一些功能:

1)它表达了集成电路各引脚外电路结构、元器件参数等,从而表示某一集成电路的完整工作情况。

2)有些集成电路的应用电路图中,画出了集成电路的内电路框图,这对分析集成电路的应用电路是相当有利的,但这种表示方式不多。

3)集成电路的应用电路图有典型应用电路图和实际应用电路图两种,前者在集成电路手册中可以查到,后者出现在实际电路中,这两种应用电路图相差不大,根据这一特点,在没有实际应用电路图时可以用典型应用电路图作参考,这一方法在集成电路修理中常常采用。

4)一般情况下,集成电路的应用电路图表达了一个完整的单元电路,或一个电路系统,但有些情况下一个完整的电路系统要用到两个或更多的集成电路。

2. 集成电路的应用电路图特点

集成电路的应用电路图具有下列一些特点:

1)大部分应用电路图不画出内电路框图,这对识图不利,尤其对初学者进行电路工作分析时更为不利。

2)对初学者而言,分析集成电路的应用电路图比分析分立元器件的电路更为困难,这是对集成电路内部电路不了解的缘故,实际上识图也好、修理也好,集成电路比分立元器件电路更为简便。

3)对集成电路应用电路图而言,在大致了解集成电路内部电路和详细了解各引脚作用的情况下,识图是比较方便的。这是因为同类型集成电路具有规律性,在掌握了它们的共性后,可以方便地分析许多功能相同、型号不同的集成电路应用电路图。

3. 集成电路的应用电路图识图方法和注意事项

(1)了解各引脚的作用是识图的关键　查阅有关集成电路应用手册可以了解各引脚的作用。知道了各引脚作用之后,分析各引脚外电路的工作原理和元器件的作用就更加方便了。例如:知道①脚是输入引脚,那么与①脚所串联的电容是输入端耦合电路,与①脚相连的电路是输入电路。

(2)了解集成电路各引脚作用的三种方法　了解集成电路各引脚作用有三种方法:一

是查阅有关资料；二是根据集成电路的内电路框图分析；三是根据集成电路的应用电路中各引脚外电路特征进行分析。对于第三种方法要求分析者有比较好的电路分析基础。

（3）电路分析步骤

1）直流电路分析。这一步主要是进行电源和接地引脚外电路的分析。注意：电源引脚有多个时要分清这几个电源之间的关系，例如是否是前级、后级电路的电源引脚，或是左、右声道的电源引脚；对多个接地引脚也要这样分清。分清多个电源引脚和接地引脚，对修理工作是有用的。

2）信号传输分析。这一步主要分析信号输入引脚和输出引脚外电路。当集成电路有多个输入、输出引脚时，要搞清楚是前级还是后级电路的输出引脚；对于双声道电路还分清左、右声道的输入和输出引脚。

3）其他引脚外电路分析。例如找出负反馈引脚、消振引脚等，这一步的分析是最困难的，对初学者而言要借助于引脚作用资料或内电路框图进行分析。

（4）注意事项

1）有了一定的识图能力后，要学会总结各种功能集成电路的引脚外电路规律，并要掌握这种规律，这对提高识图速度是有用的。例如，输入引脚外电路通常通过一个耦合电容或一个耦合电路与前级电路的输出端相连；输出引脚外电路通常通过一个耦合电路与后级电路的输入端相连。

2）分析集成电路的内电路对信号放大、处理过程时，最好是查阅该集成电路的内电路框图。分析内电路框图时，可以通过信号传输线路中的箭头指示，了解信号经过了哪些电路的放大或处理，最后信号是从哪个引脚输出的。

3）了解集成电路的一些关键测试点及引脚直流电压规律对检修电路是十分有用的。OTL 电路输出端的直流电压等于集成电路直流工作电压的一半；OCL 电路输出端的直流电压等于 0V；BTL 电路两个输出端的直流电压是相等的，单电源供电时等于直流工作电压的一半，双电源供电时等于 0V。当集成电路两个引脚之间接有电阻时，该电阻将影响这两个引脚上的直流电压；当两个引脚之间接有线圈时，这两个引脚的直流电压是相等的，若不相等，则必是线圈已开路；当两个引脚之间接有电容或接 RC 串联电路时，这两个引脚的直流电压肯定不相等，若相等说明该电容已经击穿。

4）一般情况下不要去分析集成电路的内电路工作原理，这是相当复杂的。

3.3.2　集成运算放大器仿真实验

1. 实验目的

1）熟练掌握 Multisim9.0 的仿真方法。

2）加深理解各种运算放大电路的工作原理。

3）掌握由集成运放构成的各种运算放大电路的分析方法。

2. 实验原理及内容

（1）集成运放检测电路的仿真　连接集成运放检测电路，如图 3-16 所示，运行仿真电路，按空格键可使集成运放的同相输入端接地或接入 7.5V，若电压表分别测得值为 0V 或 7.5V，则说明该器件是好的。

（2）反相比例运算电路　连接反相比例运算电路，如图 3-17 所示，反相输入端输入直流电压为 2V，电压表为直流电压表，运行仿真电路，电压表显示为 –3.997V。根据公式理论计算，结果为 $U_O=-\dfrac{R_f}{R_1}U_i=-4V$，仿真结果与理论计算结果基本相等。当 $R_1=R_f$ 时，此电路为反相器，仿真结果为 -1.998V，与理论结果基本一致，如图 3-18 所示。

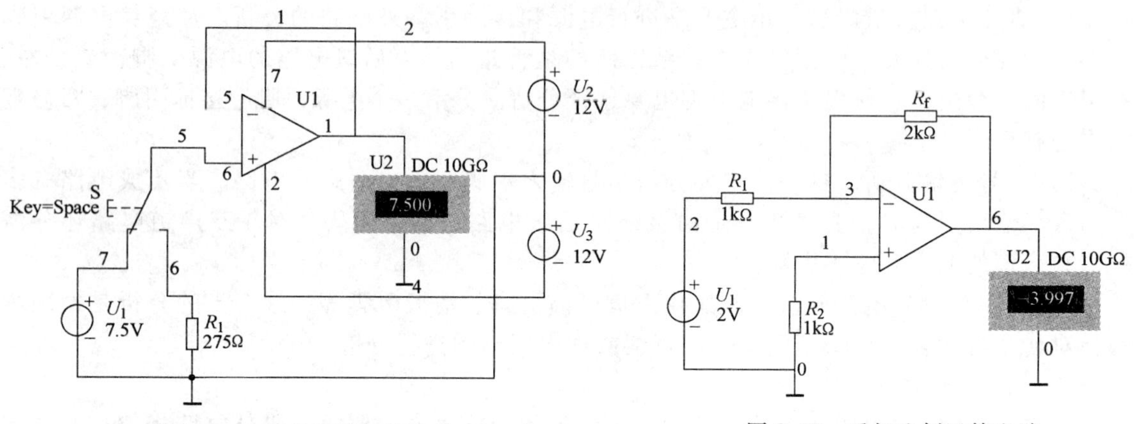

图 3-16　集成运放检测电路　　图 3-17　反相比例运算电路

（3）同相比例运算电路　连接同相比例运算电路，如图 3-19 所示，同相输入端输入直流电压为 2V，电压表为直流电压表，运行仿真电路，电压表显示为 6.003V。根据公式理论计算，结果为 $U_O=\left(1+\dfrac{R_f}{R_1}\right)U_i=6V$，仿真结果与理论计算结果基本相等。当 $R_1=\infty$ 或 $R_f=0$ 时，此电路为电压跟随器，仿真结果为 2.001V，与理论结果基本一致，如图 3-20a、b 所示。

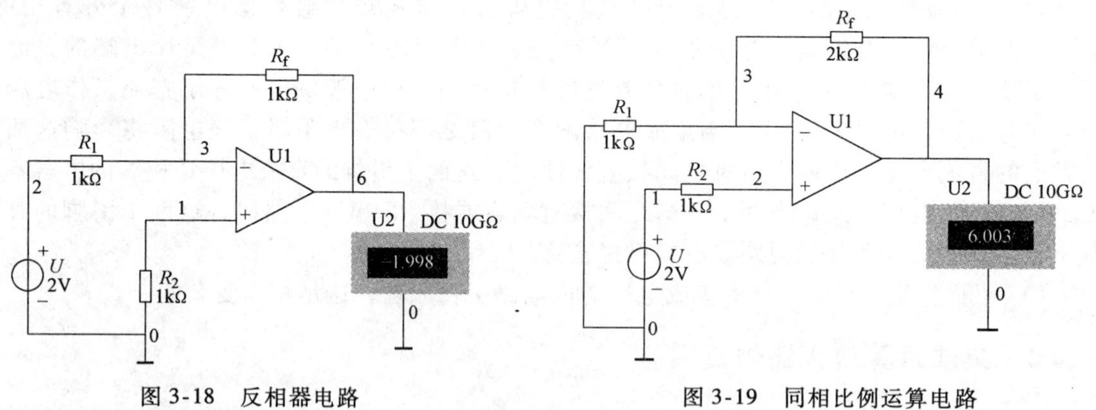

图 3-18　反相器电路　　图 3-19　同相比例运算电路

（4）反相加法运算电路　连接反相加法运算电路，如图 3-21 所示，两个反相输入端输入直流电压都为 2V，电压表为直流电压表，运行仿真电路，电压表显示为 -7.995V。根据公式理论计算，结果为 $U_O=-\left(\dfrac{U_1}{R_1}+\dfrac{U_2}{R_2}\right)R_f=-8V$。仿真结果与理论计算结果基本相等。

（5）同相加法运算电路　连接同相加法运算电路，如图 3-22 所示，两个同相输入端输入直流电压都为 2V，电压表为直流电压表，运行仿真电路，电压表显示为 4.003V。根据公式理论计算，结果为 $U_O=\left(1+\dfrac{R_f}{R_1}\right)\left(\dfrac{U_1}{R_2}+\dfrac{U_2}{R_4}\right)(R_2//R_3//R_4)=4V$，仿真结果与理论计算结果基本相等。

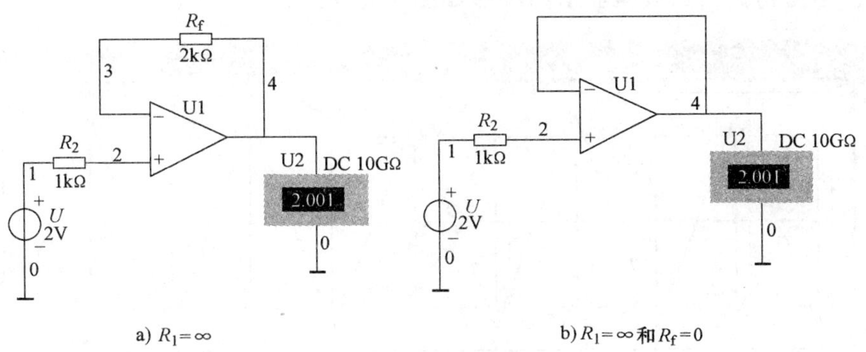

a) $R_1=\infty$　　b) $R_1=\infty$和$R_f=0$

图 3-20 电压跟随器

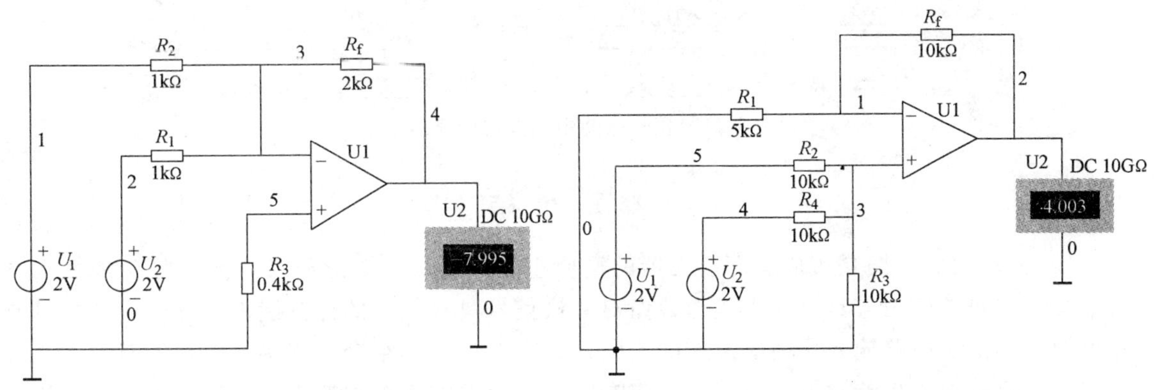

图 3-21 反相加法运算电路　　图 3-22 同相加法运算电路

(6) 减法运算电路　连接减法运算电路，如图 3-23 所示，同相输入端输入直流电压为 2V，反相端输入电压为 4V，电压表为直流电压表，运行仿真电路，电压表显示为 -5.997V。根据公式理论计算，结果为 $U_O=\dfrac{R_1+R_f}{R_1}\cdot\dfrac{R_3}{R_2+R_3}\cdot U_2-\dfrac{R_f}{R_1}U_1=-6\text{V}$，仿真结果与理论计算结果基本相等。

(7) 积分运算电路　连接积分运算电路，如图 3-24 所示，信号发生器参数为：频率 1kHz，

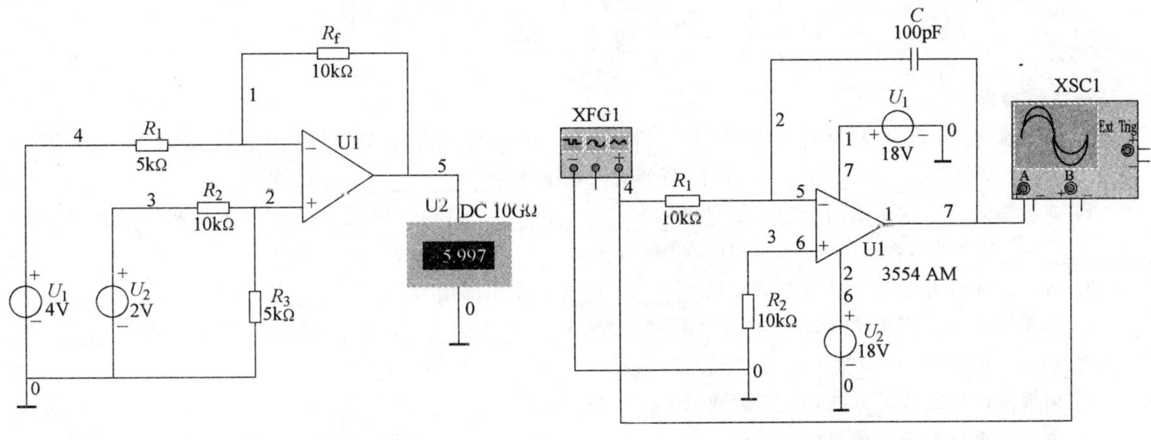

图 3-23 减法运算电路　　图 3-24 积分运算电路

振幅 20mV。运行仿真，示波器显示的波形如图 3-25 所示。

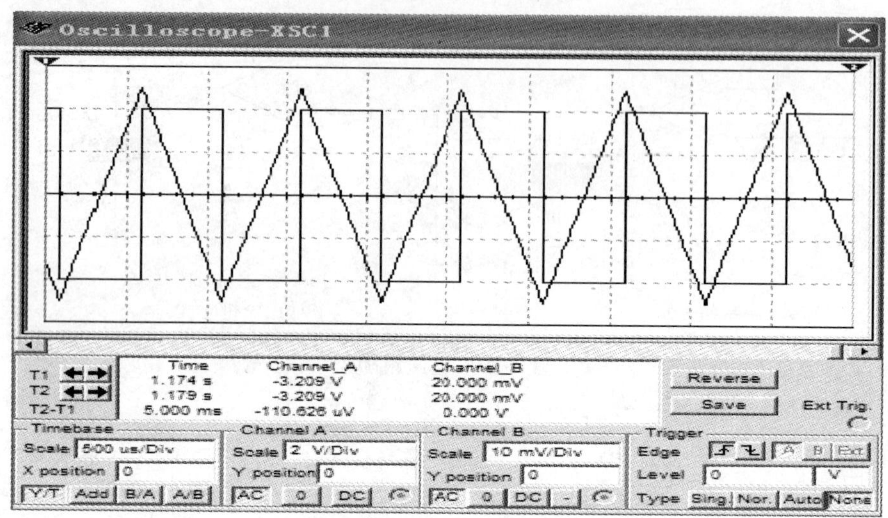

图 3-25 积分电路中示波器的显示波形

本章小结

1）差动放大电路是集成运算放大器的重要组成部分。它既能放大直流信号又能放大交流信号；它对差模信号具有放大能力，而对共模信号具有很强的抑制能力，并能有效地抑制零点漂移。由于电路输入、输出方式的不同，共有四种不同组合的连接方式，即双端输入双端输出、双端输入单端输出、单端输入双端输出、单端输入单端输出。不管信号是单端输入还是双端输入，只要是双端输出，它的差模放大倍数就与单级共发射极放大电路相同；若是单端输出，则电压放大倍数是基本放大电路的一半。

2）集成运放由输入级、中间级和输出级构成。理想集成运放具有差模输入电阻 $R_{id}=\infty$，开环电压增益 $A_{uo}=\infty$，输出电阻 $R_o=0$ 等理想参数；还具有虚短和虚断两个重要特性，这是分析理想集成运放的基础。

3）常见的理想集成运放组成的运算电路有：反相比例运算电路、同相比例运算电路、加减法电路、积分微分电路等。

习　题

一、填空题

1. 理想集成运算放大器组成的基本运算电路，它的反相输入端和同相输入端之间的电压为__________，这称为__________。运放的两个输入端电流为__________，这称为__________。

2. 差模输入信号电压是两个输入信号电压的__________值，共模输入信号电压是两个输入信号的__________值。当 $u_{i1}=20\text{mV}$，$u_{i2}=10\text{mV}$ 时，$u_{id}=$__________mV，$u_{ic}=$__________mV。

3. 对于差动放大电路，有用的信号是________信号；无用的信号是________信号。

4. 反相输入时，同相输入端接地，反相输入端处于__________状态。“虚地”情况只有在________输入时产生，__________输入时无“虚地”情况。

5. 用集成运放组成运算电路时，运放通常工作在__________区。

6. 集成运算放大器的理想化条件是：$A_{uo}=$______，$R_i=$______，$R_O=$______，$K_{CMR}=$______。

二、判断题

1. 共模信号和差模信号都是要放大的有用信号。 ( )
2. 差动放大电路能有效地抑制零漂，因此具有很高的共模抑制比。 ( )
3. 一个理想的差动放大电路，只能放大差模信号，不能放大共模信号。 ( )
4. 集成运算放大器的虚地就是将某点直接接地。 ( )
5. 虚短就是两点真正短接。 ( )
6. 积分运算放大电路输入为方波时，输出是尖脉冲波。 ( )

三、选择题

1. 放大电路产生零点漂移的主要原因是：________。（A. 电压增益过大 B. 环境温度变化 C. 采用直接耦合方式 D. 采用阻容耦合方式）

2. 共模抑制比越大，表明电路__________。（A. 放大倍数越稳定 B. 交流放大倍数越大 C. 抑制零漂能力越强 D. 输入信号中的差模成分越大）

3. 下列运放构成的应用电路中，运放不具备虚地特性的是________。（A. 反相比例运算电路 B. 同相比例运算电路 C. 微分运算电路 D. 积分运算电路）

4. 集成运放第一级采用差动放大电路的原因是__________。（A. 减小零漂 B. 提高输入电阻 C. 稳定放大倍数 D. 减小功耗）

5. 已知反相加法电路，欲使输入电压为三个输入电压的平均值，R_f阻值应选为____________。（A. R_1 B. $2R_1$ C. $3R_1$ D. $R_1/3$）

6. 理想集成运算放大器的两个重要的结论是__________。（A. 虚短与虚地 B. 虚短与虚断 C. 虚断与虚地 D. 断路与短路）

四、分析计算题

1. 已知差动放大电路如图 3-26 所示，$\beta = 100$，$r_{be} = 1\text{k}\Omega$，$U_{BEQ} = 0.7\text{V}$，试求 A_{ud}、A_{uc}、K_{CMR}、R_{id}、R_{Od}。

2. 由差动放大电路组成的简单电压表电路，如图 3-27 所示。电流表满偏电流为 100μA，电流表支路的总电阻为 2kΩ，两管的 β 均为 50。试计算：

（1）每个管子的 I_B 和 I_C 各是多少？

（2）电流表满偏时需加多大的输入电压？

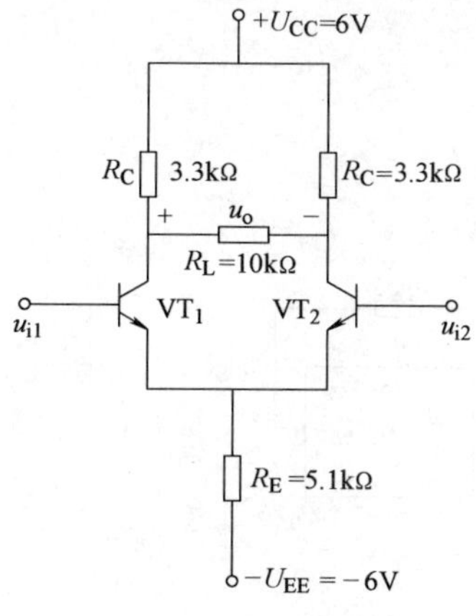

图 3-26 分析计算题 1 题图

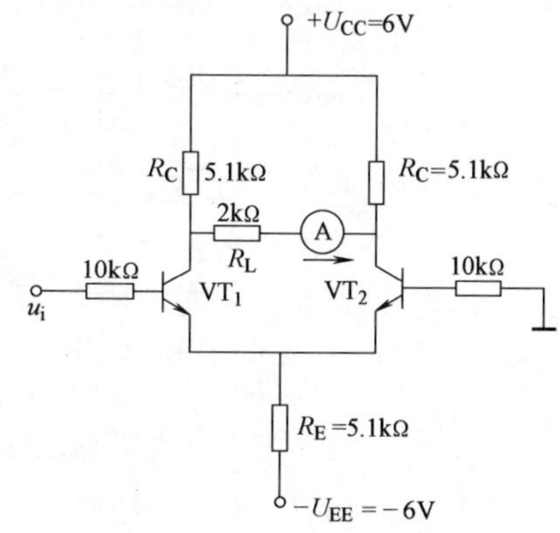

图 3-27 分析计算题 2 题图

（3）当输入电压的幅度增大到2V时，估计流过电流表的电流约为多少？

3. 同相比例运算电路如图3-28所示，图中$R_1=3\text{k}\Omega$，若希望它的电压放大倍数等于6，试估算电阻R_f和R_2的值。

4. 反相比例运算电路如图3-29所示，图中，$R_1=5\text{k}\Omega$，$R_f=10\text{k}\Omega$，试估算它的电压放大倍数，并估算R_2应取多大？

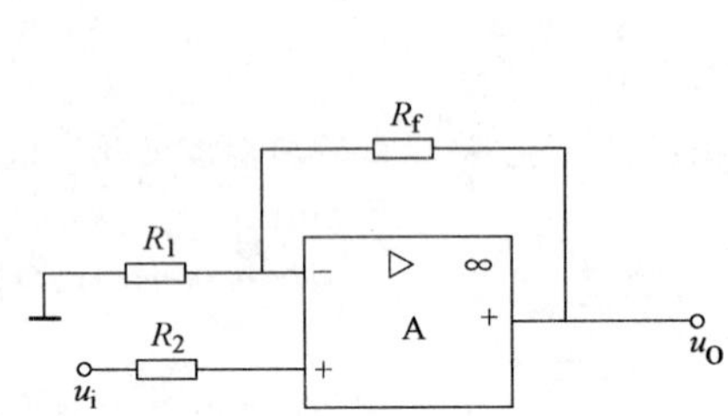

图3-28　分析计算题3题图

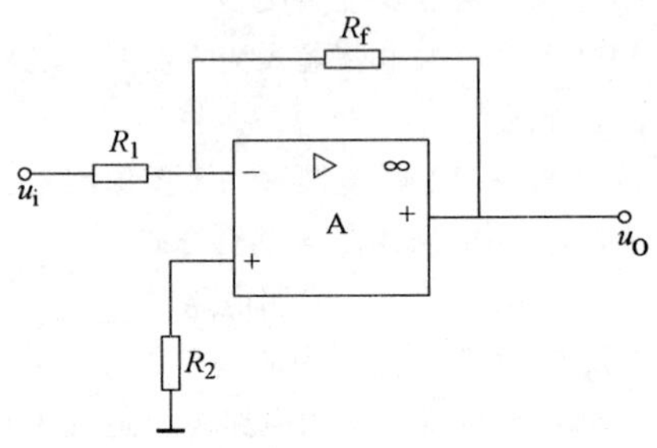

图3-29　分析计算题4题图

5. 应用集成运算放大电器组成的测量电阻的电路，如图3-30所示，试写出被测电阻R_X与电压U_O的关系。

6. 试证明在图3-31中，$u_O=\left(1+\frac{R_1}{R_2}\right)(u_{i2}-u_{i1})$成立。

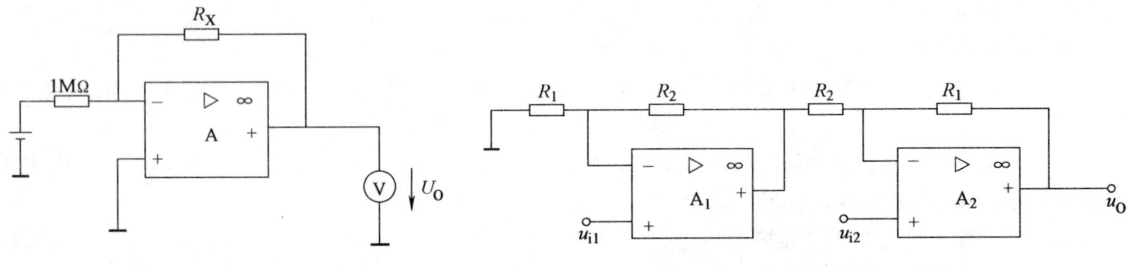

图3-30　分析计算题5题图

图3-31　分析计算题6题图

7. 已知集成运放电路如图3-32所示，分别求出输出电压u_{O1}、u_{O2}和u_O。

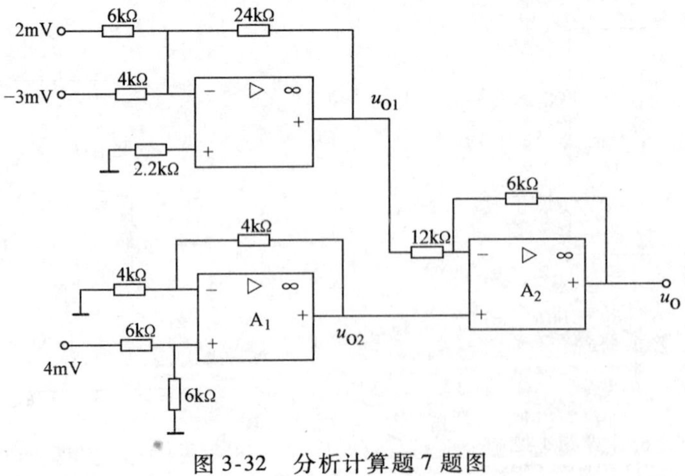

图3-32　分析计算题7题图

8. 已知集成运放电路如图3-33所示，且$R_1=R_3=R_4=R_6$，试求输出电压u_O与输入电压u_i的关系式。

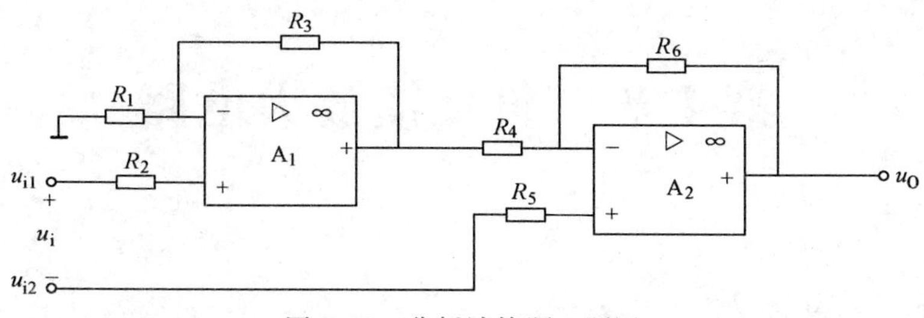

图 3-33　分析计算题 8 题图

第4章　负反馈放大电路

4.1　本章任务的导入

当我们在作报告或演唱卡拉OK时，有时会从扬声器发出可怕的啸叫声，这时如果将传声器转一下方向啸叫声会立刻消失，这是为什么呢？这是由于传声器接收端与扬声器发声方向直接相对，如图4-1所示，当扬声器的声音通过传声器返回到功放，功放把这一信号进行放大经扬声器输出，放大后的信号又经传声器返回到功放，经过反复多次放大后的信号幅度很大，就形成了啸叫。这种情况就称为自激。如果断开了信号传输环路，啸叫声会立刻消失。如果不断开信号传输环路，可能会导致传声器或扬声器损坏。自激的产生是因为电路中存在把输出信号返回输入端的回路，这一回路称为反馈回路。反馈应用的好，不仅可以用来稳定电路的工作，也可以产生各种振荡波形信号。自动控制系统得以实现很大程度上就是因为存在反馈电路。例如恒温电路，利用热传感器电路检测到恒温箱的温度下降时，就输出一反馈信号到加热系统，使加热系统加大加热功率；当检测出已加热到额定温度时，控制电路就自动断开加热，这样可使恒温箱的温度保持恒定。

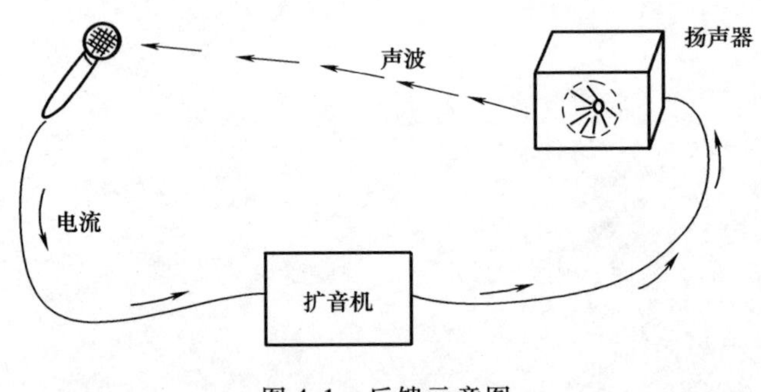

图4-1　反馈示意图

通过本章的学习，要求读者能够掌握反馈的概念、结构、类型及反馈类型的判别；熟悉负反馈对放大电路性能的影响。

4.2　相关的理论知识

4.2.1　反馈的基本概念

4.2.1.1　反馈的概念

将放大电路输出信号（电压或电流）的一部分或全部，通过某一电路送回输入端，称为反馈。具有反馈作用的放大器称为反馈放大器。反馈到输入回路的信号称为反馈信号。由输出信号形成反馈信号的电路称为反馈电路或反馈网络。构成反馈网络的元件称为反馈元件。反馈信号与输出信号之比称为反馈系数。如果反馈信号削弱了输入信号使放大电路的净输入减小，导致电路的放大倍数降低时称为负反馈；反之，则称为正反馈。

4.2.1.2　反馈放大电路的框图及关系式

负反馈放大电路的结构分为两部分：一是不带负反馈的基本放大电路；另一个就是反馈电路（或称反馈网络）。通常用反馈环框图表示，如图 4-2 所示。反馈环框图由基本放大电路和反馈网络构成闭合环路。用 $\dot{X}$ 表示电压或电流信号，用 $\dot{X}_i$、$\dot{X}_o$、$\dot{X}_f$ 分别表示输入、输出和反馈信号。$\dot{X}'_i$ 为基本放大电路的净输入，它由 $\dot{X}_i$ 与 $\dot{X}_f$ 之差决定。即

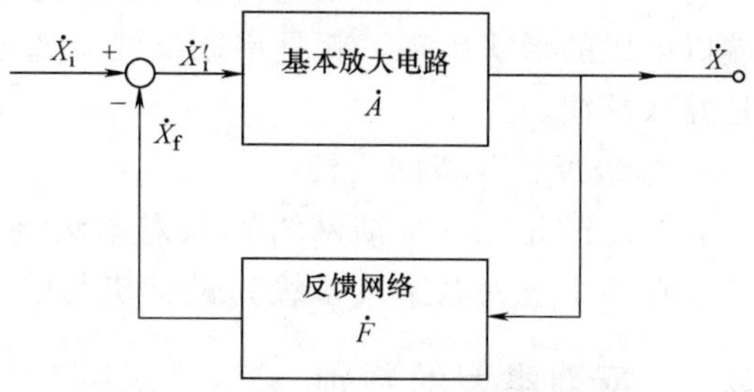

图 4-2　负反馈放大电路的反馈环框图

$$\dot{X}'_i = \dot{X}_i - \dot{X}_f \tag{4-1}$$

$\dot{A}$ 是基本放大电路的放大倍数，又称为放大电路的开环放大倍数，为

$$\dot{A} = \dot{X}_o / \dot{X}'_i \tag{4-2}$$

$\dot{F}$ 是反馈网络的反馈系数，反映输出信号经反馈网络反向传输至输入端的程度，为

$$\dot{F} = \dot{X}_f / \dot{X}_o \tag{4-3}$$

$\dot{A}_f$ 是放大电路闭环放大倍数，为

$$\dot{A}_f = \dot{X}_o / \dot{X}_i \tag{4-4}$$

由式（4-1）~式（4-4）整理可得闭环放大倍数与开环放大倍数的关系式

$$\dot{A}_f = \dot{A} / (1 + \dot{A}\dot{F}) \tag{4-5}$$

当 $\dot{A}$ 和 $\dot{F}$ 都为实数时，则 $\dot{A}$ 可用 A 来表示，$\dot{F}$ 可用 F 来表示，$\dot{A}_f$ 可用 A_f 来表示。式（4-5）变为

$$A_f = A / (1 + AF) \tag{4-6}$$

式中，$1 + AF$ 称为反馈深度，是衡量反馈强弱的一个重要指标。

4.2.2　反馈的分类

1. 正反馈与负反馈

如果反馈信号使净输入信号加强，这种反馈就称为正反馈；反之，就为负反馈。

2. 直流反馈与交流反馈

如果反馈信号中只有直流成分，即反馈元件只能反映直流量的变化，这种反馈称为直流反馈；如果反馈信号中只有交流成分，即反馈元件只能反映交流量的变化，这种反馈称为交流反馈；如果反馈信号中既有直流成分，又有交流成分，这种反馈则称为交直流反馈。

3. 电压反馈与电流反馈

这是按照反馈信号与输出信号之间的关系来划分的。若反馈信号与输出电压成正比，就

是电压反馈；若与输出电流成正比，就是电流反馈。从另一个角度考虑，看反馈是对输出电压采样还是对输出电流采样，对应地分别称为电压反馈和电流反馈。

4. 串联反馈与并联反馈

这是按照反馈信号在放大器输入端的连接方式不同来分类的，如果反馈信号在放大器输入端以电压的形式出现，就是串联反馈。如果反馈信号在放大器输入端以电流的形式出现，就是并联反馈。

5. 本级反馈与级间反馈

如果反馈元件（反馈网络）只对本级（局部）起作用，就是本级反馈。如果反馈网络是跨接在整个放大电路（多级）的输出与输入之间，这种反馈称为级间反馈。

4.2.3 反馈类型的判别

在分析实际反馈电路时，必须首先判别其属于哪种反馈类型。在判别反馈类型之前，首先应该判断放大器的输出端与输入端之间有无反馈元件，以便确定有无反馈。

1. 正、负反馈的判别

判别反馈的正负通常采用瞬时极性法。这种方法是首先假定输入信号为某一瞬时极性（一般设对地为正的极性），然后由各级输入、输出之间的相位关系，分别推出其他有关各点的瞬时极性（用“(+)”表示升高，用“(-)”表示降低），最后看净输入信号在反馈信号的作用下是加强还是减弱。使净输入信号加强了的反馈为正反馈，削弱的为负反馈。

图4-3所示为四个反馈电路，图4-3a中R_f为级间反馈元件，当输入端的输入信号瞬时极性为“(+)”时，根据共发射极放大电路倒相的关系，VT_1的集电极瞬时极性为“(-)”，VT_2的基极瞬时极性也为“(-)”，VT_2的集电极为“(+)”，经C_3的输出端为“(+)”，经R_f反馈到输入端后，使原输入信号得到了加强（反馈信号与输入信号同相），所以为正反馈。同理可判断出图4-3a中本级反馈元件R_{E1}和R_{E2}为负反馈。图4-3b中，R_f为反馈元件，当同相端输入信号瞬时极性为“(+)”时，输出端的极性也为“(+)”，经R_f反馈到反相端的信号也为“(+)”，由于运放电路两输入端加入的是同极性信号，导致两输入端之间的净输入电压$u_{id}=u_{+}-u_{-}$减小，反馈信号削弱了净输入信号，因而引入的反馈是负反馈。同样的方法可判断出图4-3c、d都为负反馈电路。

2. 交流反馈与直流反馈的判别

判别交流反馈与直流反馈主要是从反馈网络（反馈元件）上来观察，若反馈支路中，只有交流信号则为交流反馈；只有直流信号则为直流反馈；两者同时存在则为交直流反馈。

在图4-3a所示电路中，级间反馈支路（C_3和R_f串联）仅能通交流，故为交流反馈；本级反馈支路（R_{E1}和C_{E1}并联）仅能通过直流，所以为直流反馈；本级反馈支路（R_{E2}）既能通过直流，又能通交流，所以为交直流反馈。在图4-3b所示电路中，反馈支路（R_f）既能通过直流，又能通过交流，故为交直流反馈。在图4-3c所示电路中，反馈支路（R_E）既能通过直流，又能通过交流，故为交直流反馈。在图4-3d所示电路中，级间反馈支路（只有电阻R_f）、第一级反馈支路（R_{f1}）、第二级反馈支路（R_{f2}）既能通过直流，又能通过交流，故均为交直流反馈。

3. 电压、电流反馈的判别

判断电压、电流反馈，一是看输出取样内容是电压还是电流，反馈信号若与输出电压成

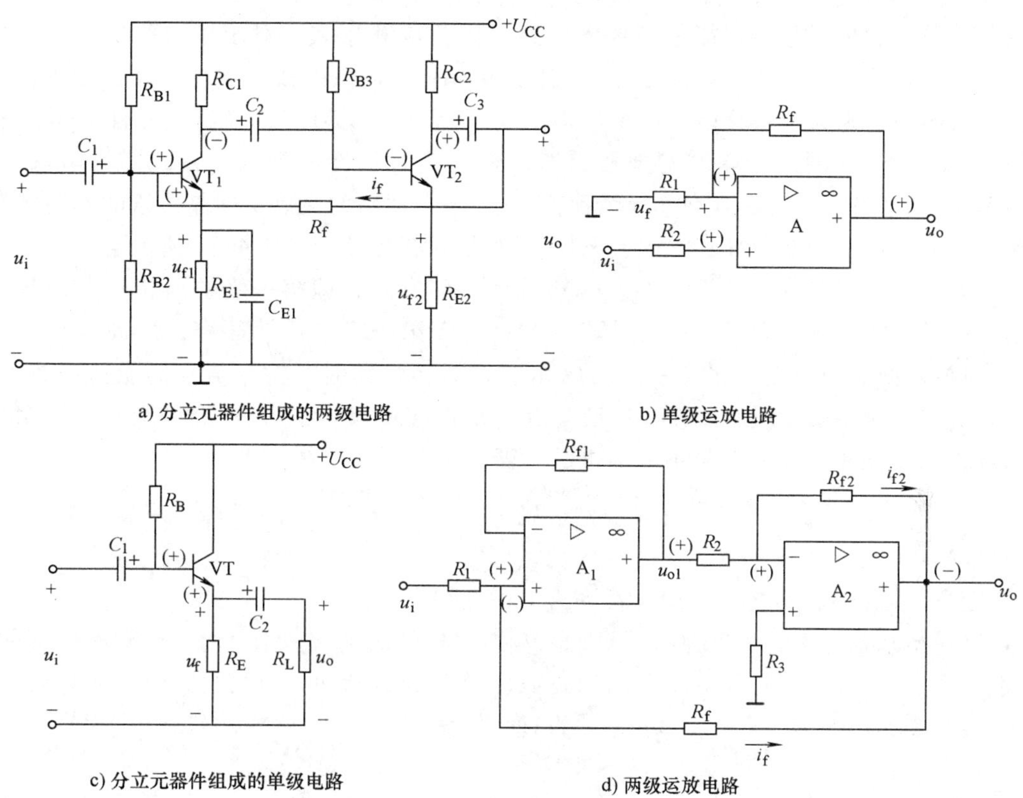

图 4-3　反馈类型的判断

正比，则是电压反馈；若与输出电流成正比，则是电流反馈 。二是采取负载电阻 R_L 短路法来判断，也就是使输出电压为零，若此时反馈信号随输出电压的消失而消失，说明为电压反馈；若电路中仍然有反馈存在，说明是电流反馈。

在图 4-3a 所示电路中，对级间反馈支路而言，令 $u_o=0$，反馈信号 i_f 随之消失，所以为电压反馈；对于第一级的反馈支路而言，令 $u_{o1}=0$，则反馈信号 u_{f1} 仍然存在，所以为电流反馈；同理第二级的反馈也为电流反馈。在图 4-3b 所示电路中，令 $u_o=0$，反馈信号 u_f 随之消失，所以为电压反馈。在图 4-3c 所示电路中，令 $u_o=0$，反馈信号 u_f 随之消失，所以为电压反馈。在图 4-3d 所示电路中，令 $u_o=0$，对于级间反馈而言，则反馈信号 i_f 随之消失，所以为电压反馈；对于第一级，令 $u_{o1}=0$，则反馈信号 u_{f1} 随之消失，所以为电压反馈；对于第二级，令 $u_o=0$，反馈信号 i_{f2} 随之消失，所以为电压反馈。

4. 串联、并联反馈的判别

判断串联、并联反馈，一是看反馈信号与输入信号在输入回路中是以电压形式叠加，还是以电流形式叠加，前者为串联反馈，后者为并联反馈。二是采用反馈节点对地短路法，当反馈节点对地短路时，输入信号不能加进放大器，则为并联反馈；如仍能加进放大器，则为串联反馈。

在图 4-3a 所示电路中，对于级间支路而言，反馈节点（反馈元件 R_f 与输入回路的交点，即晶体管 VT_1 的基极）对地短路时，输入信号不能加进放大电路，则为并联反馈；对于第一级的反馈而言，反馈节点（反馈元件 R_{E1} 与输入回路的交点，即第一级晶体管的发射极）对地短路时，输入信号仍能加进放大电路，则为串联反馈；对于第二级的反馈，反馈节点（反馈元件 R_{E2} 与输入回路的交点，即第二级晶体管的发射极）对地短路，输入信号仍能加进放大电路，则为串联反馈。在图 4-3b 所示电路中，反馈节点（反馈元件 R_f 与反相输入端的交点，即运放的反相端）对地短路时，输入信号仍能加进放大器，则为串联反馈。在图 4-3c 所示电路中，反馈节点（反馈元件 R_E 与输入回路的交点，即晶体管的发射极）对地短路时，输入信号仍能加进基本放大电路，则为串联反馈。在图 4-3d 所示电路中，对于级间反馈而言，反馈节点（反馈元件 R_f 与输入回路的交点，即第一级的同相端）对地短路时，输入信号不能加进放大器，则为并联反馈；对于第一级的反馈而言，反馈节点（反馈元件 R_{f1} 与输入回路的交点，即第一级的反相端）对地短路时，输入信号仍能加进放大器，则为串联反馈；对于第二级的反馈，反馈节点（反馈元件 R_{f2} 与输入回路的交点，即第二级的反相端）对地短路，输入信号不能加进放大器，则为并联反馈。

小知识：一般来说，可以这样来判别电压、电流、串联、并联反馈：当反馈支路与输出端直接相连（公共端除外），为电压反馈，否则为电流反馈；当反馈支路与输入端直接相连（公共端除外），为并联反馈，否则为串联反馈。

可以这样来判别正、负反馈：假设输入端瞬时极性为“(+)”，由反馈支路反馈回来的极性为“(+)”时，如直接反馈回到输入端（公共端除外），为正反馈，否则为负反馈；反馈回来的极性为“(-)”时，如直接反馈回到输入端（公共端除外），为负反馈，否则为正反馈。

可以这样判别交直流反馈：当反馈支路中，反馈元件为电容，则是交流反馈；反馈元件为电阻，则是交、直流反馈；反馈元件为电容和电阻串联，则是直流反馈；反馈元件为电容与电阻并联，则为交流反馈。

上述各种类型的反馈电路中，这里主要讨论其中的负反馈电路。这样，将输出端采样与输入端叠加两方面综合考虑，实际的负反馈放大器可分为以下四种基本组态：电压串联负反馈、电压并联负反馈、电流串联负反馈、电流并联负反馈。

4.2.4 负反馈放大电路的四种组态

为了对电压串联、电压并联、电流串联、电流并联四种基本负反馈的性能有更深的了解，下面将以具体反馈电路为例，对这些类型一一进行判断和分析。

1. 电压串联负反馈

电压串联负反馈实际电路如图 4-4 所示。

在图 4-4 所示电路中，R_f、R 为反馈元件，它们构成的反馈网络在输出与输入之间建立起联系。从电路的输出来分析，反馈信号是输出电压 u_o 在 R_f、R 组成的分压电路中 R 上所分取电压 u_f，反馈电压是输出电压 u_o 的一部分。假设将输出短路，$u_o=0$，则 $u_f=0$，因此，这个反馈是电压反馈。从输入端来分析，假设反馈节点（运放的反相输入端）对地短路，$u_f=0$，输入信号仍能加入运放电路，因此，这是串联反馈。运用瞬时极性法，设 u_i 瞬时极性为“(+)”，根据运放的输入输出特性，则输出 u_o 亦为“(+)”，反馈至反相输入端亦为“(+)”，这样，反馈的引入使运放的净输入信号 u_d 减小，因而是负反馈。在反馈支路中，无电容串联、并联，这是交直流反馈。所以总的来看，该电路是一个交直流电压串联负反馈放大电路。

电压负反馈具有稳定输出电压的作用。其稳定过程如下：

$$u_o\downarrow\rightarrow u_f\downarrow\rightarrow u_d(=u_i-u_f)\uparrow\rightarrow u_o\uparrow$$

可见，电压负反馈放大电路具有恒压源的性质。

2. 电压并联负反馈

电压并联负反馈实际电路如图 4-5 所示。

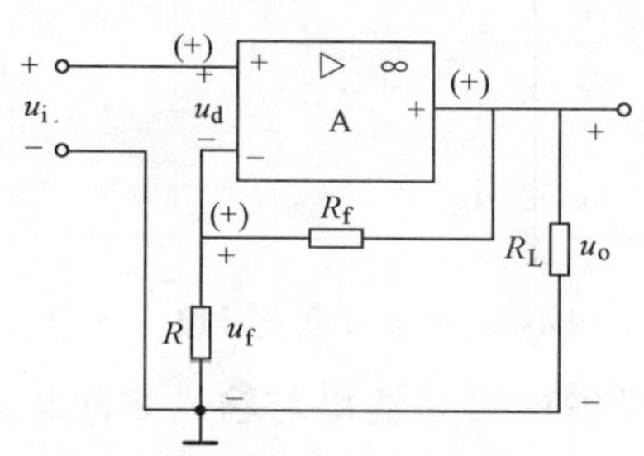

图 4-4　电压串联负反馈实际电路

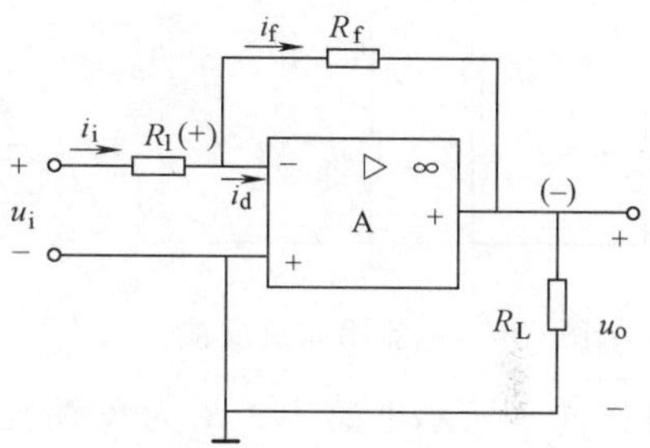

图 4-5　电压并联负反馈实际电路

在图 4-5 所示电路中，R_f为反馈元件，它构成的反馈网络在输出与输入之间建立起联系。从电路的输出端来分析，在输出端的采样对象是输出电压 u_o，假设将输出短路，$u_o=0$，则反馈信号消失，因此，这个反馈是电压反馈。从输入端来分析，假设反馈节点（运放的反相输入端）对地短路（两输入端短路），输入信号不能加入运放电路，因此，这是并联反馈。运用瞬时极性法，设 u_i瞬时极性为"(+)"，根据运放的输入输出特性，则输出 u_o亦为"(−)"，从而使流过 R_f的电流 i_f增加，在 i_i不变的条件下，因 i_f的分流作用而使流入运放的净输入电流 i_d（$=i_i-i_f$）减少，因而是负反馈。在反馈支路中，无电容串联、并联，这是交直流反馈。所以总的来看，该电路是一个交直流电压并联负反馈放大电路。

电压负反馈之所以能够稳定输出电压，是因为反馈元件在输出回路取样的信号类型是电压，而与反馈信号在输入回路叠加时是电压（串联叠加）还是电流（并联叠加）并无关系。反馈元件利用自身的变化对放大器进行自动调节，起到稳定输出电压的作用。

3. 电流串联负反馈

电流串联负反馈实际电路如图 4-6 所示。

在图 4-6 所示电路中，R_E为反馈元件，它构成的反馈网络在输出与输入之间建立起联系。从电路的输出端来分析，反馈量不是取自输出电压，假设将输出短路，$u_o=0$，反馈信号 $u_f=R_Ei_e$依然存在，因此，这个反馈是电流反馈。从输入端来分析，假设反馈节点（晶体管的发射极）对地短路，$u_f=0$，输入信号仍能从晶体管基极加入输入端，因此，这是串联反馈。利用瞬时极性法，设 u_i瞬时极性为"(+)"，晶体管发射极的瞬时极性也为"(+)"，这样，反馈的引入使电路的净输入信号 $u_{be}=u_i-u_f$减小，因而是负反馈。在反馈支路中，无电容串联、并联，这是交直流反馈。所以总的来看，该电路是一个交直流电流串联负反馈放大电路。

电流负反馈具有稳定输出电流的作用。其稳定过程如下：

$$i_o\uparrow\rightarrow u_f\uparrow\rightarrow u_{be}\downarrow\rightarrow i_b\downarrow\rightarrow i_o\downarrow$$

可见电流负反馈放大器具有恒流源的性质。

4. 电流并联负反馈

电流并联负反馈实际电路如图 4-7 所示。

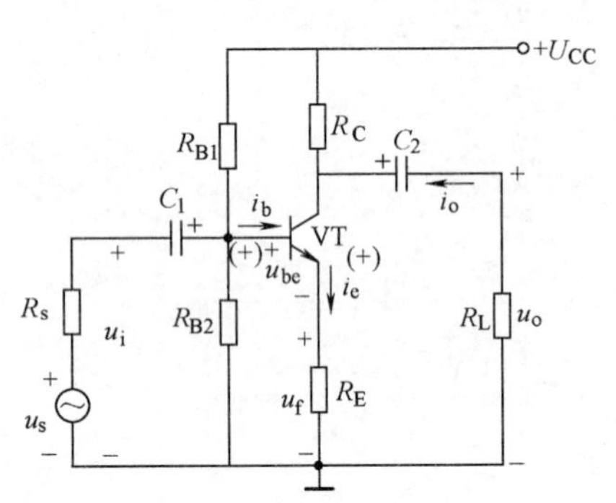

图 4-6 电流串联负反馈

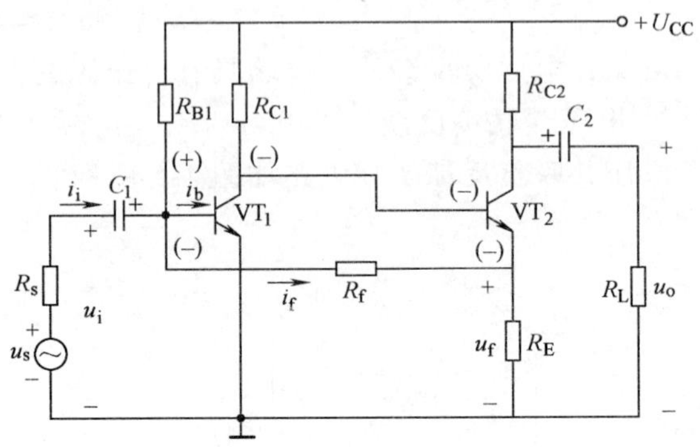

图 4-7 电流并联负反馈

在图 4-7 所示电路中，R_f为反馈元件，它构成的反馈网络在输出与输入之间建立起联系。从电路的输出端来分析，假设将输出短路，$u_o=0$，则反馈信号依然存在，因此，这个反馈是电流反馈。从输入端来分析，假设反馈节点对地短路，输入信号不能加入电路，因此，这是并联反馈。利用瞬时极性法，可判断出为负反馈。在反馈支路中，无电容串联、并联，这是交直流反馈。所以总的来看，该电路是一个交直流电压并联负反馈放大电路。

小知识： 信号源内阻对于负反馈的效果是有影响的。串联负反馈适用于信号源内阻小的电压源；并联负反馈适用于信号源内阻大的电流源。

4.2.5 负反馈对放大器性能的影响

放大器引入负反馈后，会使放大倍数有所下降，但其他性能却得以改善。例如，能提高放大器放大倍数的稳定性，展宽通频带，减小非线性失真，改变输入电阻和输出电阻等。下面分别加以分析。

1. 提高了放大倍数的稳定性

放大器的放大倍数取决于晶体管及电路元件的参数，若元器件老化或更换、电源不稳、负载变化或环境温度变化，则都会引起放大倍数的变化。为此通常要在放大器中加入负反馈以提高放大倍数的稳定性。为了更好地说明负反馈对放大倍数稳定性的贡献，下面从定量上加以分析。

由式（4-6）可知，放大电路工作在中频时，闭环增益方程为

$$A_f=\frac{A}{1+AF} \tag{4-7}$$

为了表示增益的稳定性，通常用增益的相对变化量作为衡量指标。将式（4-7）对 A 求导可得

$$\frac{dA_f}{dA}=\frac{1}{1+AF}-\frac{AF}{(1+AF)^2}=\frac{1+AF-AF}{(1+AF)^2}=\frac{1}{(1+AF)^2}$$

用式（4-7）除以上式两边，并整理可得

$$\frac{\mathrm{d}A_f}{A_f}=\frac{1}{1+AF}\cdot\frac{\mathrm{d}A}{A} \tag{4-8}$$

可见，虽然负反馈的引入使放大倍数下降了（$1+AF$）倍，但放大倍数的稳定性却提高了（$1+AF$）倍。负反馈的深度越深，放大电路性能改善的程度就越明显。

例　某负反馈放大器，其 $A=10^4$，反馈系数 $F=0.01$，计算 A_f为多少？若因参数变化使 A 变化 ±10%，问 A_f的相对变化量为多少？

解：由式（4-7）得

$$A_f=\frac{A}{1+AF}=\frac{10^4}{1+10^4\times0.01}\approx100$$

由式（4-8）得

$$\frac{\mathrm{d}A_f}{A_f}=\frac{1}{1+AF}\cdot\frac{\mathrm{d}A}{A}=\frac{1}{1+10^4\times0.01}\times(\pm10\%)=\pm0.1\%$$

可见，负反馈使闭环放大倍数下降了约 100 倍，而放大倍数的稳定性却提高了约 100 倍。负反馈越深，稳定性越高。

2. 展宽通频带

通频带 BW 反映放大电路对输入信号频率变化的适应能力。负反馈放大电路展宽通频带的原理可通过仿真验证，仿真电路如图 4-8 所示。

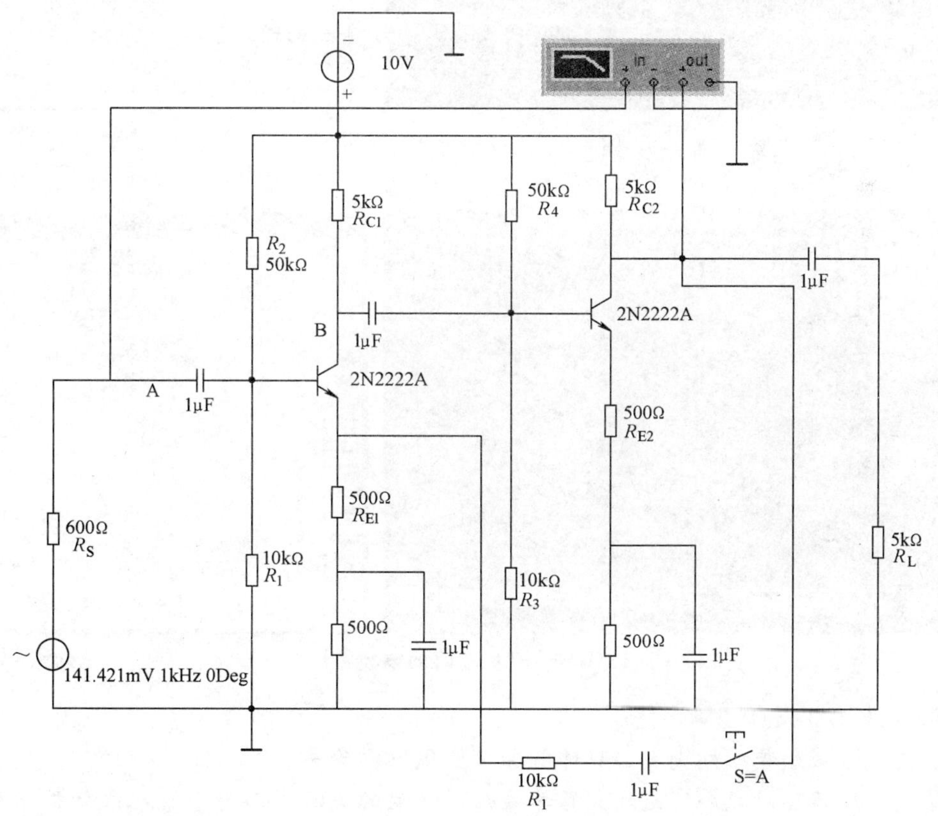

图 4-8　仿真电路

中频段的开环放大倍数 $|A|$ 较高，反馈后，中频段的闭环放大倍数衰减较大。当信号频率在高频和低频段时，开环放大倍数随信号频率的升高或降低而随之减小，闭环放大倍数

$|A_f|$在高频和低频段的衰减倍数就比中频段时小，因此，负反馈放大电路的上、下限频率向更高或更低的频率扩展。BW_f为负反馈时的通频带，可见，$BW_f > BW$，频带被展宽。

仿真验证：运行 Multisim9.0 软件制作仿真电路，如图 4-8 所示，当 S 断开时，电路无级间反馈，调整波特图示仪的参数为：水平起始坐标为 10Hz，终点坐标为 100MHz；垂直起始坐标为 10dB，终点坐标为 30dB，坐标的显示形式为对数方式（log），显示模式选择幅频特性（Mangnitude），启动仿真，观察波特图示仪或从 Grapher 中观察，测量结果如图 4-9 所示，$BW = 3.8077\text{MHz}$。当 S 闭合时，电路有级间反馈，参数不变，测量结果如图 4-10 所示，$BW = 7.2071\text{MHz}$。

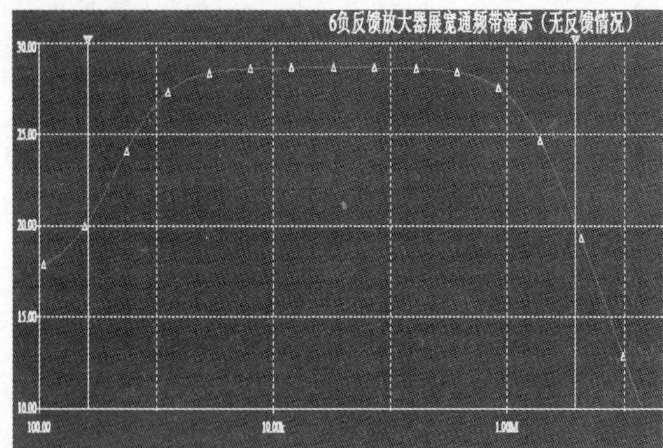

图 4-9　无反馈时的幅频特性

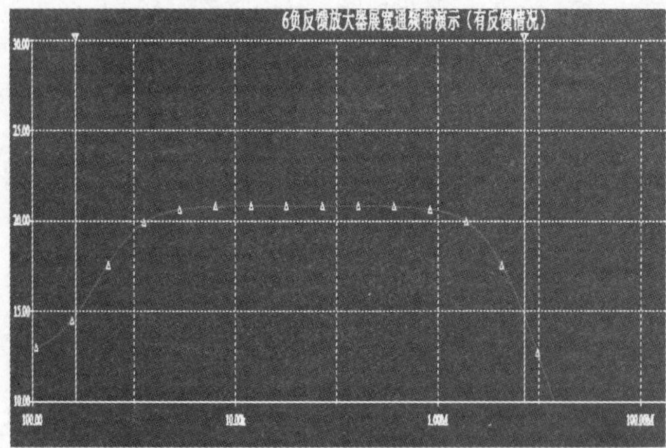

图 4-10　有反馈时的幅频特性

3. 减小非线性失真

负反馈可以减小非线性失真，具体的原理这里不做论述。

注意：负反馈可以减小的是放大器非线性所产生的失真，而对于输入信号本身固有的失真并不能减小。此外负反馈只是“减小”非线性失真，并非完全“消除”非线性失真。

4. 负反馈对输入电阻的影响

（1）串联负反馈提高输入电阻　R_i为开环时基本放大电路的输入电阻，R_{if}为闭环时串联负反馈放大电路的输入电阻。可以证明：

$$R_{if}=R_i(1+AF)$$

（2）并联负反馈降低输入电阻 R_i为开环时基本放大电路的输入电阻，R_{if}为闭环时并联负反馈放大电路的输入电阻。可以证明：

$$R_{if}=\frac{R_i}{1+AF}$$

5. 负反馈对输出电阻的影响

（1）电压负反馈降低输出电阻 R_o为开环时放大电路的输出电阻，R_{of}为闭环时电压负反馈放大电路的输出电阻。可以证明：

$$R_{of}=\frac{R_o}{1+AF}$$

由于放大电路的输出电阻降低了，因此，电压负反馈放大电路增强了带负载能力。

（2）电流负反馈提高输出电阻 R_o为开环时放大电路的输出电阻，R_{of}为闭环时电流负反馈放大电路的输出电阻。可以证明：

$$R_{of}=R_o(1+AF)$$

思 考 题

1. 什么是正反馈？正反馈和负反馈对电路的影响有何不同？
2. 什么是反馈信号？反馈信号与输出信号的类型是否一定相同？
3. 放大电路一般采用的反馈形式是什么？如何判断放大电路中的各种反馈类型？
4. 若放大电路的输入信号本身就是一个已产生了失真的信号，引入负反馈后能否使失真消除？

4.3 相关的基本技能

4.3.1 整机电路图和识图方法

1. 整机电路图的功能

整机电路图具有下列一些功能：

1）它表明整个机器的电路结构、各单元电路的具体形式和它们之间的连接方式，从而表达了整机电路的工作原理，这是电路图中最复杂的一张电路图。

2）它给出了电路中各元器件的具体参数，如型号、标称值和其他一些重要数据，为检测和更换元器件提供了依据。例如，更换某个晶体管时，可以查阅图中的晶体管型号标注就能进行更换。

3）许多整机电路图中还给出了有关测试点的直流工作电压，为检修电路故障提供了方便，例如集成电路各引脚上的直流电压标注，晶体管各电极上的直流电压标注等，都为检修这些部分电路提供了方便。

4）它给出了与识图相关的有用信息。例如，通过各开关件的名称和图中开关所在位置的标注，可以知道该开关的作用和当前开关状态；当整机电路图分为多张图样时，引线接插件的标注能够方便地将各张图样之间的电路连接起来。一些整机电路图中，将各开关件的标注集中在一起，标注在图样的某处，标有开关的功能说明，识图中若对某个开关不了解时可以去查阅这部分说明。

2. 整机电路图特点

整机电路图与其他电路图相比具有下列一些特点：

1）它包括了整个机器的所有电路。

2）不同型号的机器其整机电路中的单元电路变化是十分丰富的，这给识图造成了不少困难，要求工作人员有较全面的电路知识。同类型的机器的整机电路图有的相似之处，不同类型机器之间则相差很大。

3）各部分单元电路在整机电路图中的画法有一定规律，了解这些规律对识图是有益的，其一般的分布规律是：电源电路画在整机电路图右下方；信号源电路画在整机电路图的左侧；负载电路画在整机电路图的右侧；各级放大器电路是从左向右排列的，双声道电路中的左、右声道电路是上下排列的；各单元电路中的元器件相对集中在一起。

3. 整机电路图识图方法和注意事项

关于整机电路图的识图方法和注意事项如下：

1）对整机电路图的分析主要是：各部分单元电路在整机电路图中的具体位置；单元电路的类型；直流工作电压供给电路分析；交流信号传输分析；对一些以前未见过的、比较复杂的单元电路的工作原理应进行重点分析。

2）对于分成几张图样的整机电路图可以一张一张地进行识图，如果需要进行整个信号传输系统的分析，则要将各图样连起来进行分析。

3）对整机电路图的识图，可以在学习了一种功能的单元电路之后，分别在几张不同的整机电路图中去找到这一功能的单元电路，进行分析，由于在整机电路图中的单元电路变化多，且电路的画法受其他电路的影响而与单个画出的单元电路不一定相同，所以加大了识图的难度。

4）一般情况下，信号传输的方向是从整机电路图的左侧向右侧。

5）直流工作电压供给电路的识图方向是从右向左进行，对某一级放大电路的直流电路识图方向是从上而下。

6）在分析整机电路的过程中，若对某个单元电路的分析有困难，例如对某型号集成电路应用电路的分析有困难，可以查找这一型号集成电路的识图资料（内电路框图、各引脚作用等），以帮助识图。

7）一些整机电路图中会有许多英文标注，能够了解这些英文标注的含义，对识图是相当有益的。在某型号集成电路附近标出的英文说明就是该集成电路的功能说明。

4.3.2 负反馈放大电路的仿真调试

1. 实验目的

1）熟练掌握 Multisim9.0 的仿真方法。

2）掌握负反馈对放大器性能的影响。

3）了解反馈放大器性能的一般测试方法。

2. 实验原理

负反馈放大电路是在放大电路中引入负反馈，通过降低电路的增益来改善电路的性能，如提高输入阻抗、改善线性、增大频带宽度及提高电路稳定性等。电压串联负反馈放大电路如图 4-11 所示，C_5和 R_9组成了负反馈网络，开关 S 可以控制负反馈支路的通断。

3. 实验内容及步骤

（1）观察负反馈对输出波形的影响 连接电路如图 4-11 所示，设置示波器参数：扫描时间为 500μs/Div，输入选择为 50mV/Div，输出选择为 1V/Div，断开开关，断开负反馈支路，运行仿真，观察示波器波形，如图 4-12 所示；闭合开关，接通负反馈支路，输出选择为 100mV/Div，其他参数与图 4-12 相同，运行仿真，观察示波器波形，如图 4-13 所示。从图 4-12 和图 4-13 中看出，没有反馈时，输出幅度大但有明显的饱和失真；引入负反馈后，输出幅度减小，但输出波形没有失真。

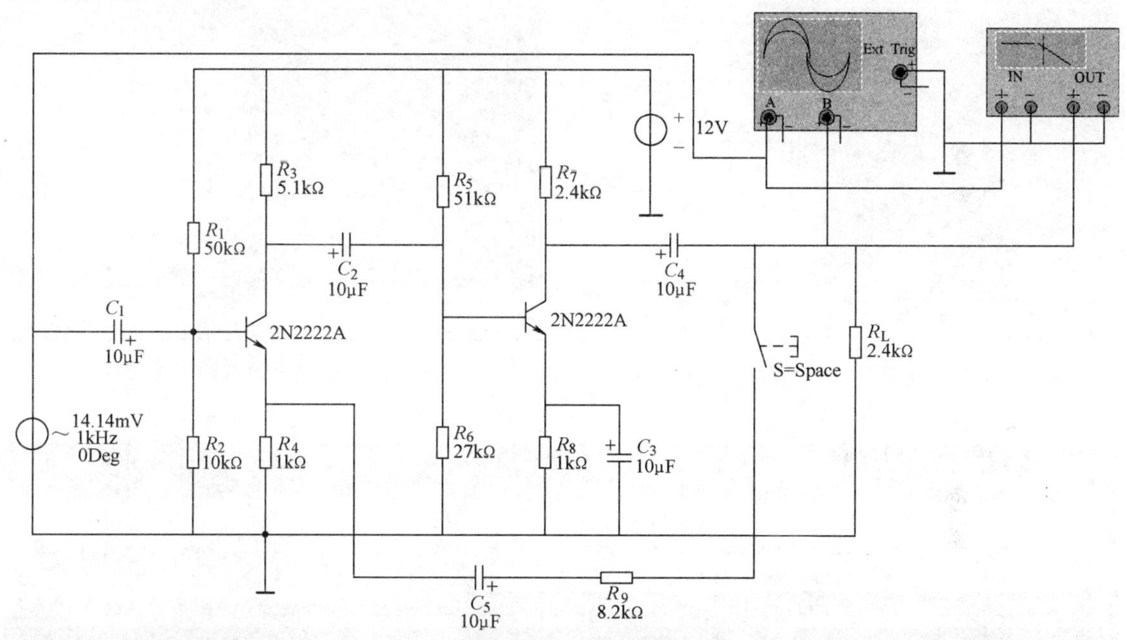

图 4-11 仿真电路

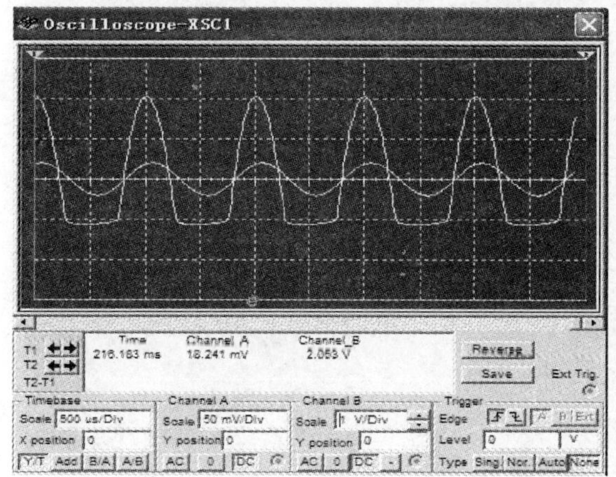

图 4-12 无负反馈时的输入、输出波形图

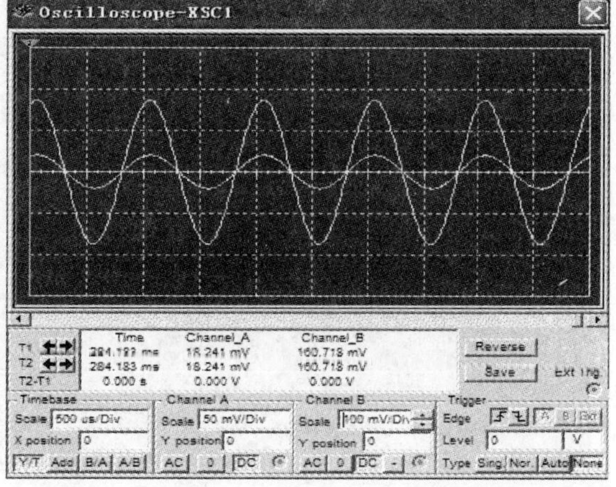

图 4-13 有负反馈时的输入、输出波形图

（2）观察负反馈对频率特性的影响 通过波特仪分别对无负反馈和有负反馈两种情况进行频率特性分析，参数设置和分析结果如图 4-14 和图 4-15 所示。在波特图示仪中通过拖

动读数轴可以读出：无负反馈时，电路增益为44.225dB，下限频率为141.477Hz，上限频率为515.619kHz；有负反馈时，电路增益为18.79dB，下限频率为18.79Hz，上限频率为3.882MHz。

（3）观察反馈量大小对增益的影响　闭合开关（S），进行参数扫描分析，观察负反馈电阻的阻值分别为5kΩ、10kΩ和15kΩ时，R_L与C_4的连接点输出的瞬态波形。分析结果如图4-16所示。从图中可以看出：负反馈电阻大时（负反馈量小），电路的增益大；负反馈电阻小时（负反馈量大），电路的增益小。

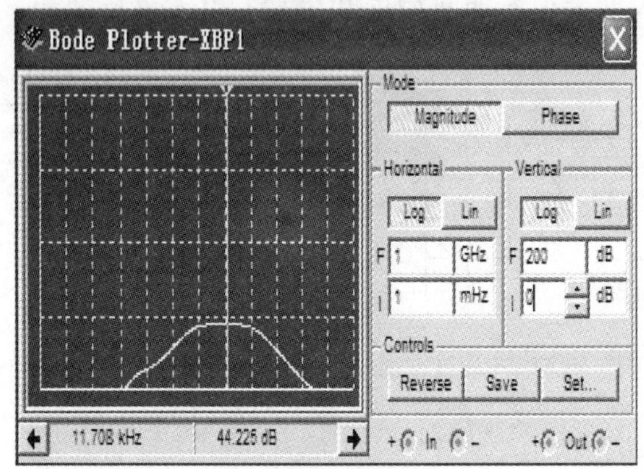

图4-14　无负反馈时的频率特性

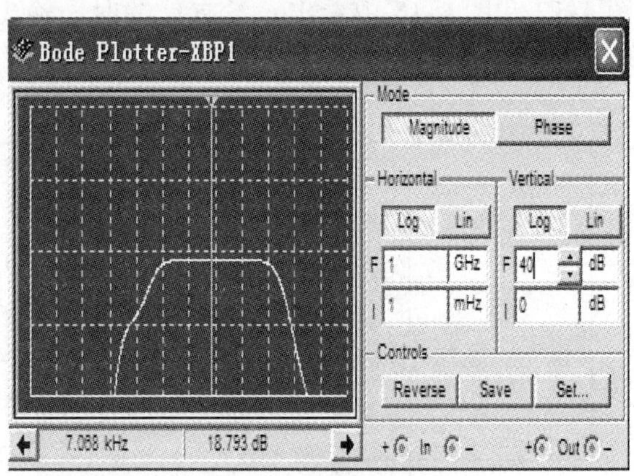

图4-15　有负反馈时的频率特性

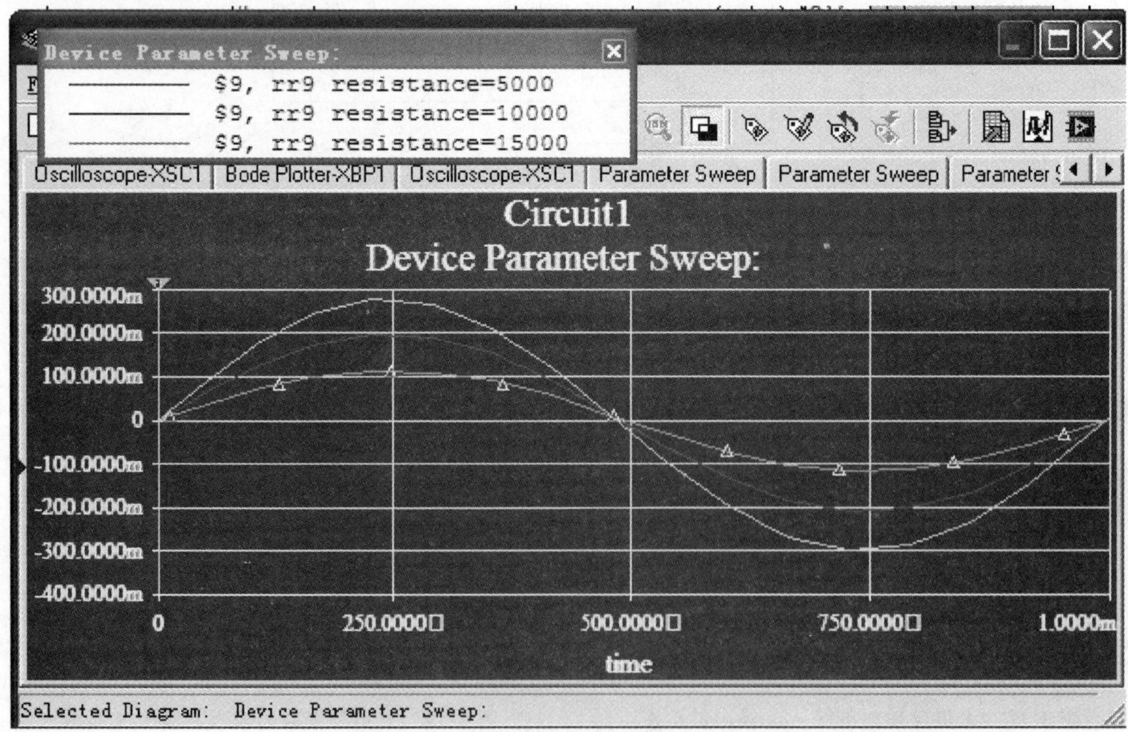

图4-16　不同负反馈量对输出波形的影响

(4) 验证电压串联负反馈放大器的基本方程式 $A_f = \dfrac{A}{1+AF}$　输入 1kHz 的信号，用电压表（交流）分别测量无负反馈和有负反馈两个电路的输入、输出电压，如图 4-17 所示，将结果记录于表 4-1 中，并计算 A 和 A_f 的值。

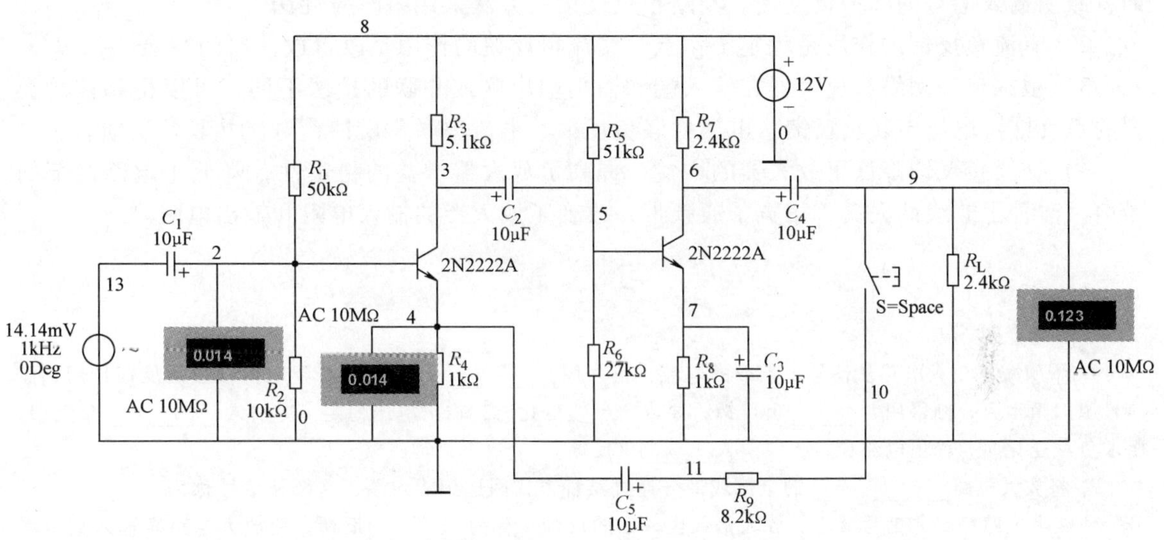

图 4-17　仿真电路

表 4-1　A 和 A_f 比较

基本放大电路				负反馈放大电路			
U_O	U_i	U_f	$A=U_O/U_i$	U_O	U_i	U_f	$A_f=U_O/U_i$
1.281	0.014	0.014	91.5	0.123	0.014	0.014	8.785

根据测量结果值进行计算：

$$F=\frac{U_f}{U_O}=\frac{0.014}{0.123}=0.1138,\ A_f=\frac{A}{1+AF}=\frac{91.5}{1+91.5\times 0.1138}=8.017$$

可见验证基本正确。

(5) 验证电压放大倍数的稳定性　电路如图 4-17 所示，将 R_7 改为 2kΩ，重新测试负反馈放大电路和基本放大电路的放大倍数，计算 A 及 A_f 的相对变化，见表 4-2。

表 4-2　R_7 改变前后 A 和 A_f 比较

基本放大电路					负反馈放大电路				
R_7	U_O	U_f	U_i	$A=U_O/U_i$	R_7	U_O	U_f	U_i	$A_f=U_O/U_i$
2.4kΩ	1.281	0.014	0.014	91.5	2.4kΩ	0.123	0.014	0.014	8.7851
2kΩ	1.694	0.014	0.014	121	2kΩ	·0.122	0.014	0.014	8.71
$\Delta A/A=32.24\%$					$\Delta A_f/A_f=0.85\%$				

可见负反馈放大电路的电压放大倍数的稳定性提高了很多。

本章小结

1）把输出信号送回输入端的连接方式称为反馈。反馈信号加强输入信号的称为正反馈，减弱输入信号的称为负反馈。判断正负反馈的方法采用瞬时极性法。

2）直流负反馈的作用是稳定工作点，交流负反馈的作用是改善放大器的性能。

3）根据反馈网络和放大器在输入端和输出端串联或并联的接法不同，可以得到四种类型的负反馈：电压串联负反馈、电压并联负反馈、电流串联负反馈、电流并联负反馈。

4）交流负反馈降低了放大器的增益，提高了放大器增益的稳定性，降低了电路内部的噪声，改善了非线性失真，拓宽了通频带，改变了放大器的输入电阻和输出电阻。

习　题

一、填空题

1. 希望减小放大电路从信号源索取的电流，可采用__________负反馈；希望取得较强的反馈作用，而信号源内阻很大，则采用________负反馈；要求负反馈变化时，输出电压稳定，应引入__________负反馈；要求负载变化时，输出电流稳定，应引入______负反馈。

2. 将放大电路____________的全部或部分通过某种方式回送到输入端，这部分信号称为__________信号。使放大电路净输入信号减小，放大倍数也减小的反馈，称为________反馈；使放大电路净输入信号增加，放大倍数也增加的反馈，称为________反馈。放大电路中常用的负反馈类型有___________负反馈、____________负反馈、____________负反馈和__________负反馈。

3. 直流负反馈是指________通路中有负反馈；交流负反馈是指________通路中有负反馈。

4. 为了稳定静态工作点，在放大电路中应引入________负反馈；若要稳定放大倍数、改善非线性失真等性能，应引入________负反馈。

二、判断题

1. 对于负反馈电路，由于负反馈作用使输入量变小，而输入量变小，又使输出量更小，最后就使输出量为零。对于正反馈电路，则恰恰相反，信号越来越大，最后必然使输出量接近无穷大。（　　）

2. 放大电路的反馈形式可采用负反馈，也可以采用正反馈。（　　）

3. 电流负反馈一定可以稳定输出电流，电压负反馈一定可以稳定输出电压。（　　）

4. 只要放大电路输出出现噪声，加入负反馈后便可以使噪声输出电压减小。（　　）

5. 当输入信号是一个失真的正弦波时，加入负反馈后能使失真得到改善。（　　）

6. 交流负反馈能改善放大电路的各项动态性能，且改善的程度与反馈深度有关，所以负反馈愈深愈好。（　　）

7. 负反馈只能改善反馈环路内电路的放大性能，对反馈环路之外电路无效。（　　）

三、选择题

1. 电压负反馈稳定__________，使输出电阻__________；电流负反馈稳定________，使输出电阻____________。（A. 输出电压　B. 输出电流　C. 增大　D. 减小）

2. 某仪表放大电路，要求输入电阻大，输出电流稳定，应选________。（A. 电压串联负反馈　B. 电压并联负反馈　C. 电流串联负反馈　D. 电流并联负反馈）

3. 为了使运放工作在线性区，通常__________。（A. 引入负反馈　B. 提高输入电阻　C. 减小器件的增益）

4. 射极输出器是典型的_________。（A. 电压串联负反馈　B. 电压并联负反馈　C. 电流串联负反馈）

5. 在输入量不变的情况下，若引入反馈后，_________，则说明引入的反馈是负反馈；若引入反馈后，

__________，则说明引入的反馈是正反馈。（A. 输出电阻增大　B. 输入电阻增大　C. 净输入量增大　D. 净输入量减小）

四、分析计算题

1. 判断图 4-18 所示各电路的反馈组态。

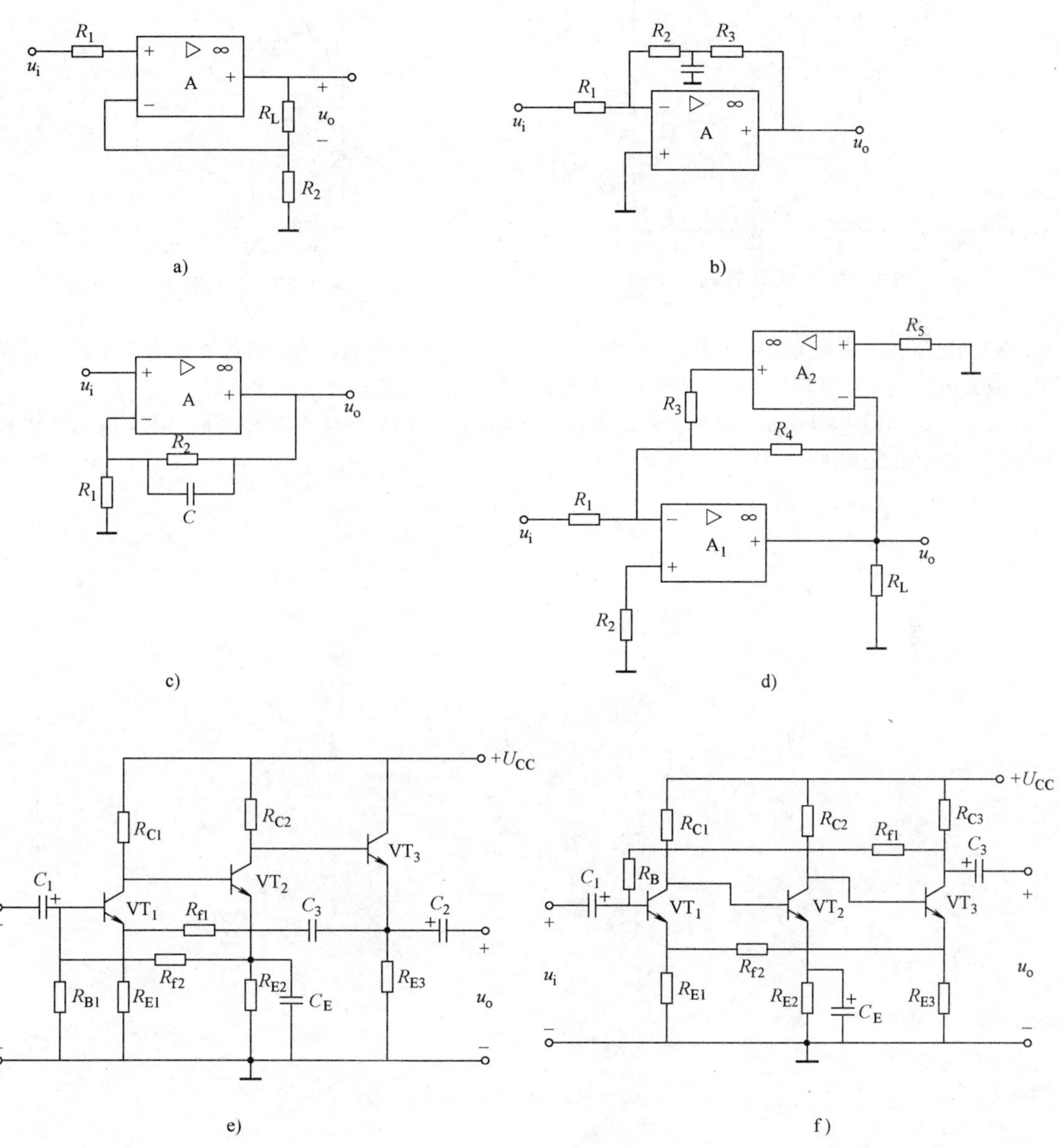

图 4-18　分析计算题 1 题图

2. 放大电路如图 4-19 所示，为了实现以下要求，应该分别引入什么反馈？并在图中添置反馈元件。

（1）希望稳定各级静态工作点。

（2）要求加信号后，I_{C3}数值基本上不受R_{C3}变化而改变。

（3）希望输出端接上负载R_L后，u_o基本上不随R_L而改变。

（4）希望向信号源索取电流较小。

（5）希望输出电阻较小。

（6）希望输入电阻较小。

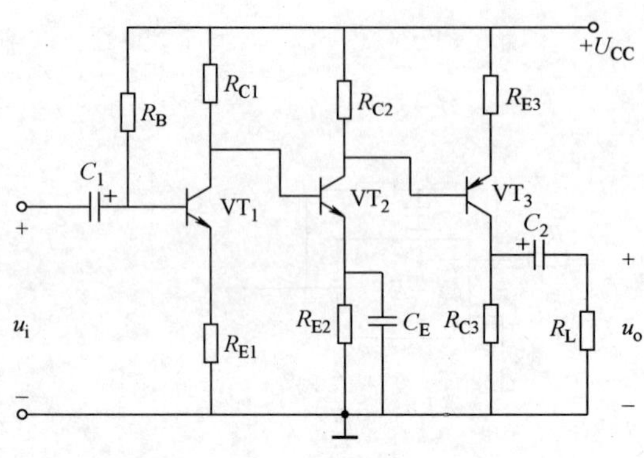

图 4-19 分析计算题 2 题图

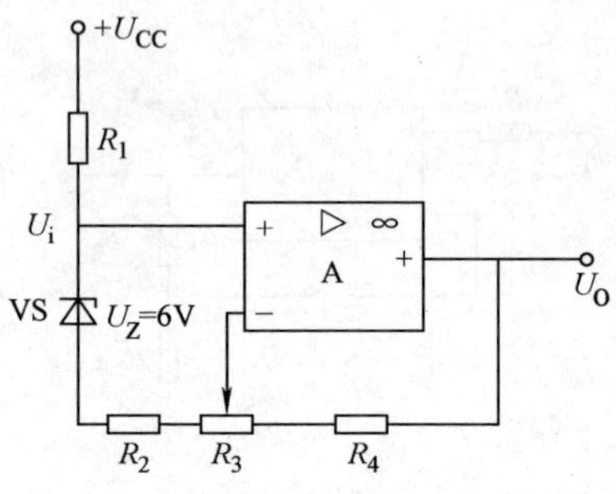

图 4-20 分析计算题 4 题图

3. 已知电压负反馈放大电路的闭环放大倍数为 $A_f=100$，当开环电压放大倍数 A 变化 10% 时，要求闭环电压放大倍数 A_f变化不超过 1%，试问 A 至少选多少？这时反馈系数 F 应选多大？

4. 放大电路如图 4-20 所示，试问：若以稳压二极管的稳定电压 U_Z作为输入电压，则当 R_3的滑动端位置变化时，输出电压 U_O的调节范围为多少？

第 5 章　波形发生电路与变换电路

5.1　本章任务的导入

在科学研究、工业生产、医学、通信、自控和广播技术等领域中，常常需要某一频率的正弦波作为信号源。例如，在实验室，人们常用正弦波作为信号源，测量放大器的放大倍数，观察波形的失真情况；在工业生产和医疗仪器中，利用超声波可以探测金属内的缺陷、人体内部器官的病变，利用高频信号可以进行感应加热；在通信和广播中更离不开正弦波，如收音机、电视机、手机里一定要有正弦波才能工作；电子琴、音乐合成器等电子乐器能发出各种美妙的声音，这些声音都是由正弦波振荡电路产生的；无线通信的基础就是建立在正弦波振荡电路上的。正弦波应用非常广泛，只是在不同的应用场合，对正弦波的频率、功率等的要求不同而已。正弦波产生电路又称为正弦波振荡器。

电路需要满足什么条件才能产生正弦波，如何判断电路能否振荡，这是本章首先要研究的内容。产生正弦波的电路有哪些，每个电路又有什么特点，分别适用于什么场合，这也是本章要着重讨论的问题。

5.2　相关的理论知识

5.2.1　正弦波振荡器

5.2.1.1　自激振荡

1. 自激振荡的条件

一个放大器的输入端不接外界输入信号，而在输出端却能获得幅度较大的正弦或非正弦的振荡信号。这种现象称为放大器的自激振荡。正常情况下，放大电路放大输入信号，要消除自激振荡，而波形产生电路则是利用自激振荡产生输出信号。

无论是消除或利用放大器的自激振荡，首先要了解产生自激振荡的条件，如条件不符，振荡器都不会产生自激振荡。

用图 5-1 所示的正反馈放大器框图来讨论正弦波振荡器的振荡条件。

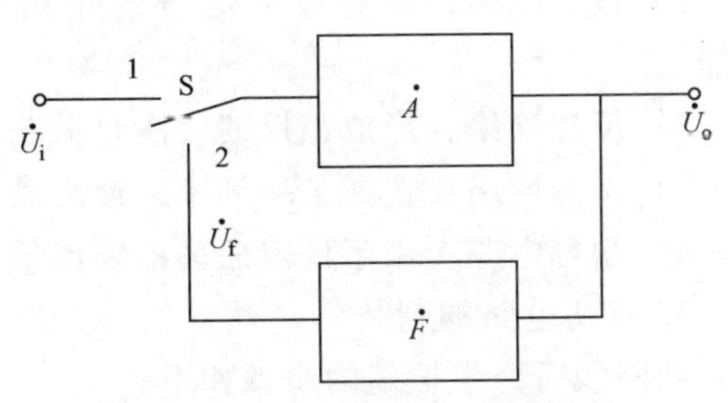

图 5-1　正反馈放大器框图

图中 $\dot{A}$ 是放大电路的电压放大倍数，$\dot{F}$ 是反馈电路的反馈系数。当开关 S 在“1”端时，放大电路加入输入信号经放大后输出。若将输出信号的一部分通过反馈电路反馈至输入端，而反馈电压的大小和相位又完全与原有输入信号一致，这样当开关 S 由“1”端合至

"2"端时，反馈放大器已是一个自激振荡器。自激振荡器稳定持续地输出振荡信号是由它本身反馈至输入端而得以维持。

由框图可得出正弦波振荡器的振荡条件：

放大电路的电压放大倍数为
$$\dot{A}=\frac{\dot{U}_o}{\dot{U}_i} \tag{5-1}$$

闭环反馈系数为

$$\dot{F}=\frac{\dot{U}_f}{\dot{U}_o} \tag{5-2}$$

满足自激振荡，应使：　$\dot{U}_f=\dot{U}_i$

因此，自激振荡器的环路放大倍数，即 $\dot{A}\dot{F}=1$

这就是振荡电路的自激振荡条件。这个条件包含幅值和相位两个内容。

1）幅度平衡条件：

$$|\dot{A}\dot{F}|=1 \tag{5-3}$$

该式指出放大电路的放大倍数和反馈系数乘积的模等于1。

2）相位平衡条件：

$$\varphi_A+\varphi_F=2n\pi \tag{5-4}$$

该式指出放大电路的相位移与反馈电路的相位移之和等于 $2n\pi$。其中 n 为整数。

2. 自激振荡的建立过程

按图5-1所示框图分析，振荡器的输入应先由外来信号激励，经放大、正反馈后替代外来信号。实际的正弦波振荡器当其合上电源瞬间，在其输入端接收了含有各种频率分量的电冲击。当其中某一频率 f_0 分量满足振荡条件，于是 f_0 分量的信号经放大、正反馈，再放大、正反馈……不断地增幅，这就是振荡器的自激起振过程。如果振荡器的 $|\dot{A}\dot{F}|$ 始终为1，输出信号就不可能逐步增大，因此振荡器必须在起振过程中满足 $|\dot{A}\dot{F}|>1$ 的条件。

由于振荡电路中电子器件进入饱和或截止区，振荡器输出信号的幅度最终不会无限制地增大，但波形却严重失真，因此，振荡器中需有稳幅环节，以便振荡器起振后，能自动地逐步由 $|\dot{A}\dot{F}|>1$ 过渡到 $|\dot{A}\dot{F}|=1$，使振荡器的输出波形既稳定，又不失真。

3. 振荡电路的组成

振荡电路由以下几部分组成：

1）放大电路：具有放大信号的作用，并将电源的直流电能转换成振荡信号的交流电能。

2）反馈网络：形成正反馈，满足振荡器的相位平衡条件。

3）选频网络：选择某一频率，使之满足振荡条件，形成单一频率的振荡。

4）稳幅电路：用于稳定振荡器输出信号的振幅，改善波形。

4. 振荡电路的判断

判断能否产生振荡的步骤如下：

1）检查电路的基本组成，一般应包含放大电路、反馈网络、选频网络和稳幅电路等。

2）检查放大电路是否工作在放大状态。

3）检查电路是否满足振荡产生的条件。一般情况下，幅度平衡条件容易满足，重点检查是否满足相位条件和起振条件。

判断电路是否满足相位条件采用瞬时极性法，沿着放大和反馈环路判断反馈的性质。如是正反馈，则满足相位条件，否则不满足相位条件。具体步骤如下：

① 断开反馈支路与放大电路输入端的连接点。

② 在断点处的放大电路输入端加瞬时信号，并设其极性为正，然后按先放大支路，后反馈支路的顺序，逐次推断电路有关各点的电位极性，从而确定输入信号与反馈信号的相位关系。

③ 如果输入信号与反馈信号相位在某一频率下同相，电路满足相位平衡条件。否则不满足相位平衡条件。

5.2.1.2　*LC* 正弦波振荡电路

1. 变压器耦合式 *LC* 振荡电路

变压器反馈式振荡电路如图 5-2 所示，它是由放大电路、变压器反馈电路和 *LC* 选频电路三部分组成。电路中线圈 L_1 与电容 C 组成选频电路，L_2是反馈线圈，L_3线圈与负载并联为振荡信号的输出端。

图 5-2 中，C_E、C_B对交流而言可视为短路，根据瞬时极性法，将图中 K 点断开引入一个频率为 f_0 的输入信号，并设定极性为正，则晶体管集电极 A 点的电位极性与基极相反为负，变压器 L_1 的 B 端极性为正。由于变压器二次绕组与一次绕组同名端的极性相同，所以变压器 L_2 的 C 端极性也为正，因此 $\dot{U}_i$与 $\dot{U}_f$同相，满足正弦波振荡的相位平衡条件。

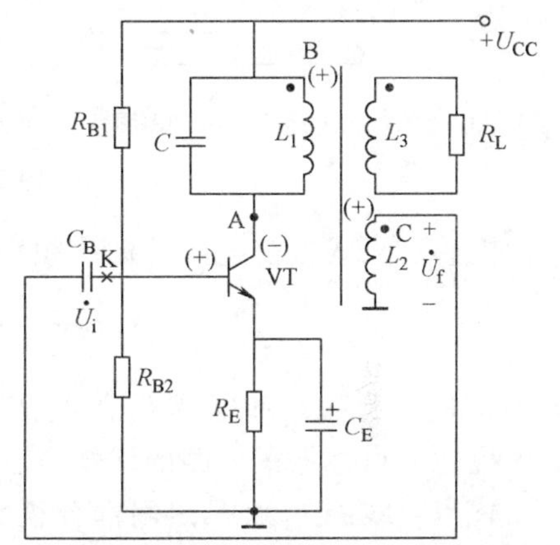

图 5-2　变压器耦合式 *LC* 振荡电路

当产生并联谐振时，谐振频率为

$$f_0 = \frac{1}{2\pi\sqrt{LC}} \tag{5-5}$$

当将振荡电路与电源接通时，在集电极选频电路中激起一个很小的电流变化信号，只有与谐振频率 f_0 相同的那部分电流变化信号能通过，其他分量都被阻止，通过的信号经反馈、放大再通过选频电路，就可产生振荡。当改变 *LC* 电路的参数 L 或 C 时，振荡频率也相应地改变。

如果没有正反馈电路，反馈信号将很快衰减。形成正反馈电路，线圈的极性（即同名端）是关键，不能接错，使用中要特别注意。

小知识： 变压器反馈振荡电路的特点：电路结构简单，容易起振，改变电容的大小可以方便地调节频率。其缺陷是：由于变压器耦合的漏感等影响，这类振荡器工作频率不高，输出正弦波形不理想，只能应用在中、短波波段，并且要考虑同名端或正反馈极性的问题，改进电路常应用电感反馈式振荡电路。

2. 电感三点式振荡电路

电感三点式振荡电路如图5-3a所示，通常 C_1 和 C_E 的电容量较大，对交流信号可看做短路。根据交流通路的画法，可画出交流通路，如图5-3b所示。由此可知，电感 L_2 上的电压就是反馈电压。在图中将反馈端K点断开，设输入信号为正极性，则晶体管的集电极极性为负，所以反馈信号对地极性为正，$\dot{U}_i$ 与 $\dot{U}_f$ 同相，满足正弦波振荡的相位平衡条件。适当选择 L_1 和 L_2 的比值，使 $AF>1$，满足振幅条件，电路就能振荡。

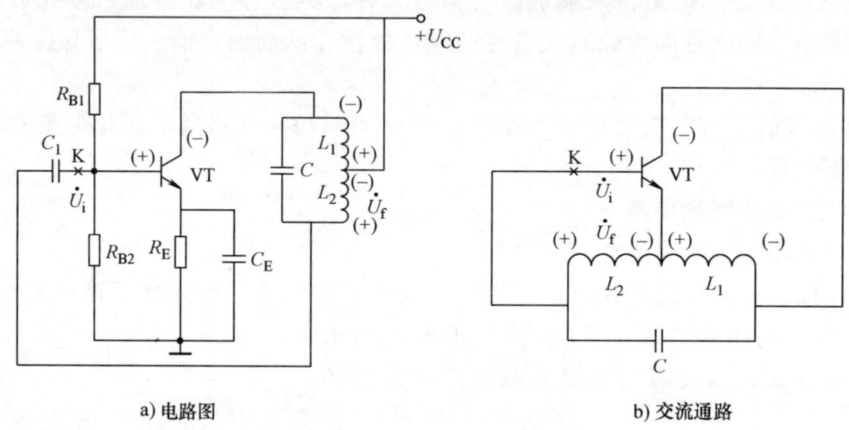

a) 电路图　　b) 交流通路

图5-3 电感三点式振荡电路

电感三点式振荡电路的振荡频率基本上等于 LC 并联回路的谐振频率，即

$$f_0=\frac{1}{2\pi\sqrt{LC}}=\frac{1}{2\pi\sqrt{(L_1+L_2+2M)\cdot C}} \tag{5-6}$$

式中，M 是电感 L_1 和电感 L_2 之间的互感。

电感三点式振荡电路的优缺点：

优点：线圈 L_1 和 L_2 之间耦合很紧，所以比较容易起振，改变电感抽头的位置，可以获得满意的正弦波输出，且振荡幅度较大；调节频率方便，采用可变电容，可获得较宽的频率调节范围。

缺点：电感反馈支路对高次谐波呈现较大的阻抗，所以输出波形中含有高次谐波的成分较多，波形较差，且频率稳定度也不高。

仿真验证：运行Multisim9.0软件制作仿真电路如图5-4a所示，起动仿真，从示波器上可得输出电压（振荡）波形，如图5-4b所示。调整 C 的大小可改变振荡波形的频率。

3. 电容三点式振荡电路

电容三点式振荡电路如图5-5a所示，交流通路如图5-5b所示。反馈信号取自于电容 C_2 两端的电压，输入到晶体管的基极。如果将反馈端K点断开，用瞬时极性法判断可知 $\dot{U}_i$ 与 $\dot{U}_f$ 同相，满足正弦波振荡的相位平衡条件。适当选择 C_1 和 C_2 的数值，使 $AF>1$，满足振幅条件，电路就能振荡。

电路的振荡频率为

$$f_0=\frac{1}{2\pi\sqrt{LC}}=\frac{1}{2\pi\sqrt{L\dfrac{C_1C_2}{C_1+C_2}}} \tag{5-7}$$

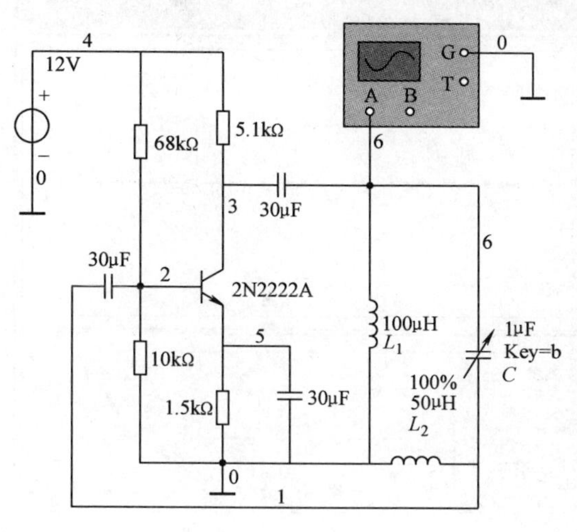

a) 仿真电路

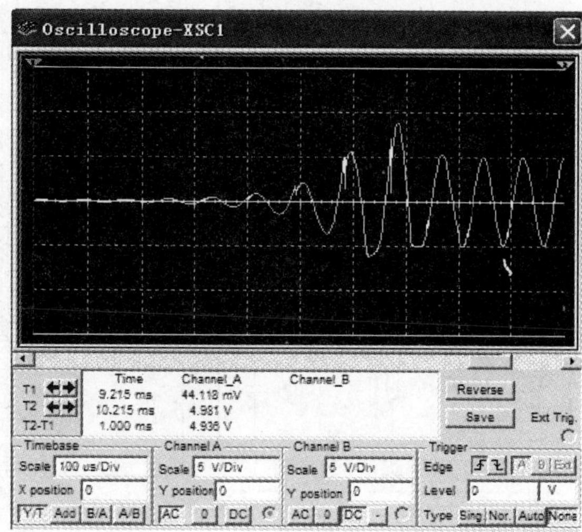

b) 振荡波形

图 5-4　仿真验证电感三点式振荡电路

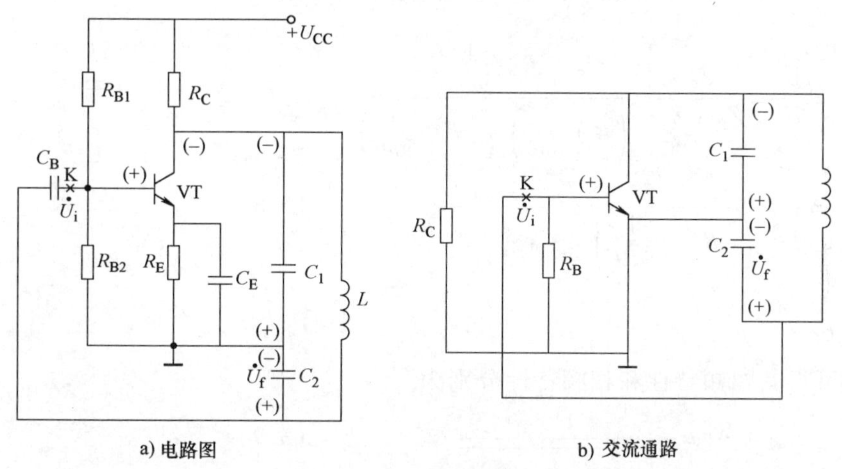

图 5-5　电容三点式振荡电路

电容三点式振荡电路的缺点：

优点：电容对于高次谐波阻抗很小，反馈电压中的谐波分量很少，所以输出波形较好；振荡频率较高。

缺点：晶体管的极间电容随温度因素变化，影响了振荡频率的稳定度。

仿真验证：运行 Multisim9.0 软件制作仿真电路如图 5-6a 所示，起动仿真，从示波器上可得输出电压（振荡）波形，如图 5-6b 所示。

5.2.1.3　*RC* 振荡器

1. *RC* 串并联网络的选频特性

RC 串并联网络的电路如图 5-7 所示，设输入信号为幅值恒定、频率可调的正弦波电压 $\dot{U}_o$，分析 $\dot{U}_o$与输出信号 $\dot{U}_f$之间相位差的变化。

串并联网络的反馈系数为

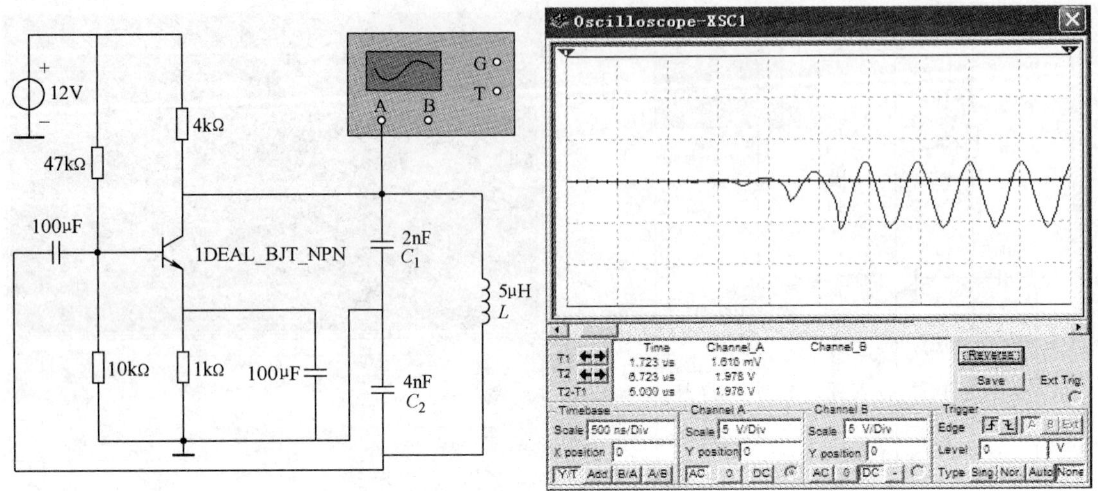

a) 仿真电路　　　　b) 振荡波形

图 5-6　仿真验证电容三点式振荡电路

$$\dot{F}=\frac{\dot{U}_{\mathrm{f}}}{\dot{U}_{\mathrm{o}}}=\frac{Z_2}{Z_2+Z_1}=\frac{R//\dfrac{1}{\mathrm{j}\omega C}}{\left(R+\dfrac{1}{\mathrm{j}\omega C}\right)+\left(R//\dfrac{1}{\mathrm{j}\omega C}\right)}$$

$$=\frac{1}{3+\mathrm{j}\left(\omega RC-\dfrac{1}{\omega RC}\right)}=\frac{1}{3+\mathrm{j}\left(\dfrac{\omega}{\omega_0}-\dfrac{\omega_0}{\omega}\right)} \tag{5-8}$$

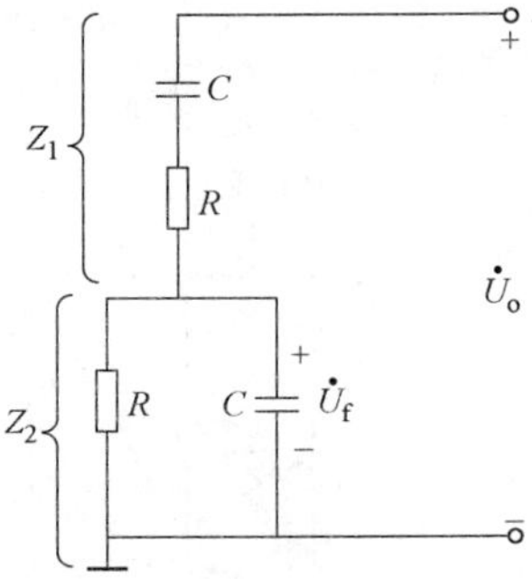

式中，$\omega_0=\dfrac{1}{RC}$。

图 5-7　*RC* 串并联网络

由上式可得其幅频特性和相频特性分别为

$$|\dot{F}|=\frac{1}{\sqrt{3^2+\left(\dfrac{\omega}{\omega_0}-\dfrac{\omega_0}{\omega}\right)^2}} \tag{5-9}$$

$$\phi_{\mathrm{F}}=-\arctan\frac{\dfrac{\omega}{\omega_0}-\dfrac{\omega_0}{\omega}}{3} \tag{5-10}$$

它们的幅频特性和相频特性曲线如图 5-8 所示。

由频率特性可见，$\omega=\omega_0$时，幅频特性显示$|\dot{U}_{\mathrm{f}}|/|\dot{U}_{\mathrm{o}}|=1/3$，即反馈系数$|F|=1/3$；相频特性显示$\varphi=0$，表示$\dot{U}_{\mathrm{f}}$与$\dot{U}_{\mathrm{o}}$同相。而其他频率时，输出电压衰减很快，且存在相位差。所以 *RC* 串并联网络具有选频作用。

2. *RC* 桥式振荡电路

由运放组成的 *RC* 桥式正弦波振荡电路如图 5-9 所示。

(1) 电路构成及特点　A 为同相比例放大器，*RC* 串并联网络既是选频电路又是反馈电路，它将输出电压在 *RC* 并联电路上的分压 U_{f}反馈到放大器的同相输入端而起正反馈作用。

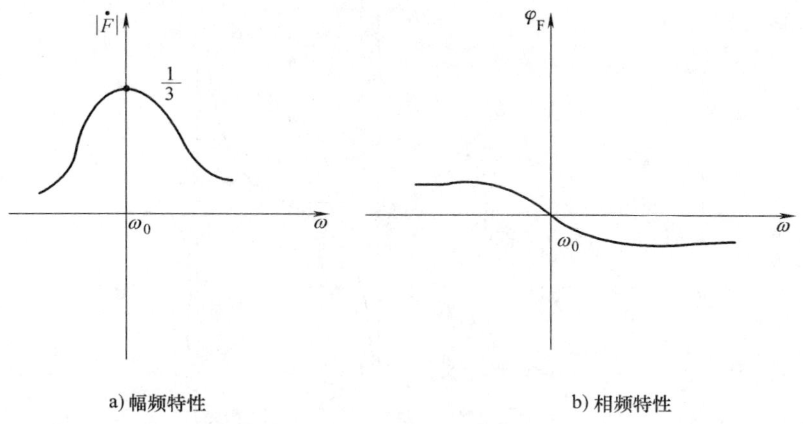

a) 幅频特性　　b) 相频特性

图 5-8　*RC* 串并联网络频率特性曲线

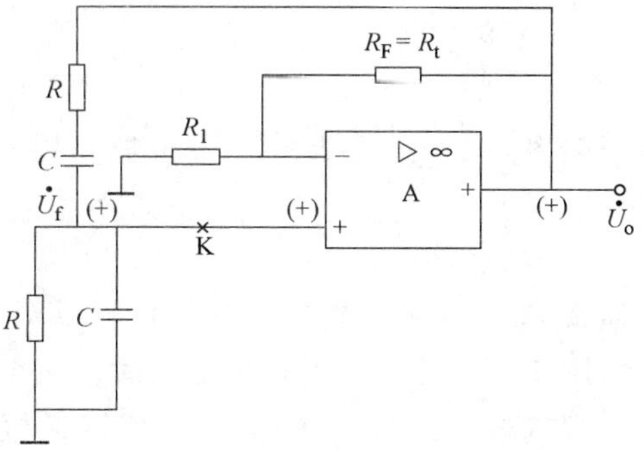

放大电路中的反馈电阻 $R_F=R_t$ 是一稳幅电路，能自动地改变同相比例系数，而使 $|\dot{A}\dot{F}|$ 由大于 1 自动趋近等于 1，保证振荡器的输出稳定。

图 5-9　*RC* 桥式正弦波振荡电路

(2) 选频特性　*RC* 正弦波振荡电路中的选频网络就是 *RC* 串并联网络，所以，该电路的振荡频率为

$$f=f_0=\frac{1}{2\pi RC} \tag{5-11}$$

$\dot{U}_f$ 与 $\dot{U}_o$ 同相，$f=f_0$ 处，幅频特性显示 $|\dot{U}_f|/|\dot{U}_o|=1/3$，即反馈系数 $|F|=1/3$，所以 $A\geqslant 3$ 时就满足了振荡的幅值条件。

5.2.1.4　石英晶体振荡器简介

1. 石英晶体的特性、符号及等效电路

(1) 石英晶体的特性　石英晶体是二氧化硅结晶体，具有各向异性的物理特性。从石英晶体上按一定方位切割下来的薄片叫石英晶片，不同切向的晶片其特性是不同的。

晶片常装在支架上，并引出接线。支架有分夹式和焊接式两种。为了保护晶片，把它密封于金属或玻璃壳内。

石英晶片之所以能做成谐振器是基于它的压电效应。若在晶片两面施加机械力，沿受力方将产生电场，晶片两面产生异电荷，这种效应称为正向压电效应；若在晶片处加一电场，晶片将产生机械变形，这种效应称为反向压电效应。事实上，正、反向压电效应同时存在，电场产生机械形变，机械形变产生电场，两者相互限制，最后达到平衡态。

在石英谐振器两极板上加交变电压，晶片将随交变电压周期性地机械振动；当交变电压频率与晶片固有谐振频率相等时，振荡交变电流最大，这种现象称为压电谐振。

(2) 石英晶体的符号和等效电路　石英晶体的符号如图 5-10a 所示，等效电路如图 5-10b所示，图 5-10c 为石英晶体谐振器忽略 *R* 以后的电抗频率特性。

由等效电路可见，石英谐振器有两个谐振频率。当 *R*、*L*、*C* 串联支路发生谐振时，它的等效阻抗最小，串联谐振频率为

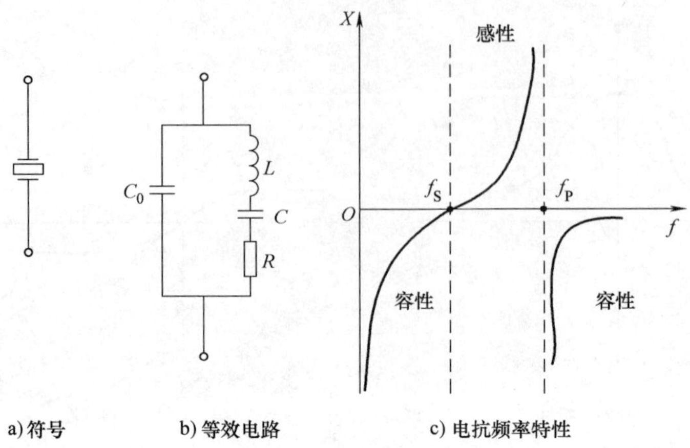

图 5-10　石英晶体谐振器

$$f_S = \frac{1}{2\pi\sqrt{LC}} \tag{5-12}$$

当频率高于f_S时，R、L、C 支路呈感性，可与电容 C_0发生并联谐振，并联谐振频率为

$$f_P = f_S\sqrt{1 + \frac{C}{C_0}} \tag{5-13}$$

通常 $C_0 >> C$，比较以上两式可见，两个谐振频率非常接近，且f_P稍大于f_S。

由图 5-10c 可知，当频率很低时，两个支路的容抗起主要作用，电路呈容抗性；随频率增加，容抗减小；当$f = f_S$时，LC 串联谐振，阻抗最小，呈电阻性；当$f > f_S$时，LC 支路电感起主要作用，电路呈感抗性；当$f = f_P$时，并联谐振，阻抗最大且呈纯阻性；当$f > f_P$时，C_0支路起主要作用，电路又呈容抗性。石英晶体振荡器的振荡频率稳定性很高。

2. 石英晶体振荡器

石英晶体振荡器简称晶振，其电路有串联型和并联型两种。

(1) 并联型石英晶体振荡电路　如图 5-11a 所示电路中，石英晶体作为电容三点式振荡电路的感性元件，其交流通路如图 5-11b 所示。电路的振荡频率为

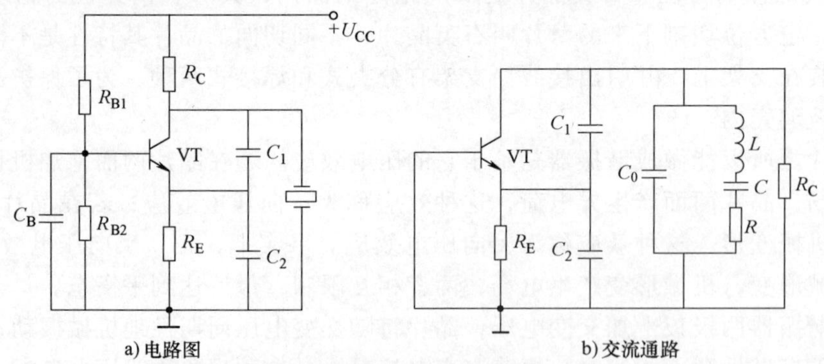

图 5-11　并联型石英晶体振荡电路

$$f_0 = \frac{1}{2\pi\sqrt{L\dfrac{C(C_0 + C')}{C + C_0 + C'}}} \approx \frac{1}{2\pi\sqrt{LC}} = f_S \tag{5-14}$$

式中，$C'=\frac{C_1C_2}{C_1+C_2}$，$C<<(C_0+C')$。石英晶体振荡器在电路中呈现感性阻抗。

（2）串联型石英晶体振荡电路　串联型石英晶体振荡电路如图5-12所示，当频率等于石英晶体的串联谐振频率f_S时，晶体阻抗最小，且为纯电阻性。可判断出这时电路满足相位平衡条件，而且在$f=f_S$时，由于晶体为纯电阻性，阻抗最小，正反馈最强，电路产生正弦波振荡。

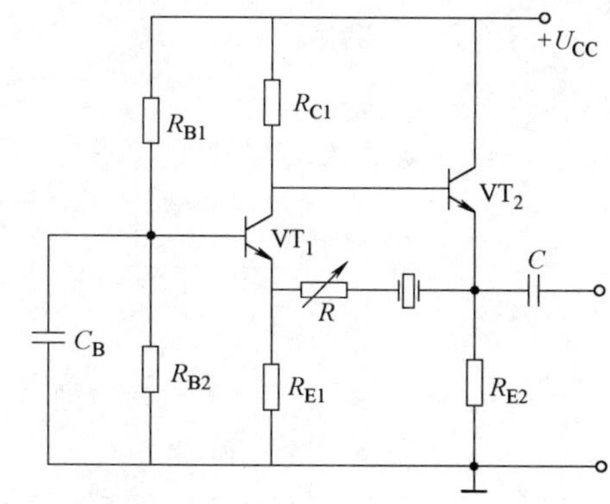

图5-12　串联型石英晶体振荡电路

思　考　题

1. 自激振荡的平衡条件是什么？
2. 正弦波振荡器的起振条件是什么？
3. 一般正弦波振荡电路由哪几个功能模块组成？

5.2.2 非正弦波振荡器

5.2.2.1 电压比较器

电压比较器（简称比较器）的功能是比较两个电压的大小。比较器中的运放都在开环或正反馈情况下工作。电压比较器可作为波形变换、波形产生、自动控制系统、模数转换器中的基本单元电路。

电压比较器有两个输入电压，其中一个是参考电压用U_R表示，另一个就是被比较的输入信号电压u_i。当u_i与U_R进行比较时，比较器的输出有两个稳定状态：

当u_i与U_R比较结果导致$u_+>u_-$时，比较器的输出为正向饱和值，称为高电平，用$+U_{om}$表示（或用U_{OH}）。

当u_i与U_R比较结果导致$u_+<u_-$时，比较器的输出为负向饱和值，称为低电平，用$-U_{om}$表示（或用U_{OL}）。

比较器的输出处于上述两个稳定状态时，运放工作在非线性区，此时分析运放在线性区工作时的概念已不再适用。分析比较器的关键是要找出比较器输出发生跃变时的门限电压。门限电压是指u_i与U_R在比较时，使比较器的$u_+=u_-$而使比较器输出发生跃变时的u_i值。门限电压用U_T表示。

1. 单限比较器

一个简单的单限比较器电路如图5-13a所示。图中运放的同相输入端接参考电位U_R。被比较信号由反相端输入。集成运放处于开环状态。由图可见，当$u_i=U_R$时，$u_+=u_-$，所以门限电压$U_T=U_R$。此时比较器的输出电压发生跃变。

当$u_i>U_T$，有：　　$u_+<u_-,u_o=-U_{om}$

当$u_i<U_T$，有：　　$u_+>u_-,u_o=+U_{om}$

根据以上分析，可做出其传输特性，如图5-13b所示。

作为特殊情况，若$U_R=0V$，即参考电压为零，门限电压也为零，这时的比较器称为过

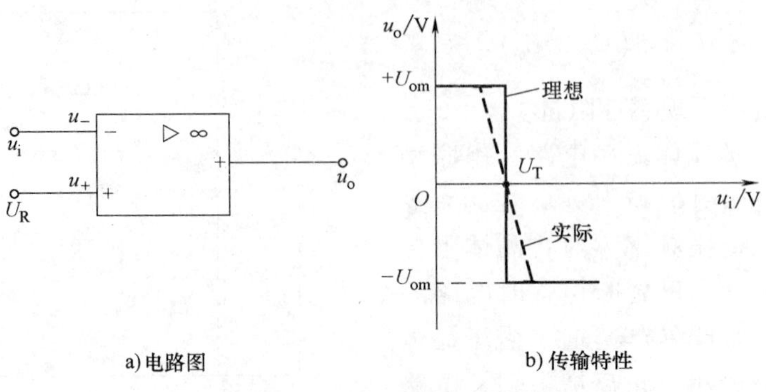

a) 电路图　b) 传输特性

图 5-13　简单的单限比较器

零比较器。

单限比较器的缺点：其一，当集成运放的开环放大倍数不是非常大时，其传输特性曲线如图 5-13b 中的虚线所示，高低电平转换部分的陡度减小；其二，这种比较器抗干扰能力差。

2. 迟滞电压比较器

迟滞电压比较器如图 5-14a 所示，输入电压 u_i加在反相输入端，参考电压 U_R加在同相输入端，图中有一对反向串联的稳压管，其在两个方向的稳压值 U_{DZ}相等，都等于一个稳压管的稳压值加上另一个稳压管的导通电压，这样，便把比较器的输出电压钳位在 $\pm U_{DZ}$值。

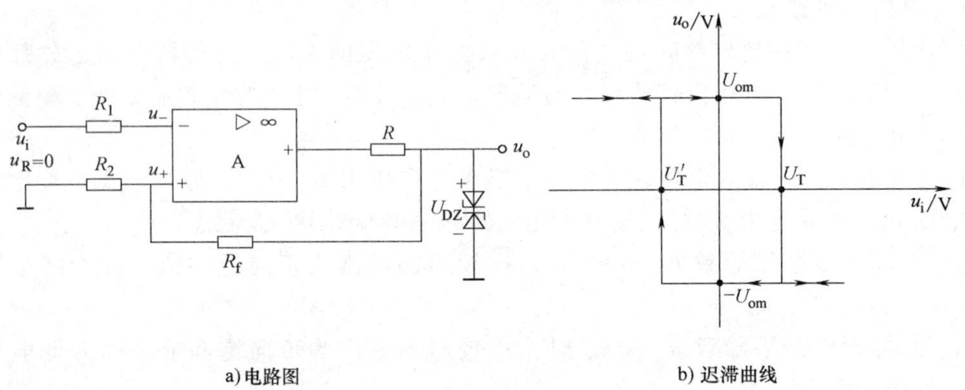

a) 电路图　b) 迟滞曲线

图 5-14　迟滞电压比较器

当输出电压为最大值 $+U_{DZ}$时，同相输入端电压为

$$u_+ = \frac{R_2}{R_2 + R_f}(+U_{DZ}) \tag{5-15}$$

当 $u_i = u_+ = \frac{R_2}{R_2 + R_f}(+U_{DZ})$ 时，$u_+ = u_-$，电路输出在此瞬间翻转，因此门限电压为

$$U_T = u_+ = \frac{R_2}{R_2 + R_f}(+U_{DZ}) \tag{5-16}$$

当 $u_i < U_T$时，$u_+ > u_-$，输出电压保持 $+U_{DZ}$不变。一旦 u_i从小逐渐加大到刚刚大于 U_T，则输出电压迅速从 $+U_{DZ}$跃变到 $-U_{DZ}$。

当输出电压为最小值 $-U_{DZ}$时，同相输入端电压为

$$u_+ = \frac{R_2}{R_2 + R_f}(-U_{DZ}) \tag{5-17}$$

当 $u_i = u_+ = \frac{R_2}{R_2 + R_f}(-U_{DZ})$ 时，$u_+ = u_-$，电路输出在此瞬间翻转，因此门限电压为

$$U'_T = u_+ = \frac{R_2}{R_2 + R_f}(-U_{DZ}) \tag{5-18}$$

当 $u_i > U'_T$时，$u_+ < u_-$，输出电压保持 $-U_{DZ}$不变。一旦 u_i从大逐渐减小到刚刚小于 U'_T，则输出电压迅速从 $-U_{DZ}$跃变到 $+U_{DZ}$。

可见，此电路有两个门限值，其中 U_T是输出电压从正最小到负最小跃变时的门限电压，而 U'_T是输出电压从负最大到正最大跃变时的门限电压。这时比较器具有迟滞回线的形状，如图 5-14b 所示。两个门限电压之差称为回差。显然，改变 R_2的值可以改变回差电压的大小。

小知识： 迟滞比较器的两个门限电压不一定是大小相等符号相反的一对数。只要改变参考电压 U_R的值，迟滞回线可沿横轴平移。

5.2.2.2　矩形波发生器

1. 电路的结构

矩形波发生器电路如图 5-15a 所示，它是在迟滞比较器的基础上增加一条 *RC* 负反馈支路，就构成一个矩形波发生器。其中 R_f和 C 组成负反馈支路，R_1和 R_2组成正反馈支路，R_3为限流电阻。电容 C 的端电压 u_C为运放的反相输入端电压，而同相输入端电压（即比较器的参考电压 U_R）为电阻 R_2的端电压 U_{R2}。输出电压 u_o的极性如何变化则由 u_C与 U_R比较的结果来决定。

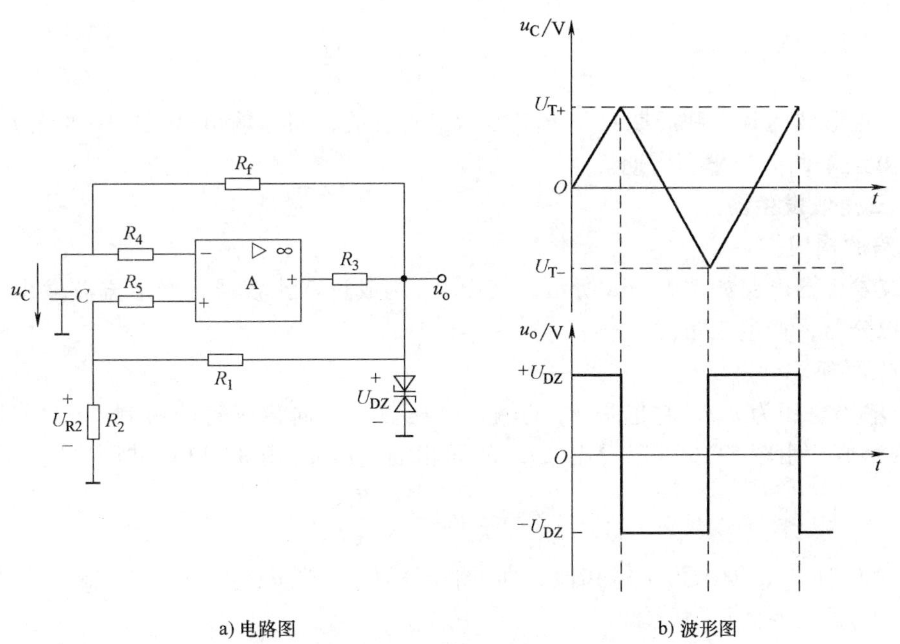

a) 电路图　　b) 波形图

图 5-15　矩形波发生器

2. 工作原理

设通电之后，运放输出电压为正值 $+U_{DZ}$，则门限电压为

$$U_{T+}=U_{R2}=\frac{R_2}{R_1+R_2}(+U_{DZ}) \tag{5-19}$$

此时 $u_C<U_{T+}$，u_o经 R_f向 C 充电，充电电流方向如图 5-15a 中实线所示，u_C按指数规律上升。充电期间，只要 $u_C<U_{T+}$，输出电压就保持 $+U_{DZ}$不变。当 $u_C=U_{T+}$时，输出电压便开始翻转，由 $+U_{DZ}$跃变为 $-U_{DZ}$，由于正反馈的存在，使翻转过程非常迅速，且翻转后输出电压得以保持。与此相应，U_{R2}也变为负值 U_{T-}，即

$$U_{T-}=\frac{R_2}{R_1+R_2}(-U_{DZ}) \tag{5-20}$$

由于输出电压为负值，电容 C 通过 R_f放电，放电电流方向如图 5-15a 所示，u_C按指数规律下降。放电期间，只要 $u_C>U_{T-}$，输出电压就保持 $-U_{DZ}$不变。当 $u_C=U_{T-}$时，输出电压又开始翻转，由 $-U_{DZ}$跃变为 $+U_{DZ}$。此后电容又充电，到 $u_C=U_{T+}$时，输出再一次翻转。这样，电容反复充电、放电，其端电压 u_C在$\frac{R_2}{R_1+R_2}(+U_{DZ})$与$\frac{R_2}{R_1+R_2}(-U_{DZ})$之间来回渐变，形成三角波电压；而比较器的输出电压 u_o在 $+U_{DZ}$与 $-U_{DZ}$两值间来回翻转，形成矩形波电压，如图 5-15b 所示。

3. 矩形波的周期和频率

可以证明，矩形波的周期为

$$T=2R_fC\ln\left(1+2\frac{R_2}{R_1}\right) \tag{5-21}$$

矩形波的频率为

$$f=\frac{1}{T}=\frac{1}{2R_fC\ln\left(1+2\frac{R_2}{R_1}\right)} \tag{5-22}$$

可见，矩形波的频率和周期只与 R_fC 及 R_2/R_1有关，而与输出电压的幅度无关。通常用调节 R_f的方法来调节频率和周期。

5.2.2.3 三角波发生器

1. 电路的构成

三角波发生器电路如图 5-16a 所示，其中 A_1 构成过零比较器，产生方波输出；运放 A_2 构成反相积分器，产生三角波。

2. 工作原理

设 A_1 输出电压为 u_{o1}，它也是 A_2 的输入电压。受双向稳压管的钳制，u_{o1}只能取 $+U_{DZ}$与 $-U_{DZ}$两个值。由图 5-16 可以看出，A_1 的同相端电压 u_+由 u_{o1}和 u_o共同决定，即

$$u_+=\frac{R_2}{R_2+R_f}u_{o1}+\frac{R_f}{R_f+R_2}u_o \tag{5-23}$$

当 $u_+>0$ 时，A_1 输出为正饱和值，即 $u_{o1}=+U_{DZ}$；当 $u_+<0$ 时，A_1 输出为负饱和值，即 $u_{o1}=-U_{DZ}$。可见，u_{o1}为方波。

当 $u_{o1}=+U_{DZ}$时，A_2 反相输入端输入正电压，其输出电压 u_o将向负向变化，由式(5-23)可知，u_o的这个变化同时引起 u_+也向负向变化。当 $u_{o1}=-\frac{R_2}{R_f}U_{DZ}$时，$u_+$由正值降为零，比较器 A_1 翻转，输出电压 u_{o1}变为 $-U_{DZ}$。

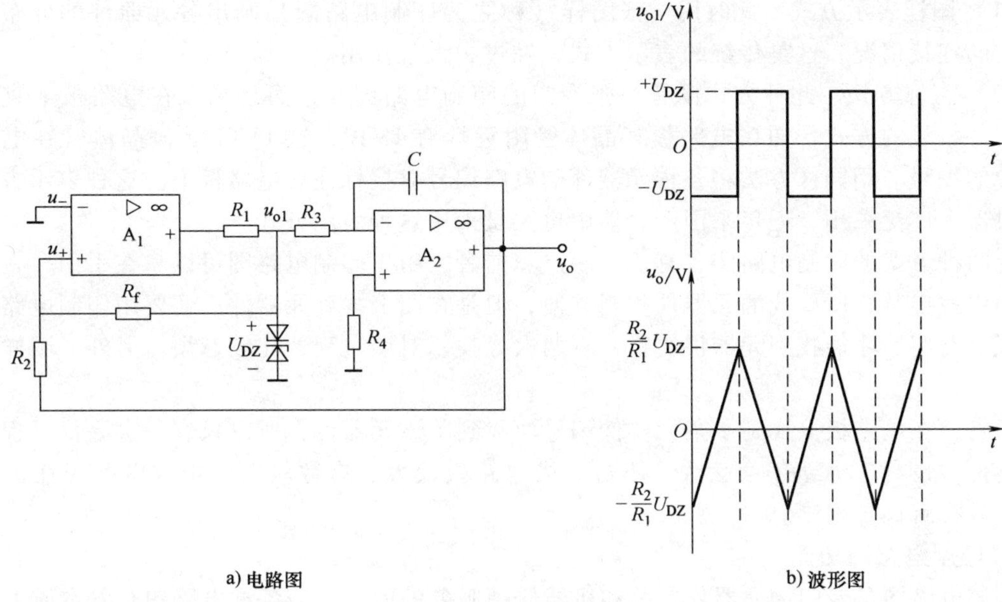

a) 电路图　　b) 波形图

图 5-16　三角波发生器

然后，由于 A_2 反相输入端输入负电压，其输出电压 u_o 便向正向变化，同时使 u_+ 也向正向变化。当 $u_{o1}=\frac{R_2}{R_f}U_{DZ}$ 时，u_+ 由负值升为零，比较器 A_1 再一次翻转，输出电压 u_{o1} 变为 $+U_{DZ}$。

此后，又重复前述过程，如此周而复始，便得到方波 u_{o1} 和三角波 u_o。方波幅值为 U_{DZ}，三角波幅值为 $\frac{R_2}{R_f}U_{DZ}$，如图 5-6b 所示。

可以证明，输出波形的频率为

$$f=\frac{R_f}{4R_2R_3C} \tag{5-24}$$

思　考　题

1. 比较器工作在哪一种反馈状态？
2. 为什么迟滞比较器抗干扰能力强？
3. *RC* 串并联选频网络在什么条件下具有选频作用？

5.3　相关的基本技能

5.3.1　印制电路图识图方法

印制电路图与修理密切相关，对修理的重要性仅次于整机电路原理图。

1. 印制电路图种类

印制电路图有下列两种表现形式：

（1）图样表示方式 此时用一张图样（称之为印制电路图）画出各元器件的分布和它们之间的连接情况，这是传统的表示方式，在过去大量使用。

（2）直标方式 此种方式没有一张专门的印制电路图样，而是采取在电路板上直接标注元器件编号的方式，如在电路板某晶体管附近标有1VT2，这1VT2是该晶体管在电路原理图中的编号，用同样方法将各种元器件的电路编号直接标注在电路板上。这种表示方式在进口机器中广泛采用，近年来国产机器中也大量采用这种表示方式。

这两种方式的印制电路图各有优、缺点。前者，由于印制电路图可以拿在手中，在印制电路图中找出某个所要找的元器件相当方便，但是在图上找到元器件后还要用印制电路图到电路板上对照后才能找到元器件实物，有两次寻找、对照过程，比较麻烦。另外，图样容易丢失。

后者，在电路板上找到了某元器件编号便找到了该元器件，所以只有一次寻找过程。另外，这份“图样”永远不会丢失。不过，当电路板较大、有数块电路板或电路板在机壳底部时，寻找就比较困难。

2. 印制电路图功能

印制电路图是专门为元器件装配和机器修理服务的图，它与各种电路图有着本质上的不同。印制电路图的主要功能如下：

1）印制电路图起到电路原理图和实际电路板之间的沟通作用，是修理时不可缺少的图样资料之一，没有印制电路图将影响修理速度，甚至妨碍正常检修思路的顺利展开。

2）印制电路图是一种十分重要的修理资料，它将电路板上的情况一比一地画在印制电路图上。

3）印制电路图表示了电路原理图中各元器件在电路板上的分布状况和具体的位置，给出了各元器件引脚之间连线（铜箔线路）的走向。

4）通过印制电路图可以方便地在实际电路板上找到电路原理图中某个元器件的具体位置，没有印制电路图时，查找就很不方便。

3. 印制电路图特点

印制电路图具体有下列一些特点：

1）印制电路图表示元器件时用电路符号，表示各元器件之间连接关系时不用线条而用铜箔线路，有些铜箔线路之间还用跨接导线连接，此时跨接导线又用线条连接，所以印制电路图看起来很“乱”，这些都影响识图。

2）从印制电路设计的效果出发，电路板上的元器件排列、分布不像电路原理图那么有规律，这给印制电路图的识图带来了诸多不便。

3）铜箔线路排布、走向比较“乱”，而且经常遇到几条铜箔线路并行排列，给观察铜箔线路的走向造成不便。

4）印制电路图上画有各种引线，而这些引线的画法没有固定的规律，给识图造成不便。

4. 印制电路图识图方法和技巧

由于印制电路图比较“乱”，采用下列一些方法和技巧可以提高识图速度：

1）尽管元器件的分布、排列没有什么规律而言，但同一个单元电路中的元器件相对而言是集中在一起的。

2）根据一些元器件的外形特征可以找到这些元器件，例如集成电路、功率放大管、开关件、变压器等。对于集成电路而言，根据集成电路上的型号可以找到某个具体的集成电路。

3）一些单元电路是比较有特征的，根据这些特征可以方便地找到它们。如整流电路中的二极管比较多，功率放大管上有散热片，滤波电容的容量最大、体积最大等。

4）找某个电阻器或电容器时，不要直接去找它们，因为电路中的电阻器、电容器很多，找起来很不方便，可以间接地找到它们，方法是先找到与它们相连的晶体管或集成电路，再找到它们。

5）找地线时，电路板上大面积铜箔线路是地线，一块电路板上的地线是相连的。另外，一些元器件的金属外壳是接地的。找地线时，上述任何一处都可以作为地线使用。在一些机器的各层电路板之间，它们的地线也是相连接的，但是当每层之间的接插件没有接通时，各层之间的地线是不通的，这一点在检修时要注意。

6）观察电路板上元器件与铜箔线路连接情况、观察铜箔线路走向时，可以用灯照着，将灯放置在有铜箔线路的一面，在装有元器件的一面可以清晰、方便地观察到铜箔线路与各元器件的连接情况，这样可以省去电路板的翻转。不断翻转电路板不但麻烦，而且容易折断电路板上的引线。

7）印制电路图与实际电路板对照过程中，在印制电路图和电路板上分别画一致的识图方向，以便拿起印制电路图就能与电路板有同一个识图方向，省去每次都要对照识图的方向。

5.3.2　Multisim 仿真软件应用训练

5.3.2.1　波形变换电路的仿真实验

1. 实验目的

1）熟悉波形变换电路的工作原理及特性。

2）掌握波形变换电路的参数选择和调试方法。

2. 实验内容

（1）三角波方波振荡器　三角波方波振荡器仿真实验电路如图 5-17 所示。

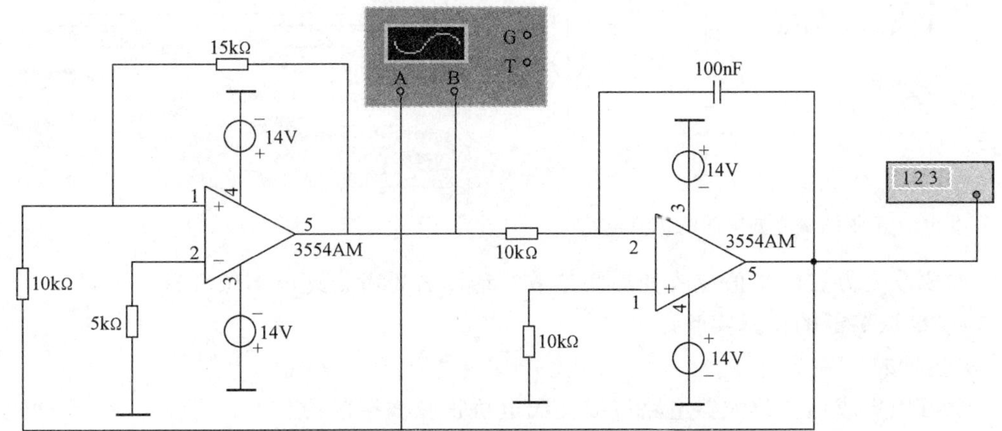

图 5-17　三角波方波振荡器仿真实验电路

1）按图连接仿真电路，用示波器观察并记录两个运放的输出波形。图 5-18a 所示为三角波与方波的振荡波形，图 5-18b 为当前参数情况下的振荡波形频率。

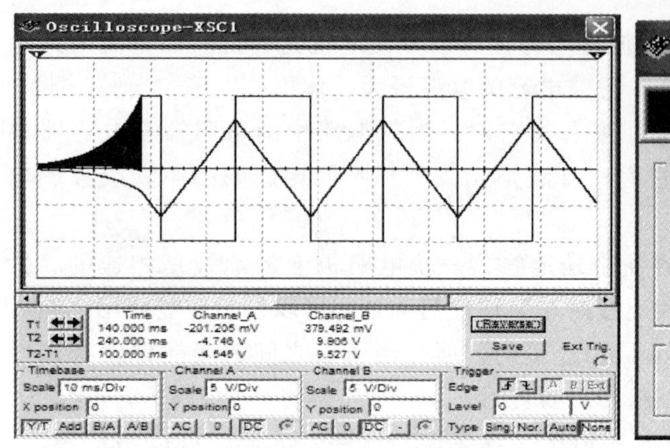

a) 振荡波形

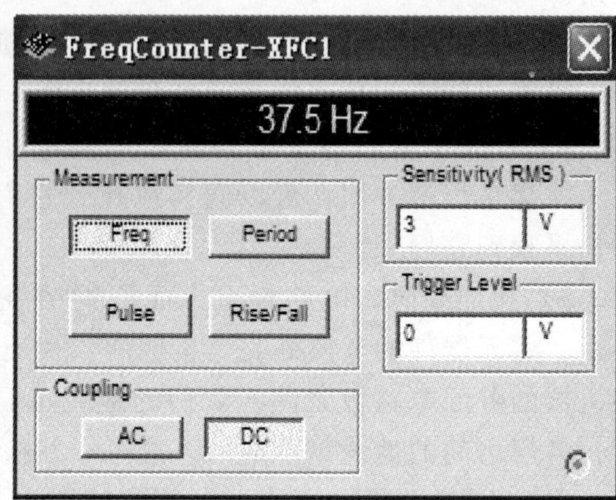

b) 振荡波形频率

图 5-18 三角波与方波的振荡波形与频率

2）改变电容的容量为 0.01μF、0.1μF、2μF 再观察波形有何变化？并分别测出输出频率的值（这里不做详细分析）。

（2）正弦波变方波电路 正弦波变方波电路的仿真电路如图 5-19 所示。

1）按图连接电路，信号源输入正弦波的幅值为 10V，频率为 1kHz，用示波器观察输入、输出波形的变化，如图 5-20 所示。

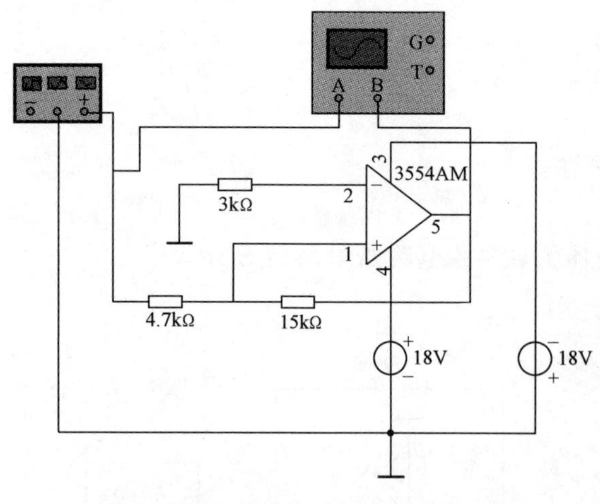

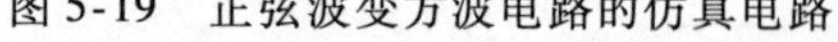
图 5-19 正弦波变方波电路的仿真电路

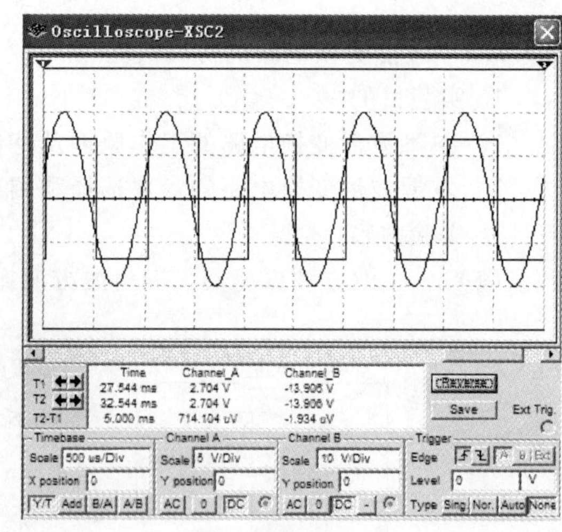

图 5-20 仿真波形

2）如要改变方波的幅值应改变那些参数？请读者思考，这里不做解答。

5.3.2.2 *RC* 振荡器的仿真实验

1. 实验目的

1）学习用集成运算放大器电路接成文氏电桥正弦波振荡器。

2）测量正弦波形的幅度、频率，并与理论值比较。

2. 电路原理图

实验电路原理图如图 5-21 所示。

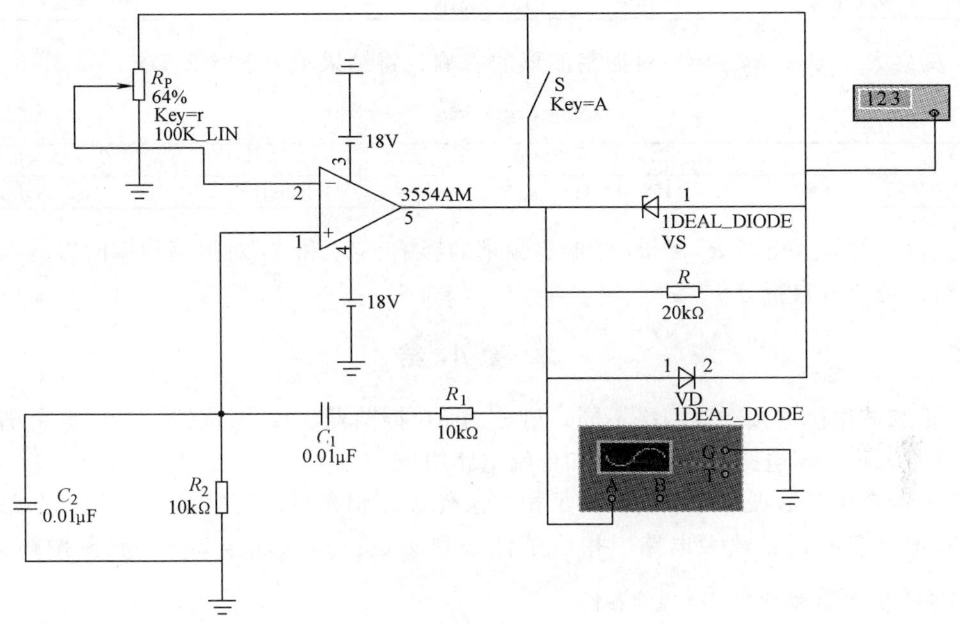

图 5-21　实验电路原理图

3. 实验方法

1）观察振荡器的起振过程和稳幅电路的作用：闭合开关 S 接通电路，然后打开电源，用示波器观察输出信号，并适当调节电位器 RP，使示波器中有振荡波形出现。然后调小 RP 到不能再小（如果再小，振荡器就出现停振现象）的位置。此时，振荡器正处于临界起振状态。

当 RP 调到 66% 时振荡消失，调到 67% 时振荡出现。

2）起振条件分析：如果将电位器 RP 上半部分称为 R_3，下半部分称为 R_4。为满足振荡器起振的相位条件和振幅条件，理论上 R_3 和 R_4 应满足什么关系？而实际观察到的结果如何？是否与理论分析一致？

解答：

① 相位条件基本满足。

② 理论值振幅条件：
$$A = 1 + \frac{R_3}{R_4} \geqslant 3$$

③ 实测值振幅条件：
$$A = 1 + \frac{R_3}{R_4} = 1 + \frac{67}{33} = 3.03$$

④ 可见理论和实测基本一致。

3）稳幅电路的作用：在上述的电位器 RP 的调节过程中，很难获得一个不失真的正弦波，即振荡器不是波形失真（放大倍数过大），就是出现停振现象。为了使文氏桥式振荡器能够得到一个理想的波形，还需要采取稳幅措施。在电路中，断开开关 S，振荡器就有稳幅电路。此时，调节 RP，就很容易获得一个不失真的正弦波。

4）振荡波形的测量和设计。

① 测量振荡波形的幅度和频率，将结果填入表 5-1，并与理论值比较。

表 5-1

U_{OM}的测量值	f_0的测量值	f_0的理论值
9.49V	158.785Hz	159.23Hz

② 观察 R_1、C_1、R_2 和 C_2 对振荡波形的影响，将结果填入表 5-2。

表 5-2

	R_1、C_1、R_2和 C_2为正常值	$R_1=R_2=1\text{k}\Omega$	$C_1=C_2=0.01\mu\text{F}$
f_0的测量值	158.785Hz	1.586kHz	1.586kHz

根据以上结果，分析 R_1 和 R_2 对振荡频率的影响，C_1 和 C_2 对振荡频率的影响（具体分析过程略，请读者自行分析）。

本章小结

1）正弦波振荡器按选频网络不同，可分为 *RC* 振荡器、*LC* 振荡器、晶体振荡器。它们由放大电路、正反馈电路、选频电路和稳幅电路组成。

2）电路产生自激振荡必须同时满足相位条件和振幅条件。判断的关键是：电路必须是一个具有正反馈的正常放大电路。相位条件必须满足：$\varphi_A+\varphi_F=2n\pi$。起振振幅条件为：$|\dot{A}\dot{F}|>1$。平衡振幅条件为：$|\dot{A}\dot{F}|=1$。

3）*RC* 振荡器的选频网络是由 *R*、*C* 元件组成。

4）*LC* 正弦波振荡器主要依靠 *L*、*C* 并联回路作为选频网络。*LC* 正弦波振荡器可分为变压器反馈式、电感三点式和电容三点式振荡电路。

5）单限电压比较器中的运放通常工作在开环状态，只有一个门限电压；而迟滞比较器中的运放通常加有正反馈电路，有上下两个门限电压值。

6）非正弦波振荡器介绍了矩形波、三角波发生器。

习 题

一、填空题

1. 正弦波振荡器的振荡条件中，幅值平衡条件是指__________；相位平衡条件是指__________，后者实质上要求电路满足__________反馈。

2. 由集成运放组成的电压比较器，其关键参数的阈值电压是指使输出电压发生__________时的__________电压值。只有一个阈值电压的比较器称为__________比较器，而具有两个阈值电压的比较器称为__________比较器或__________比较器。

3. 正弦波振荡器应该有 4 个组成部分：__________、__________、__________和__________。

4. __________门限电压比较器的基准电压 $U_R=0$ 时，输入电压每经过一次零值，输出电压就要产生一次__________，这时的比较器称为__________比较器。

二、判断题

1. 只要具有正反馈，电路就一定能产生振荡。（ ）

2. 只要满足正弦波振荡的相位平衡条件，电路就一定振荡。（ ）

3. 正弦波振荡电路自行起振的幅值条件是 $|\dot{A}\dot{F}|=1$。（ ）

4. 对于 *LC* 正弦波振荡器，若已满足相位平衡条件，则正反馈系数越大，越容易起振。（ ）

5. 在迟滞比较器电路中，输出端电压通过反馈支路必须将信号返送到集成运放的同相输入端。（ ）

三、选择题

1. 由集成运放组成的电压比较器，其运放电路必然处于________。（A. 自激振荡状态 B. 开环或负反馈状态 C. 开环或正反馈状态 D. 负反馈状态）

2. 用集成运放组成的 RC 桥式振荡电路，R_f 与 R_1 的关系应为__________。（A. $R_f=2R_1$ B. $R_f>2R_1$ C. $R_f=3R_1$ D. $R_f>3R_1$）

3. 如图 5-22 所示电路，要组成一个正弦波振荡电路，将各引出端连接起来。

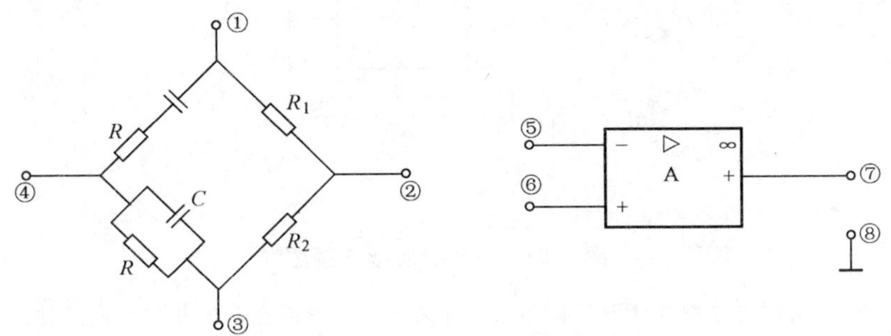

图 5-22　选择题 3 题图

（1）电路的连接：________。（A. ①→⑦，②→⑧，③→⑤，④→⑥ B. ①→⑤，②→⑥，③→⑦，④→⑥ C. ①→⑦，②→⑥，③→⑧，④→⑤ D. ①→⑦，③→⑧，④→⑥，②→⑤）

（2）若要提高振荡频率可________。（A. 增大 R　B. 减小 C　C. 增大 R_1　D. 减小 R_2）

（3）若振荡电路输出的正弦波失真，则应____。（A. 增大 R　B. 增大 R_1　C. 增大 R_2）

4. 产生低频正弦波一般可用________振荡器；产生高频正弦波可选用________振荡器；产生频率稳定度很高的正弦波，可选用________振荡器。（A. RC　B. LC　C. 石英晶体）

四、分析计算题

1. 用瞬时极性法判断图 5-23 所示各电路是否可能产生正弦波振荡？说明理由。

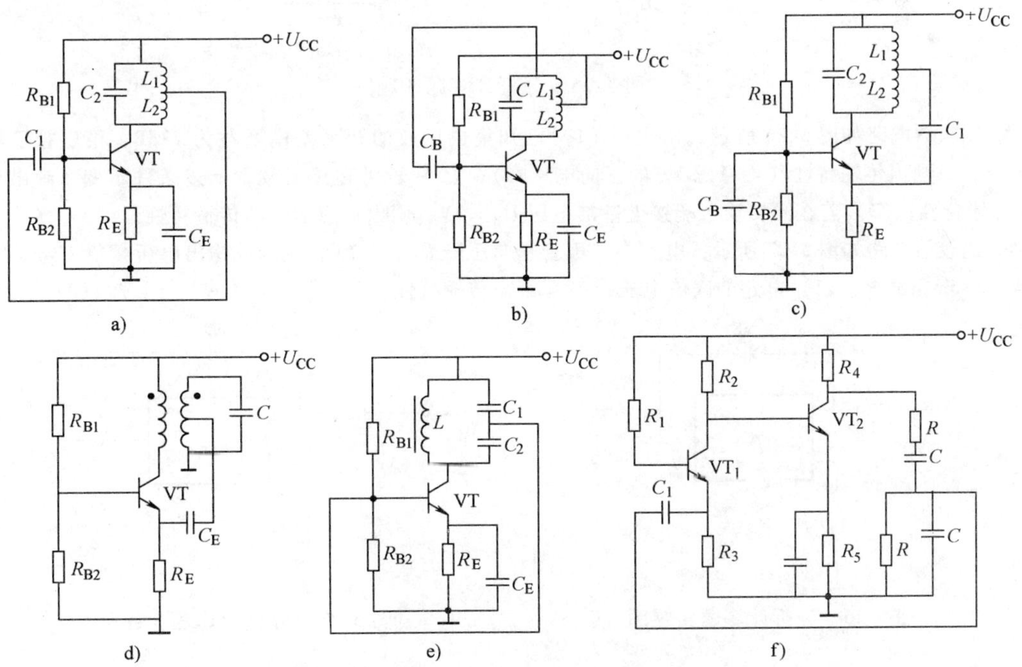

图 5-23　分析计算题 1 题图

2. RC 正弦波振荡器电路如图 5-24 所示，（1）热敏电阻 R_t 应采用正的还是负的温度系数？并说明理由。（2）估算 R_t 的阻值。（3）若双联可变电容从 3000pF 变到 6000pF 时，振荡频率的调节范围为多大？

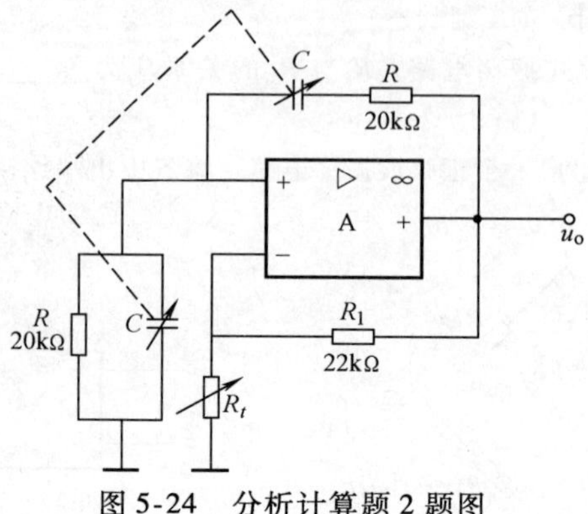

图 5-24　分析计算题 2 题图

3. 试标出图 5-25 所示电路中变压器的同名端，使之满足正弦波振荡的相位平衡条件。

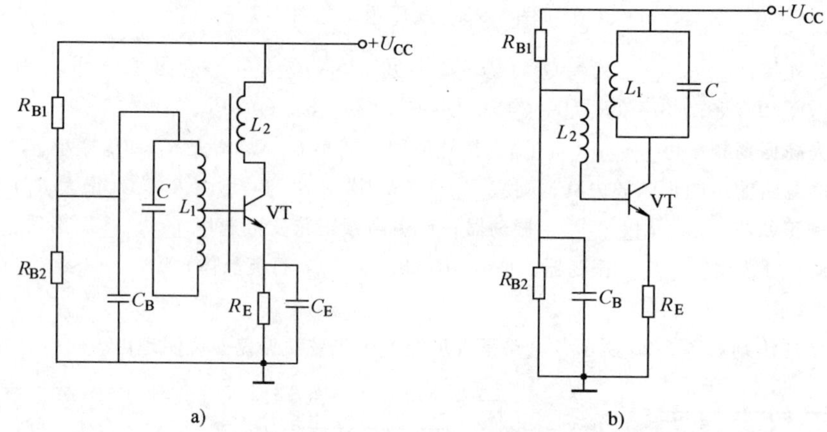

图 5-25　分析计算题 3 题图

4. 比较器电路如图 5-26 所示。试求：（1）已知集成运放的开环差模增益为 72dB，稳压管稳压值为 $U_Z = 8V$，试画出传输特性（不考虑 VS 的正向电压降）；（2）若为理想运放，上述条件不变，画出理想运放的传输特性；（3）若在同相输入端接上基准电压 $U_R = 3V$，画出理想运放的传输特性。

5. 比较器电路如图 5-27 所示，电路中二极管正向压降 $U_D = 0.7V$，设运放输出电压幅值 $U_{OM} = \pm 10V$，$U_R = -1.5V$。试求：（1）电路的阈值电压；（2）画出传输特性。

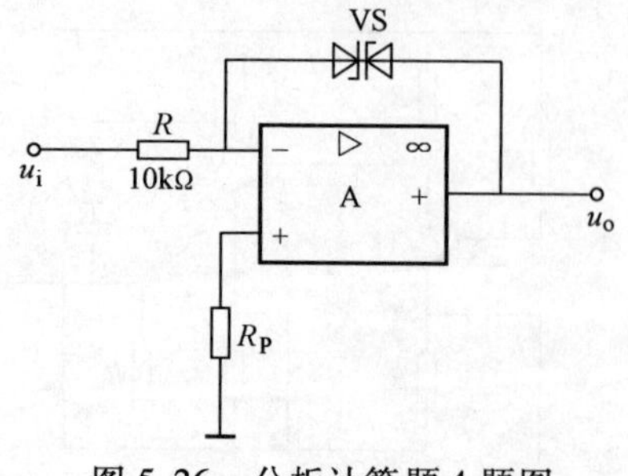

图 5-26　分析计算题 4 题图

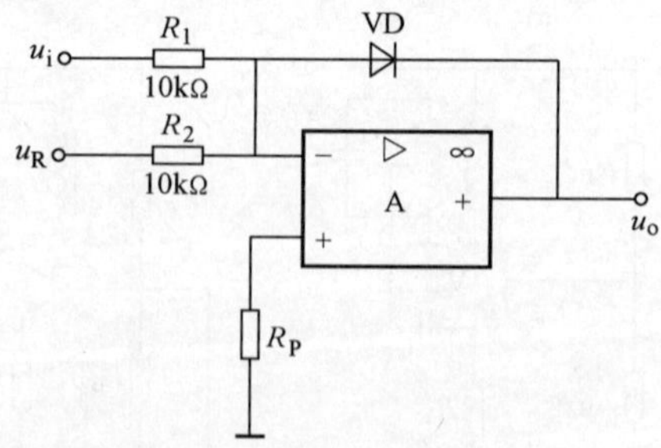

图 5-27　分析计算题 5 题图

第 6 章　功率放大电路

6.1　本章任务的导入

实用的电子电路一般都由多级放大器组成。多级放大器在工作过程中，一般先由小信号放大电路对输入信号进行电压放大，再由功率放大电路进行功率放大，以控制或驱动负载电路工作，如图 6-1 所示，这种负载可以是扬声器、电动机、电热器、发送天线等。这种以功率放大为目的电路，就是功率放大电路。按放大信号频率范围的不同，可将功率放大电路分为低频功率放大电路和高频功率放大电路，前者的典型例子是各种音频设备的输出级，后者应用于各种无线电设备的发射输出级。本章介绍低频功率放大电路，其工作频率的范围一般为几赫兹至数百千赫兹。

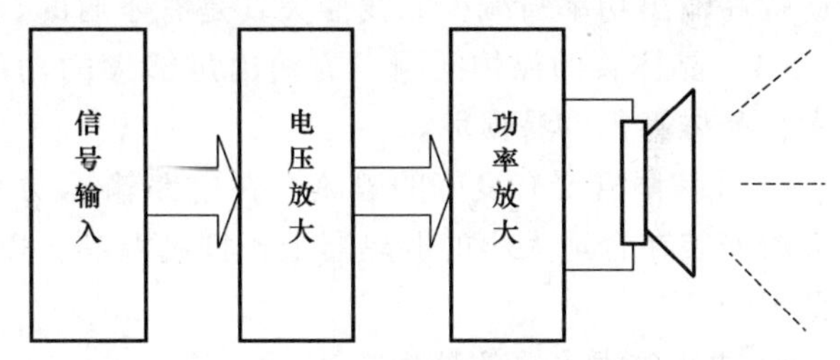

图 6-1　扩声系统工作原理

和人们生活密切相关的许多电子产品中都有低频功率放大电路，或以低频功率放大电路为核心部分组成，如立体声音频功率放大器、计算机的多媒体音箱、MP3 播放器、MP4 播放器、电视机、手机、电话等。因此，对于从事电子技术的工程技术人员来讲，认识和掌握低频功率放大电路，才能对上述电子产品的工作原理进行深入的分析、理解，从而进一步进行正确的维护、维修和设计。

本章的任务是让读者了解低频功率放大器的作用，了解其特点及分类，理解基本的低频功率放大电路的组成及工作原理，能分析计算各典型功率放大电路的最大输出功率及效率，进而能设计制作立体声音频功率放大器。

6.2　相关的理论知识

6.2.1　功率放大电路的特点与分类

6.2.1.1　功率放大电路的特点

1. 电路特点

1）由于功率放大电路的主要任务是向负载提供一定的功率，因而输出电压和电流的幅度要足够大。

2）由于输出信号幅度较大，使晶体管工作在饱和区与截止区的边沿，因此输出信号存在一定程度的失真。

3）功率放大器在输出功率时，晶体管消耗的能量亦较大，因此不可忽视管耗问题。

2. 电路要求

（1）具有足够大的输出功率　为了得到足够大的输出功率，晶体管工作时的电压和电流应尽可能接近极限参数。

（2）效率要高　功率放大电路是利用晶体管的电流控制作用，把电源的直流功率转换成交流信号功率输出，由于晶体管有一定的内阻，所以它会有一定的功率损耗。这里把负载获得的功率 P_O 与电源提供的功率 P_E 之比定义为功率放大电路的转换效率 η，用公式表示为

$$\eta = \frac{P_O}{P_E} \times 100\%$$

显然，功率放大电路的转换效率越高越好。

（3）非线性失真要小　电路功率大、动态范围大，由晶体管的非线性引起的失真也大。因此提高输出功率与减少非线性失真是有矛盾的，但是依然要设法尽可能减小非线性失真。

（4）晶体管的保护问题　为输出足够大的功率，晶体管承受的电压很高，通过的电流很大，晶体管很容易损坏。

（5）晶体管要有良好的散热　在电路输出功率较大时，应将大功率晶体管和集成功率放大器安装在合适大小的散热器上，抑制温漂，以使电路能输出足够大的功率，并保证电路安全工作。

3. 功率放大电路的分析方法

由于功率放大电路工作在大信号状态，晶体管的非线性将十分明显，因此微变等效模型已经不再适用，通常采用图解分析方法。

6.2.1.2　功率放大电路的分类

根据功率放大电路中晶体管静态工作点在交流负载线上设置的位置不同，功率放大电路可分成甲类、乙类和甲乙类三种，如图 6-2 所示。

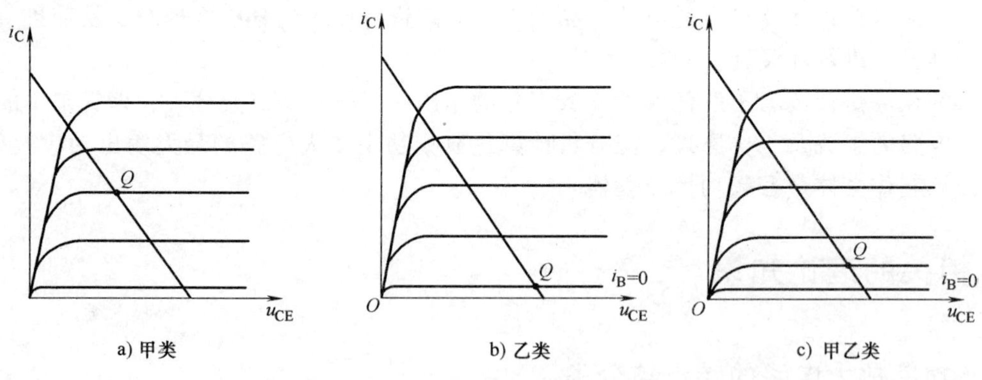

图 6-2　功率放大电路的分类

1. 甲类功率放大电路

工作在甲类工作状态的晶体管，静态工作点 Q 选在交流负载线的中点附近，如图 6-2a 所示。在输入信号的整个周期内，晶体管都处于放大区内，输出的是没有削波失真的完整信号，它允许输入信号的动态范围较大，但其静态电流大、损耗大、效率低。

2. 乙类功率放大电路

工作在乙类工作状态的晶体管，静态工作点 Q 选在晶体管放大区和截止区的交界处，

即交流负载线和 $I_B=0$ 的交点处，如图 6-2b 所示。在输入信号的整个周期内，晶体管半个周期工作在放大区，半个周期工作在截止区，放大电路只有半波输出。乙类工作状态的静态电流为零，故损耗小、效率高，但非线性失真太大。如果采用两个不同类型的晶体管组合起来交替工作，则可以放大输出完整的不失真全波信号。

3. 甲乙类功率放大电路

工作在甲乙类工作状态的晶体管，静态工作点 Q 选在甲类和乙类之间，如图 6-2c 所示。在输入信号的一个周期内，晶体管有时工作在放大区，有时工作在截止区，其输出为单边失真的信号。甲乙类工作状态的电流较小，效率也比较高。

理想情况下，甲类功放的最高效率为 50%，乙类功放的最高效率为 78.5%。甲乙类的工作效率则介于两者之间。

6.2.1.3　功率放大电路的性能指标

1. 输出功率 P_O

功率放大电路应给出足够大的输出功率 P_O 以推动负载工作。为此，晶体管一般工作在大信号状态，以不超过晶体管的极限参数（I_{CM}、$U_{(BR)CEO}$、P_{CM}）为限度。这就使晶体管安全工作成为功率放大电路的重要问题。

2. 效率 η

功率放大电路的效率定义为功率放大电路的输出信号功率 P_O 与直流电源供给功率放大电路功率 P_E 之比，用 η 表示，即

$$\eta=\frac{P_O}{P_E}\times 100\%$$

功率放大电路要求高效率地工作，一方面是为了提高输出功率，另一方面是为了降低管耗。直流电源供给的功率除了一部分变成有用的信号功率以外，剩余部分变成晶体管的管耗 $P_V(P_V=P_E-P_O)$。管耗过大将使晶体管发热损坏。所以，对于功率放大电路，提高效率也是一个重要问题。

3. 非线性失真

功率放大电路为了获得足够大的输出功率，需要大信号激励，从而使信号动态范围往往超出晶体管的线性区域，导致输出信号失真。因此减小非线性失真，成为功率放大电路的又一个重要问题。

小知识：为什么要放大功率？一个信号不就是把它电压或者电流幅值放大不就行了吗？

1）单是电压高不等于功率就大，比如高压电棒，可以有数十万伏的电压，但它的功率并不大，同样的道理，头发与塑料梳子摩擦产生的电压也很高，但功率极小。

2）如果只是电流大，功率也不一定高，比如以前用的手电筒，3V 的电压，约 0.3A 的电流（约是市电中 25W 灯泡电流的 3 倍），可是功率只有 1W 左右。

3）要想获得较大的输出功率，需要信号源不但可以提供较大的电压，也要有足够的电流输出，即输出信号同时具有较高的电压和较大的电流。功率放大电路就是完成这一工作的，当然，它还要做到与负载相匹配。

4）前面章节中讨论的放大电路主要要求输出电压或电流的幅度得到足够的放大，所以称为电压放大器或电流放大器。

5）无论哪种放大电路，在负载上都同时存在输出电压、电流和功率，从能量控制的观点来看，放大电路实质上都是能量转换电路。

因此，功率放大电路和电压放大电路没有本质的区别。称呼上的区别只不过是强调的输出量不同而已。两者的区别就是放大信号的大小、功率及输出的对象（负载）不同。

概括起来说，要求功率放大电路在保证晶体管安全工作的情况下，获得尽可能大的输出功率、尽可能高的效率和尽可能小的非线性失真。

思 考 题

1. 整机放大电路一般由哪些放大电路组成多级放大电路？各功能电路的作用是什么？各功能电路有什么特点和要求？

2. 有人说，采用甲类单管功率放大电路的收音机其音量调得越小越省电。你认为此观点对吗？如果将甲类单管功率放大电路改换为甲乙类功率放大电路，将音量调小能否省电？

6.2.2 甲类功率放大电路

1. 电路组成

图 6-3 所示为一单管甲类功率放大电路。VT 为功率放大管，R_{B1}、R_{B2} 和 R_E 组成分压式电流负反馈偏置电路，C_E 为发射极旁路电容，R_L 为负载电阻，T_1 和 T_2 为输入、输出变压器，统称为耦合变压器。

耦合变压器的作用：一是隔直流，耦合交流信号；二是阻抗变换，使晶体管获得最佳负载电阻 R'_L，以向负载 R_L 提供最大功率。

最佳负载电阻为 $R'_L = n^2 R_L$

式中，n 是变压器的匝数比。合理选择 n，使 $n = \frac{N_1}{N_2}$，可得管子最佳负载电阻 R'_L。

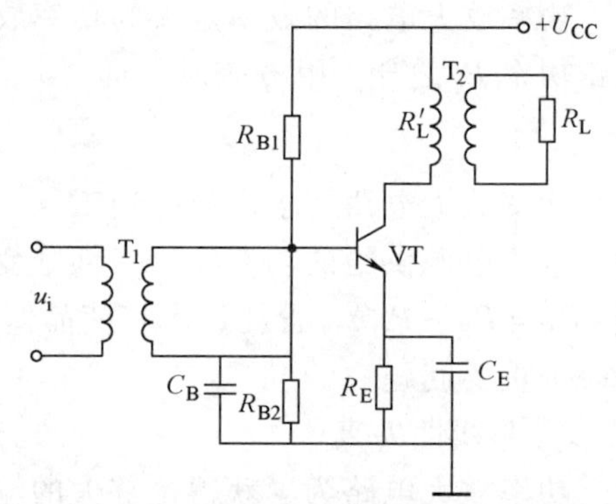

图 6-3 单管甲类功率放大电路

2. 电路工作原理

当 $u_i = 0$，电路处于静态，$I_C = I_{CQ}$。因 T_2 隔直作用，R_L 中无电流，放大电路无信号输出。

当 $u_i \neq 0$，则 $u_i \rightarrow u_{be} \rightarrow i_b \rightarrow i_c$。经 T_2 耦合，R_L 有电流 i_L，放大器有信号功率输出。

3. 输出功率及效率

注意：*以下分析均以输入信号是正弦波且忽略失真为前提。*

（1）输出功率 根据输出功率的定义，晶体管集电极输出功率为

$$P_o = I_o U_o = \frac{1}{2} I_{om} U_{om} = \frac{1}{2} \frac{U_{om}^2}{R_{L'}} \tag{6-1}$$

$$U_{omax} = U_{CC} - U_{CES}$$

若忽略 U_{CES}，则有：
$$U_{omax} \approx U_{CC}$$

即最大不失真功率为：　$P_{om}=\frac{1}{2R_L}(U_{CC}-U_{CES})^2\approx\frac{1}{2}\frac{U_{CC}^2}{R_{L'}}$　(6-2)

（2）效率

1）直流电源提供的功率 P_E。由甲类功率放大电路的定义可知，在输入信号的整个周期内，晶体管都处于放大区内。电源在输入信号的整个周期内都提供能量至晶体管，即电源供给功率为

$$P_E=I_{OM}U_{CC} \tag{6-3}$$

可见，电源供给功率与信号无关。

2）晶体管最大效率为

$$\eta=\frac{P_{om}}{P_E}=\frac{\frac{1}{2}I_{om}U_{CC}}{I_{om}U_{CC}}=\frac{1}{2}=50\% \tag{6-4}$$

可见，最大不失真输出功率仅为电源供给功率的一半，效率很低。

若考虑 U_{CES} 和 I_{CEO}，则功率管的效率 η 仅为 40% ~45%，如果再考虑变压器的效率 η_T(0.75 ~0.85)，则甲类功放总效率为

$$\eta'=\eta\cdot\eta_T \tag{6-5}$$

通常只有 30% ~35%。

结论：甲类功率放大电路优点是输出波形失真小；缺点是无信号时，电源供给功率全部转换成热能，因此效率低。

例 6-1　设图 6-3 所示电路中，负载 $R_L=8\Omega$，晶体管集电极输出功率 $P_o=140\text{mW}$，集电极电流 $I_c=31\text{mA}$。求：(1) 输出变压器 T_2 的初级等效电阻 $R_L'=?$ (2) 要使负载 R_L 获得理想的最大功率，T_2 的变压比 $n=?$

解：(1) 因为　$P_o=I_c^2R_L'$

所以　$R_L'=P_o/I_c^2=140\text{mW}/(31\text{mA})^2\approx146\Omega$

(2) 因为　$R_L'=n^2R_L$

所以　$n=\sqrt{R_L'/R_L}=\sqrt{146/8}\approx4.3$

思　考　题

甲类功率放大电路有什么优缺点？

6.2.3　乙类双电源互补对称功率放大电路

乙类功率放大电路具有能量转化效率高的特点，常用做功率放大器，但乙类功率放大电路只能放大半个周期的信号，因此输出将产生严重的失真，只能用在对失真要求不严格的少数场合，为了解决这个问题，常用两个对称的乙类放大电路分别放大正、负半周期的信号，然后合成为完整的信号波形输出。

1. 电路组成

实现上述设想的电路结构即为乙类双电源互补对称功率放大电路（OCL 电路），如图 6-4所示。图中，VT_1 为 NPN 型晶体管和 VT_2 为 PNP 型晶体管，由于它们的特性相近，故称为互补对称管，两管交替工作在信号的正负半周期。

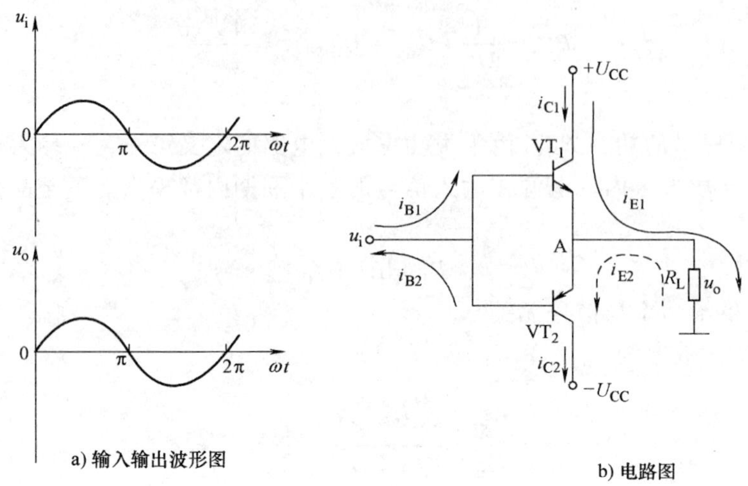

图 6-4 乙类双电源互补对称功率放大电路

2. 电路工作原理

静态时，两管的 $I_{CQ}=0$。有输入信号时，两管轮流导通，相互补充：在输入信号的正半周期，VT_1 工作，完成对信号正半周期的放大；在输入信号的负半周期，VT_2 工作，完成对信号负半周期的放大，既避免了输出波形的严重失真，又提高了电路的效率。电路性能的提高，其代价是成本提高（多使用一只功放管）和电路结构的复杂化。

由于两管互补对方的不足，工作性能对称，所以这种电路通常称为互补对称电路，乙类双电源互补对称功率放大电路也称为 OCL 电路（无输出电容器电路）。

仿真验证：运行 Multisim 软件制作仿真电路，如图 6-5a 所示，在示波器上可观察到完整的放大波形，如图 6-5b 所示。

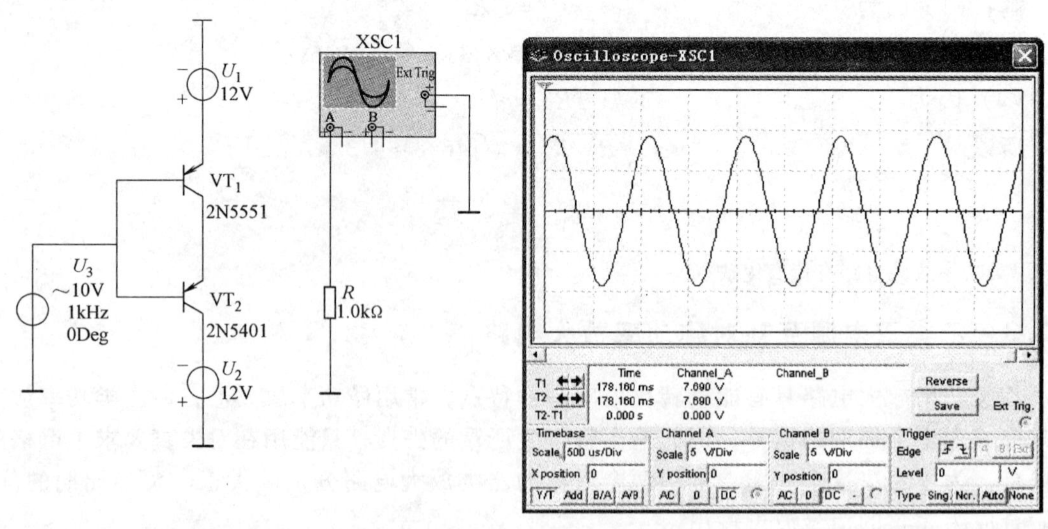

图 6-5 乙类双电源互补对称功率放大电路的仿真电路与仿真波形

3. 输出功率及效率

注意：以下分析均以输入信号是正弦波且忽略失真为前提。

在分析功率放大电路时，通常采用图解分析法，如图6-6所示。图6-6a所示为在u_i为正半周期时VT_1的工作情况。

图中假定，只要$u_{BE1}=u_i>0$，VT_1就开始导通，则在一个周期内VT_1导通时间约为半周期。随着u_i的增大，工作点沿着负载线上移，则$i_O=i_{C1}$增大，u_o也增大，当工作点上移到图中A点时，$u_{CE1}=U_{CES}$，已到输出特性的饱和区，此时输出电压达到最大不失真幅值U_{OMAX}。

根据图解分析，可得输出电压的幅值为

$$U_{OM}=I_{OM}R_L=U_{CC}-U_{CE1}$$

输出电压的最大值为

$$U_{OMAX}=U_{CC}-U_{CES}$$

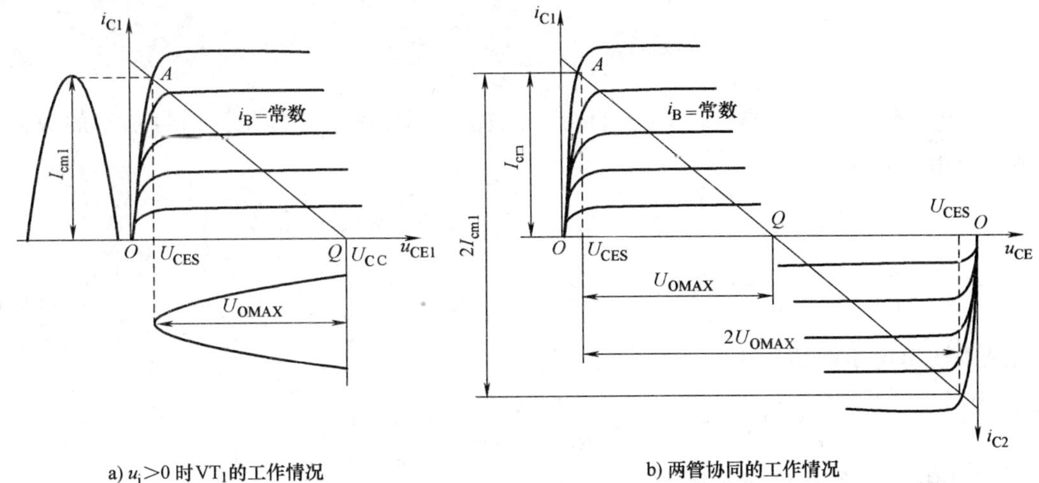

a) $u_i>0$时VT_1的工作情况　　b) 两管协同的工作情况

图6-6 乙类互补对称功率放大电路的图解分析

VT_2的工作情况和VT_1相似，只是在信号的负半周期导通。

为了便于分析两管的工作情况，将VT_2的特性曲线倒置在VT_1的右下方，并令二者在Q点，即$u_{CE}=U_{CC}$处重合，形成VT_1和VT_2的合成曲线，如图6-6b所示。这时负载线通过U_{CC}点形成一条斜线，其斜率为$-1/R_L$。

显然，i_O的最大变化范围为$2I_{OM}$。

u_O的变化范围为$2U_{OM}=2I_{OM}R_L=2(U_{CC}-U_{CES})$。

若忽略管子的饱和压降U_{CES}，则$U_{OMAX}\approx 2U_{CC}$。

根据以上分析，不难求出乙类互补对称功率放大电路的输出功率、管耗、直流电源供给的功率和效率。

1）输出功率的一般表示式。输出功率是输出电压有效值U_O和输出电流有效值I_O的乘积（也常用晶体管中变化电压、变化电流有效值的乘积表示）。所以可得

$$P_O=I_OU_O=\frac{1}{2}I_{OM}U_{OM}=\frac{U_{OM}^2}{2R_L} \tag{6-6}$$

2）最大输出功率的表达式。乙类互补对称功率放大电路中的VT_1、VT_2可以看成共集电极状态（射极输出器），即$A_u\approx1$。所以当输入信号足够大，使$U_{iM}=U_{OMAX}=U_{CC}-U_{CES}\approx U_{CC}$时，可获得最大输出功率，即

$$P_{\text{OMAX}}=\frac{1}{2R_{\text{L}}}(U_{\text{CC}}-U_{\text{CES}})^{2}\approx\frac{1}{2}\frac{U_{\text{CC}}^{2}}{R_{\text{L}}} \tag{6-7}$$

3）直流电流提供的功率 P_{E}。正负电源各提供半个周期的电流，故每个电源提供的平均电流为

$$I_{\text{CAV}}=\frac{1}{2\pi}\int_{0}^{\pi}I_{\text{OM}}\sin(\omega t)\,\mathrm{d}(\omega t)=\frac{I_{\text{OM}}}{\pi}=\frac{I_{\text{OM}}}{\pi R_{\text{L}}} \tag{6-8}$$

两个电源提供的功率为

$$P_{\text{E}}=2I_{\text{CAV}}U_{\text{CC}}=\frac{2}{\pi R_{\text{L}}}U_{\text{OM}}U_{\text{CC}} \tag{6-9}$$

当 $U_{\text{OM}}=U_{\text{CC}}$时，输出功率最大，电源提供的功率也最大，即：

$$P_{\text{DCMAX}}=\frac{2}{\pi}\frac{U_{\text{CC}}^{2}}{R_{\text{L}}} \tag{6-10}$$

4）乙类互补对称功放的管耗 P_{V}。直流电源提供的功率除了转化为信号功率的放大外，其余部分被消耗在功率管上，可知：

$$\begin{aligned}P_{\text{V1}}=P_{\text{V2}}&=\frac{1}{2}(P_{\text{E}}-P_{\text{O}})=\frac{1}{2}\left(\frac{2}{\pi R_{\text{L}}}U_{\text{CC}}U_{\text{OM}}-\frac{1}{2R_{\text{L}}}U_{\text{OM}}^{2}\right)\\&=\frac{1}{R_{\text{L}}}\left(\frac{U_{\text{OM}}}{\pi}\cdot U_{\text{CC}}-\frac{1}{4}U_{\text{OM}}{}^{2}\right)\end{aligned} \tag{6-11}$$

当最大输出电压幅值为 $U_{\text{OM}}=U_{\text{CC}}$时，则

$$P_{\text{VT1}}=P_{\text{VT2}}=\frac{U_{\text{CC}}{}^{2}}{R_{\text{L}}}\cdot\frac{4-\pi}{4\pi}\approx0.137P_{\text{OMAX}}$$

5）乙类互补对称功放的效率为

$$\eta=\frac{P_{\text{O}}}{P_{\text{E}}}=\frac{\pi U_{\text{OM}}}{4U_{\text{CC}}} \tag{6-12}$$

当 $U_{\text{OM}}\approx U_{\text{CC}}$时，则功放电路的最大效率为

$$\eta=\frac{P_{\text{O}}}{P_{\text{E}}}=\frac{\pi}{4}\approx78.5\% \tag{6-13}$$

6）最大管耗与最大输出功率的关系。乙类基本互补对称电路在静态时，晶体管几乎不取电流，管耗接近于零，因此，当输入信号较小时，输出功率较小，管耗也小，这是容易理解的；那么，最大管耗发生在什么情况下？由式（6-11）可知管耗 P_{V}是输出电压幅值 U_{OM}的函数，因此，可以用求极值的方法来求解：

$$\mathrm{d}P_{\text{V}}/\mathrm{d}U_{\text{OM}}=\frac{1}{R_{\text{L}}}\left(\frac{1}{\pi}\cdot U_{\text{CC}}-\frac{1}{2}U_{\text{OM}}\right)$$

则令

$$\frac{U_{\text{CC}}}{\pi}-\frac{1}{2}U_{\text{OM}}=0$$

故当

$$U_{\text{OM}}=\frac{2U_{\text{CC}}}{\pi}\approx0.6U_{\text{CC}}$$

此时管耗最大，为

$$P_{\text{V}_{\text{MAX}}}=\frac{1}{\pi^{2}}\frac{U_{\text{CC}}^{2}}{R_{\text{L}}}$$

为了便于选择功放晶体管，将最大管耗与最大输出功率联系起来。由最大输出功率表达式：

$$P_{\mathrm{OMAX}}=\frac{1}{2}\frac{U_{\mathrm{CC}}^{2}}{R_{\mathrm{L}}}$$

可得每管的最大管耗和最大输出功率之间具有如下的关系：

$$P_{\mathrm{V_{MAX}}}=\frac{1}{\pi^{2}}\frac{U_{\mathrm{CC}}^{2}}{R_{\mathrm{L}}}\approx 0.2P_{\mathrm{OMAX}} \tag{6-14}$$

上式常用来作为乙类互补对称功率放大电路选择晶体管的依据。这说明，如果要求输出功率为 10W，则只要用两个额定管耗大于 2W 的管子就可以了。当然，在实际选择晶体管时，还应留有充分的安全余量，因为上面的计算是在理想情况下进行的。

7）功率晶体管的选择。在功率放大电路中，选择晶体管时一般应考虑晶体管的三个极限参数，即集电极最大允许功率损耗 P_{CM}，集电极最大允许电流 I_{CM} 和集电极-发射极间的反向击穿电压 $U_{\mathrm{(BR)CEO}}$。

若想得到最大输出功率，又要使功率晶体管安全工作，晶体管的参数必须满足下列条件：

① 每只晶体管的最大管耗　　$P_{\mathrm{VMAX}}\geqslant 0.2P_{\mathrm{OMAX}}$

② 通过晶体管的最大集电极电流为　　$I_{\mathrm{OM}}\geqslant U_{\mathrm{CC}}/R_{\mathrm{L}}$

③ 考虑到当 VT_2 导通时，$-u_{\mathrm{CE2}}=U_{\mathrm{CES}}\approx 0$，此时 u_{CE1} 具有最大值，且等于 $2U_{\mathrm{CC}}$，因此，应选用反向击穿电压 $|U_{\mathrm{(BR)CEO}}|>2U_{\mathrm{CC}}$ 的管子。

注意：在实际选择晶体管时，其极限参数还要留有充分的余地。

思　考　题

设计一个功率为 20W 的扩音机电路，扬声器的负载电阻为 8Ω，若用乙类互补对称功率放大电路，使用的晶体管的参数应满足什么条件？

6.2.4　甲乙类互补对称功率放大电路

前面所讨论的乙类互补对称功率放大电路在实际应用中还存在一些缺陷，不能满足要求严格的场合。主要由于晶体管没有设置偏置电压，因此在信号电压小于晶体管的死区电压（硅管约为 0.7，锗管约为 0.2）时，VT_1 和 VT_2 截止，输出电压为 0，因此信号在过零附近的正负半波交接处无输出信号，出现一段死区，导致失真，该失真称为交越失真，如图 6-7 所示。

解决办法：为消除交越失真，可以给每个晶体管一个很小的静态电流，这样既能减少交越失真，又不至于对功率和效率产生太大影响。也就是说，让功率晶体管在甲乙类状态下工作，电路如图 6-8 所示。

OCL 电路省去了大电容，既改善了低频响应，又有利于实现集成化，因而得到了广泛的应用。OCL 电路存在的主要问题是，两个晶体管的发射极直接连到负载电阻上，如果静态工作点失调或电路内元器件损坏，将造成一个较大的电流长时间流过负载，可能造成负载损坏。为了预防出现此种情况，实际使用的电路中，常常在负载回路中接入熔丝作为保护措施。

仿真验证：运行 Multisim 软件制作仿真电路，如图 6-9a 所示，在示波器上可观察到有交越失真的放大波形，如图 6-9b 所示。

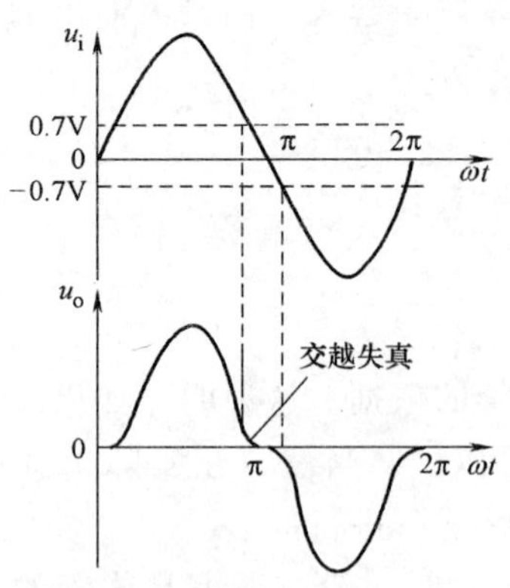

图 6-7 乙类双电源互补对称电路的交越失真

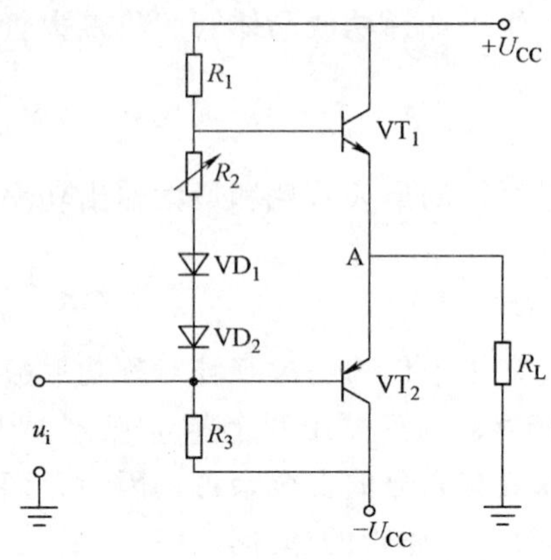

图 6-8 甲乙类双电源互补对称电路

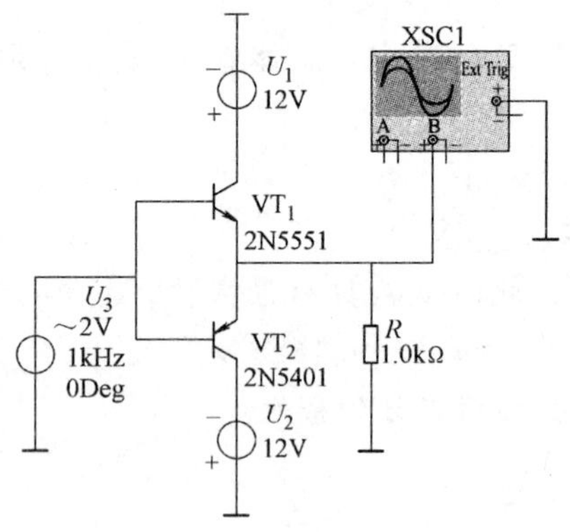

a) 仿真电路

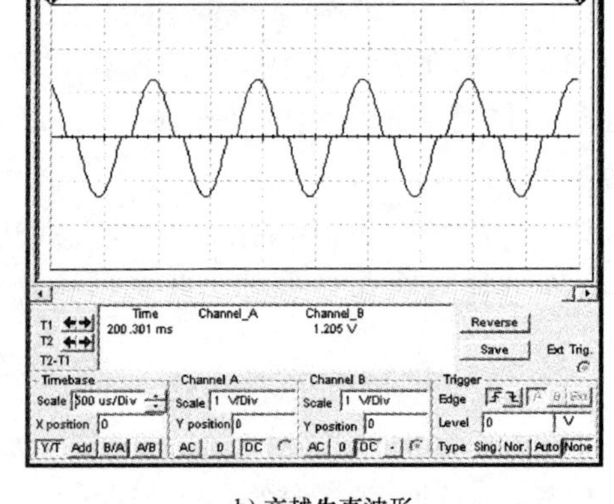

b) 交越失真波形

图 6-9 乙类双电源互补对称电路的交越失真仿真电路及波形图

运行 Multisim 软件制作仿真电路如图 6-10a 所示，在示波器上可观察到消除了交越失真的放大波形，如图 6-10b 所示。

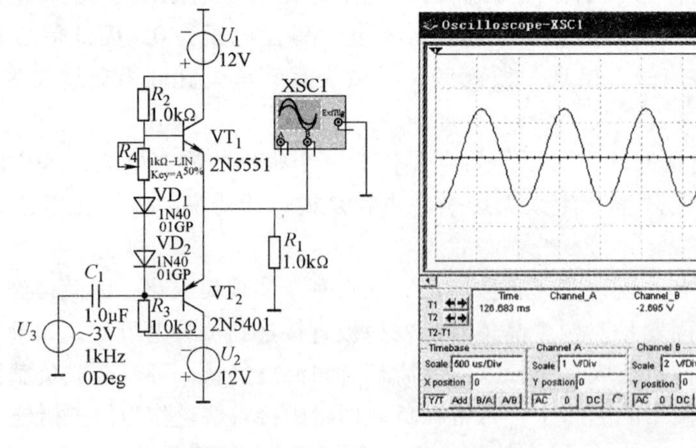

a) 仿真电路

b) 仿真波形

图 6-10 甲乙类双电源互补对称电路的仿真电路及仿真波形

小知识：中点电压。

在图6-4和图6-8中，两个晶体管的发射极与负载电阻的连接点A称为中点。该点通常是调试此类电路的重要测试点。

如前所述，为了防止静态时因输出端与负载R_L直接耦合，造成直流电流对负载性能的影响，则A点静态电位必为零。采用的办法是：

1）双电源供电：电压大小相等，极性相反的正负电源。

2）VT_1与VT_2的性能要对称，实际使用中要严格测试配对。

但实际中上述两点不可能完全做到理想状况，因此静态时中点A还是存在一定电位，只不过要将其尽可能控制在最小，一般控制在30mV之类，当然是越小越好。

思 考 题

从甲类功率放大电路、乙类功率放大电路、乙类双电源互补对称功率放大电路到甲乙类双电源互补对称功率放大电路结构的变化，各电路结构有什么特点？主要是为了解决哪些问题？

6.2.5 单电源互补对称功率放大电路

双电源互补功率放大电路由于静态时中点电位为零，负载可以直接与输出端连接，不需要耦合电容，因此OCL电路具有低频响应好、便于集成化等优点，但需要两个独立的对称电源，有时使用不太方便，且电路结构复杂，成本高。下面介绍可以使用单电源的互补对称功率放大电路，称为OTL（无输出变压器）电路：电路采用单电源供电，在输入端和输出端分别接入耦合电容，以隔断直流电源对信号源和负载的影响。OTL电路适用于性能要求不高而又希望电路简化的场合。OTL电路也有甲类和乙类的区别，同样，为了消除交越失真，在实际电路中采用了甲乙类功率放大电路，如图6-11所示。

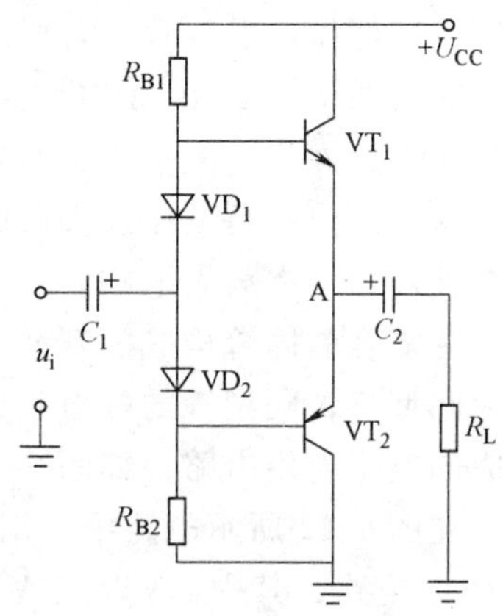

图6-11 互补对称式OTL电路

1. 电路结构

如图6-11所示，VT_1、VT_2为特性对称的异型功放晶体管；C_1、C_2为耦合电容；R_{B1}、R_{B2}为偏置电阻，适当选择其值，可使静态时A点直流电位$U_A = U_{CC}/2$。这样两管的集电极、发射极之间如同分别加上了$U_{CC}/2$和$-U_{CC}/2$的电源电压。

2. 电路工作原理

在输入信号u_i的正半周期时，VT_1导通，VT_2截止，VT_1以射极输出器形式将正向信号传送给负载，同时对电容C_2充电；在输入信号负半周期时，VT_1截止，VT_2导通，电容C_2放电，充当VT_2直流工作电源，使VT_2也以射极输出器形式将负向信号传送给负载。这样，在u_i一周期内，VT_1、VT_2轮流导通，在R_L上即可得到完整的信号。

3. 最大输出功率

在上述电路中，电容C_2除了起耦合作用之外，还在信号的负半周期放电，起着双电源电路中的$-U_{CC}$的作用。因此电容C_2的容量值应选得足够大，使电容C_2的充放电时间常数

C_2R_L 远大于信号周期，这样，单电源电路就可以达到与双电源电路基本相同的效果。在 6.2.3 小节中对乙类双电源互补对称功率放大电路工作情况的分析完全适用于本节。

需要特别指出的是，采用单电源的互补电路，由于电路中的每个晶体管的工作电源是 $1/2U_{CC}$，已不是 OCL 电路的 U_{CC} 了，因此在 6.2.3 小节中导出的 P_O、P_E 等参数的系列公式中的 U_{CC} 要用 $1/2U_{CC}$ 代替。

忽略饱和压降和穿透电流，则最大输出功率为

$$P_{om}=\frac{1}{2}I_{om}\cdot U_{om}=\frac{1}{2}\left(\frac{U_{CC}}{2R_L}\right)\left(\frac{1}{2}U_{CC}\right)$$

即

$$P_{om}=\frac{U_{CC}^2}{8R_L} \tag{6-15}$$

与 OCL 电路相比，OTL 电路少用了一个电源，故使用方便，但由于输出端的耦合电容的作用，致使其低频响应较差，这是 OTL 电路的缺点。

例 6-2 设图 6-11 所示互补对称 OTL 电路中，$U_{CC}=6V$，$R_L=8\Omega$，求该电路的最大输出功率？

解：

$$P_{om}=\frac{U_{CC}^2}{8R_L}=\frac{6^2}{8\times 8}W\approx 0.56W$$

6.2.6 复合晶体管互补对称功率放大电路

在上述互补对称电路中，为保证信号正、负半周期的对称放大，要求两推挽功放晶体管配对，即性能参数一致。若要求输出较大功率，则要求功放晶体管采用中功率或大功率晶体管，而大功率的 PNP 和 NPN 两种类型晶体管之间难以做到特性一致，而且输出大功率时功放晶体管的峰值电流很大，而功放晶体管的 β 不会很大，因而要求前置放大级有较大推动电流，这对于前级是电压放大器的情况时是难以做到的，为了解决上述问题，可采用复合晶体管互补对称功率放大电路。

在复合晶体管构成的互补对称功率放大电路中，使两个复合管的第一只为异型管，第二只为同型管，同型管的配对就比较容易实现。从而解决了上述问题。下面介绍用复合晶体管构成的典型应用电路，如图 6-12 所示。

在图 6-12 所示电路中，用通用型运放组成前置放大，输出级即功率放大级由复合管组成 OCL 电路，其中，VT_1 与 VT_2 组成 NPN 型复合晶体管，VT_3 与 VT_4 组成 PNP 型复合晶体管。两对异型复合晶体管组成互补对称电路。

6.2.7 集成电路功率放大器简介

集成功率放大器大多工作在音频范围，除具有可靠性高、使用方便、性能好、质量轻、成本低、易于安装和调试等集成电路的一般特点外，还具有功耗小、非线性失真小和温度稳定性好等优点。

并且集成功率放大器内部的各种过电流、过电压、过热保护电路齐全，其中很多新型功率放大器具有通用模块化的特点，被称为“傻瓜”型的集成功放，使用更加方便安全。集成功率放大器是模拟集成电路的一个重要组成部分，广泛应用于各种电子电气设备中。

从电路结构来看，集成功放是由集成运放发展而来的，和集成运算放大器相似，包括前

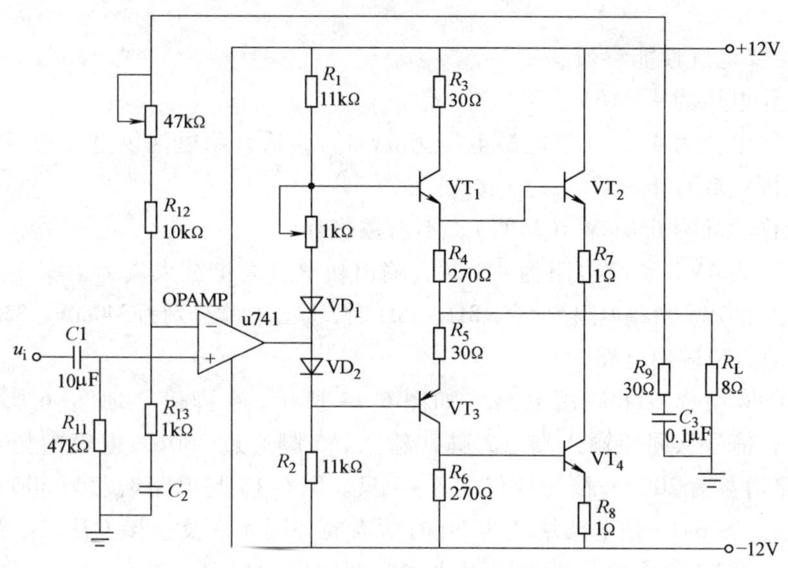

图6-12 复合晶体管组成的功率放大电路

置级、驱动级和功率输出级，以及偏置电路、稳压、过电流过电压保护等附属电路。除此以外，基于功率放大器输出功率大的特点，在内部电路的设计上还要满足一些特殊的要求。

集成功率放大器是当前功率放大器的发展方向，应用日益广泛，应该是重点掌握的知识内容，在目前的主流电子产品中，绝大多数音频放大电路均是应用了集成功率放大电路，如收音机、多媒体计算机音箱、电话、手机、电视机、立体声功率放大器等。分离式元器件的功率放大电路主要应用在一些较为高档的立体声功率放大器中及一些工业控制产品中。

对集成功率放大电路知识的学习，读者主要应该掌握按器件手册提供的电气性能指标（外特性）正确选用器件，按器件手册提供的引脚功能及典型应用电路连接外围元件，而无需过多深究其内部电路工作原理。因此，对本节的学习，应结合查阅相应器件的器件手册进行，学习掌握器件手册查找、阅读，进而应用的基本技能。

6.2.7.1 LM386型集成功率放大器的应用电路

1. LM386型集成功率放大器简介

LM386型集成功率放大器是美国国家半导体公司生产的音频功率放大器，主要应用于低电压消费类产品。为使外围元件最少，电压增益内置为20。但在1脚和8脚之间增加一只外接电阻和电容，便可将电压增益调为任意值，直至200。输入端以地电位为参考点，同时输出端被自动偏置到电源电压的一半，在6V电源电压下，它的静态功耗仅为24mW，使得LM386特别适用于电池供电的场合。

LM386应用电路简单，通用性强，是目前应用较广的小功率音频集成功放，应用于收音机、对讲机、小型多媒体计算机音箱、电视等电子产品中。

LM386型集成功率放大器外形如图6-13a所示，采用8脚双列直插式塑料封装。其引脚功能如图6-13b所示，4脚为接“地”端；6脚为电源端；2脚为反相输入端；3脚为同相输入端；5脚为输出端；7脚为去耦端；1、8脚

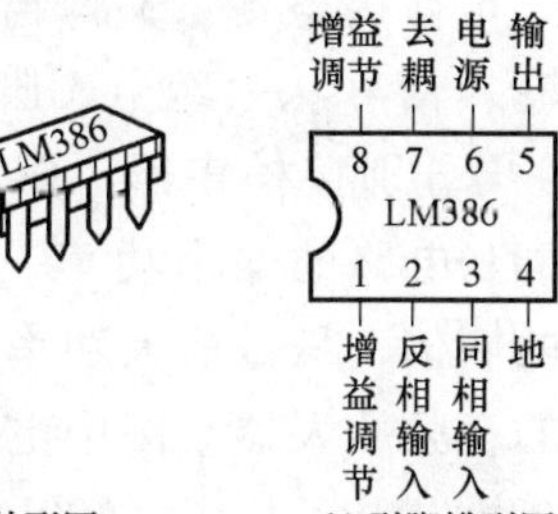

图6-13 LM386型集成功率放大器

为增益调节端。

LM386 的主要电气性能参数：

1）额定工作电压为 4～16V。

2）静态工作电流为 4mA（当电源电压为 6V 时），适合用电池供电。

3）频响范围：数百千赫。

4）最大允许功耗为 660mW（25℃），不需散热片。

5）工作电压为 4V，负载电阻为 4Ω 时，输出功率（总谐波失真为 10%）为 300mW。

6）工作电压为 6V，负载电阻为 4Ω、8Ω、16Ω 时，输出功率分别为 340mW、325mW、180mW。

2. LM386 的典型应用电路

（1）用 LM386 组成 OTL 应用电路　如图 6-14 所示，4 脚接“地”，6 脚接电源（6～9V）。2 脚接地，信号从同相输入端（3 脚）输入，5 脚通过 250μF 电容向扬声器提供信号功率。此时电路增益为 20，外接元件仅需 3～4 只。图 6-15 是电路增益为 200 时所需的外围元件及连接方法。图 6-16 是电路增益为 50 时所需的外围元件及连接方法。一般情况下根据要放大信号的大小和要放大的倍数来选用这些典型的应用电路，还可以通过调整 1、8 脚间外接元件的数值来调整电路的增益。

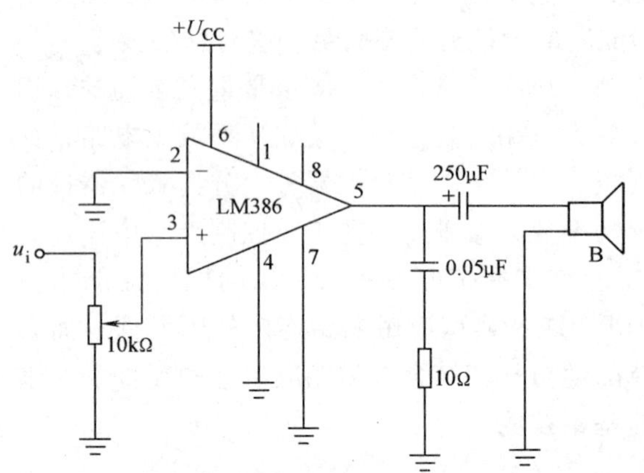

图 6-14　放大器增益为 20 的 OTL 电路（外接元件最少）

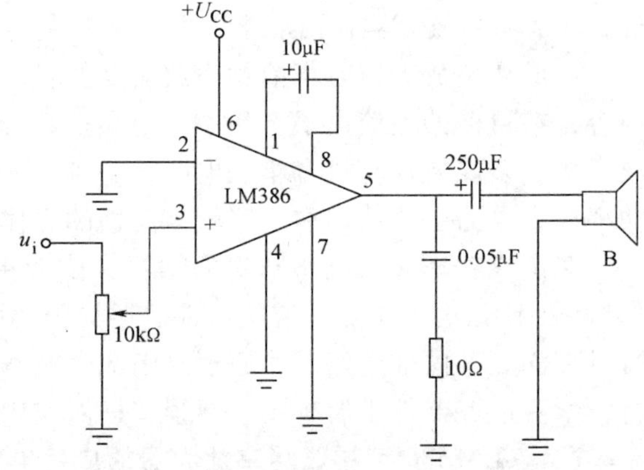

图 6-15　放大器增益为 200 的 OTL 电路

（2）用 LM386 组成 BTL 电路　如图 6-17 所示，两集成功放 LM386 的 4 脚接“地”，6 脚接电源，3 脚与 2 脚互为短接，其中输入信号从一组（3 脚或 2 脚）输入，5 脚输出分别接扬声器，驱动扬声器发出声音。BTL 电路的输出功率一般为 OTL、OCL 电路的四倍，是目前大功率音响电路中较为流行的音频放大器。图中电路最大输出功率可达 3W 以上。其中，500kΩ 电位器用来调整两集成功放输出直流电位的平衡。

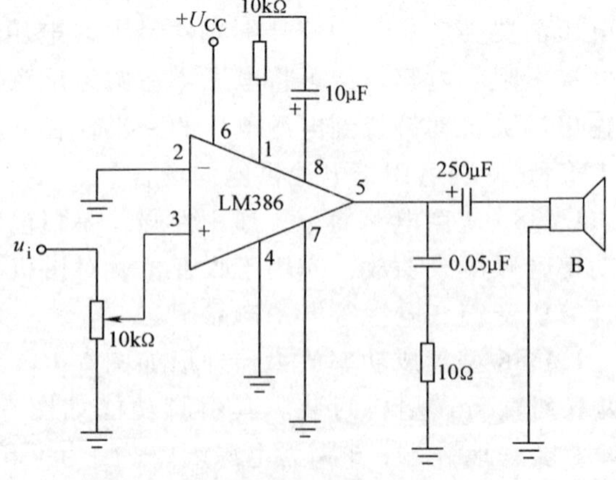

图 6-16　放大器增益为 50 的 OTL 电路

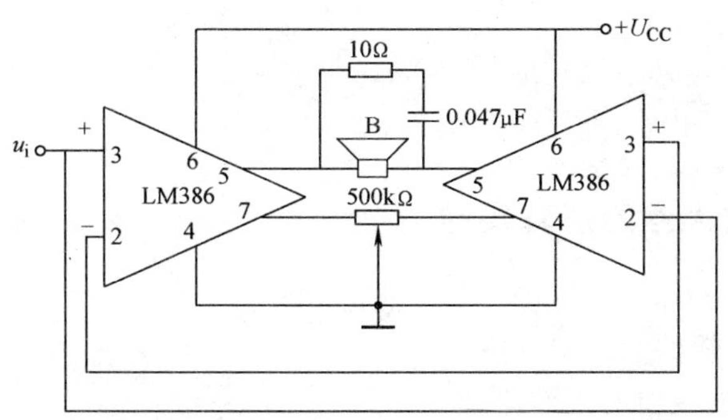

图6-17　用LM386组成BTL电路

6.2.7.2　常用集成功率放大器简介

集成功率放大器的品种繁多，各大半导体生产厂都有为数众多的产品，输出功率由几百毫瓦至几十瓦、数百瓦，适应各种不同的应用要求。下面对常用的音频集成功率放大器做简要介绍，详细的资料可在相应的公司网站下载，通常在资料中会给出典型应用电路，限于篇幅，在此只作简略介绍。对本小节的学习，应结合查阅相应器件的器件手册进行，学习掌握器件手册的查找、阅读，进而应用的基本技能。

1. TDA1521/TDA1514A

TDA1521/TDA1514A是荷兰飞利浦公司设计生产的两款芯片。其参数：TDA1521在电压为±16V、阻抗为8Ω时，输出功率为2×15W，而失真仅为0.5%；TDA1514A的工作电压为±9～±30V，在电压为±25V、R_L = 8Ω时，输出功率达到50W，总谐波失真为0.08%，输入阻抗为20kΩ，输入灵敏度为600mV，信噪比达到85dB。以上两款功放的外围元件都比较少，是“傻瓜”型的功放芯片，非常适合初学者组装，只要按照电路图，不需调试就可获得很好的效果。由于该芯片的输入电平比较低，在制作时可不需要前置放大器，只要直接接到计算机声卡、光驱、随身听上即可。

2. LM3886

LM3886是美国NS公司（美国国家半导体公司）于20世纪90年代初推出的一款大功率音频功放芯片。其主要参数：工作电压为±9～±40V（推荐±25～±35V），R_L = 8Ω时的连续输出功率达到68W（峰值135W）。如果接成BLT时的输出功率可以达到100W，而它的失真小于0.03%，其内部设计有非常完善的过耗保护电路。NS公司还有LM1875、LM1876、LM4766等得到广为应用的芯片。

3. TDA7294

TDA7294是欧洲著名的SGS-THOMSON意法微电子公司于20世纪90年代生产的大功率集成功放电路。广泛应用于家庭影院功率放大器、有源音箱等。该芯片的设计具有耐高压、低噪声、低失真度等特点，短路电流及过热保护功能使其性能更完善。TDA7294的主要参数：U_{CC}（电源电压）= ±10～±40V；I_O（输出电流峰值）为10A；P_O（RMS连续输出功率）在U_{CC} = ±35V、R_L = 8Ω时为70W，U_{CC} = ±27V、R_L = 4Ω时为70W；音乐功率（有效值）在U_{CC} = ±38V、R_L = 8Ω时为100W，在U_{CC} = ±29V、R_L = 4Ω时为100W，总谐波失真极低，仅为0.005%。另外，SGS-THOMSON意法微电子公司还有几种典型的功放芯片，如：TDA7295、TDA7296、TDA7264、TDA2030A等。

6.3 相关的基本技能

6.3.1 OTL 功率放大器的仿真实验

1. 实验目的

1）熟悉 Multisim9 软件的使用方法。

2）掌握理解功率放大器的工作原理。

3）掌握功率放大器的电路指标测试方法。

2. 虚拟实验仪器及器材

双踪示波器、信号发生器、交流毫伏表、数字万用表等仪器、晶体管 2N3906、2N3904、1N3064 等。

3. 实验步骤

打开 Multisim9 软件，建立仿真电路，如图 6-18 所示。

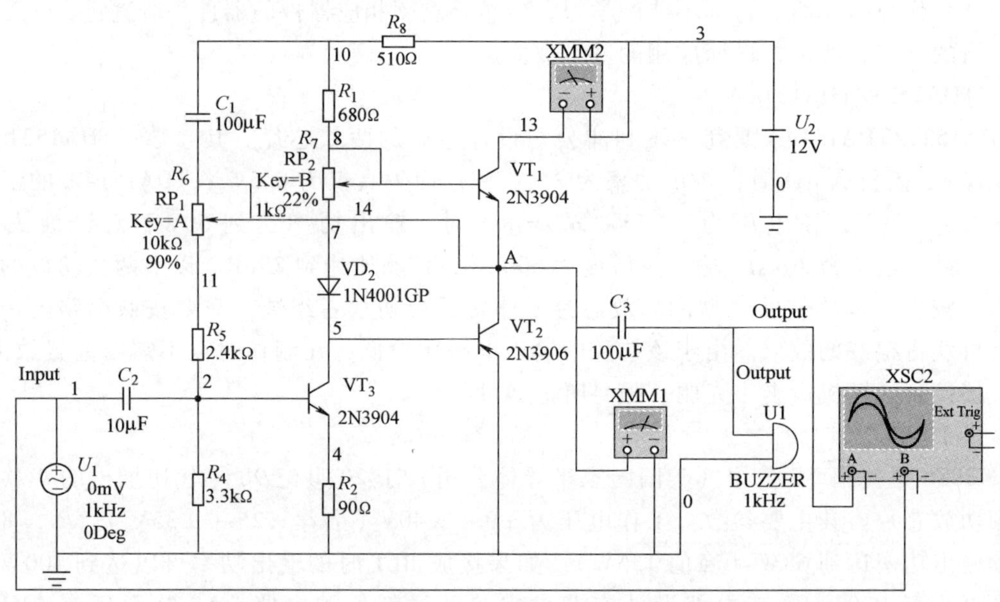

图 6-18 仿真电路原理图

电路原理分析：电路为单电源 OTL 电路，其中由晶体管 VT_3 组成推动级，VT_1、VT_2 是一对参数对称的 NPN 型和 PNP 型晶体管，组成互补推挽 OTL 功率放大电路。晶体管 VT_3 工作于甲类状态，其集电极电流由电位器 RP_1 调节，调节 RP_2 可使 VT_1、VT_2 得到合适的静态电流使其工作于甲乙类状态，以克服交越失真。静态时要求中点 A 的电位为电源电压的一半，即 $U_A=\frac{1}{2}U_{CC}$，可以通过调节 RP_1 来实现（需联合调整 RP_2），将 RP_1 的步进值设置为 5%，RP_2 的步进值为 1%。C_1 和 R_8 构成自举电路用于提高输出电压的正半周期的幅度，以得到较大的动态电压。

（1）静态工作点的调整　分别调整 R_4 和 R_1 滑动变阻器器，使得万用表 XMM2 和

XMM1 的数据分别为 5 ~ 10mA 和 6V，然后测试各级静态工作点，填入表 6-1 中（注意，信号发生器的大小为 0）。

表 6-1　实验数据表

$I_{C1} = I_{C3} =$ 　　mA，$U_{12} =$ 　　V

	VT_1	VT_2	VT_3
U_b			
U_c			
U_e			

（2）最大不失真输出功率　理想情况下，$P_{OM} = \dfrac{1}{8}\dfrac{U_{CC}^2}{R_L}$，在实验中可通过测量 R_L 两端的电压有效值，来求得实际的最大不失真输出功率为

$$P_{OM} = \frac{U_O^2}{R_L}$$

（3）效率 η

$$\eta = \frac{P_{OM}}{P_E} \times 100\%$$

式中，P_E 为直流电源供给的平均功率。理想情况下，$\eta = 78.5\%$。在实验中，可测量电源供给的平均电流 I_{DC}，从而求得 $P_E = U_{CC} \cdot I_{DC}$，负载上的交流功率已用上述方法求出，因而也就可以计算实际效率了。

（4）输入灵敏度　输入灵敏度是指输出最大不失真功率时，输入信号 U_i 的值。

（5）频率响应的测试　填表 6-2。

表 6-2　频率响应测试

$U_i =$ 　mV

	f_L	f_H	通频带
F(Hz)			
U_O			
A_V			

思　考　题

1. 分析实验结果，计算实验内容要求的参数。
2. 总结功率放大电路的特点及测量方法。

6.3.2　音频功率放大器的设计与制作

1. 实验目的

1）掌握集成功率放大器的基本应用电路连接。

2）掌握集成功率放大器主要性能指标的测量方法。

2. 预习要求

1）复习 OTL 型分立功放电路工作原理。

2）复习集成 OTL 型功放电路—LM386 的内部电路构成及原理。

3）根据本次实验选用电路，预先估算该功放电路的 P_O、P_V、η。

3. 实验说明

LM386 是集成 OTL 型功放电路的常见类型，与通用型集成运放的特性相似，是一个三级放大电路：第一级为差分放大电路；第二级为共发射极放大电路；第三级为准互补输出级功放电路。它的引脚图如图 6-19 所示。

引脚 2 为反相输入端；引脚 3 为同相输入端；引脚 4 为接地端；引脚 5 为输出端；引脚 6 为工作电源引入端；引脚 1 与 8 为电压增益设定端；引脚 7 与地之间串接旁路电容，旁路电容容值一般取 10μF。

LM386 的典型应用电路如图 6-20 所示。

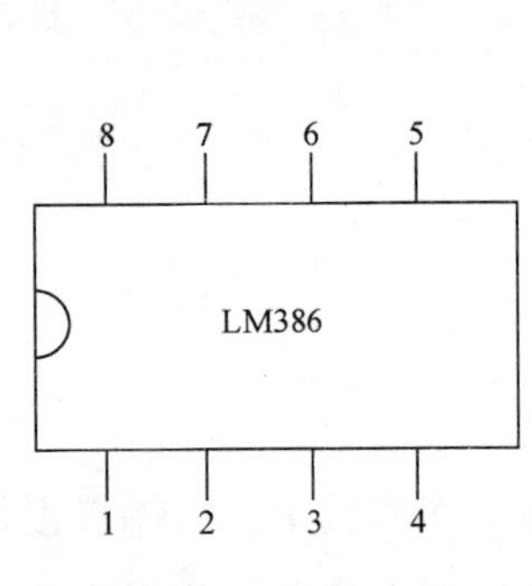

图 6-19　LM386 引脚图

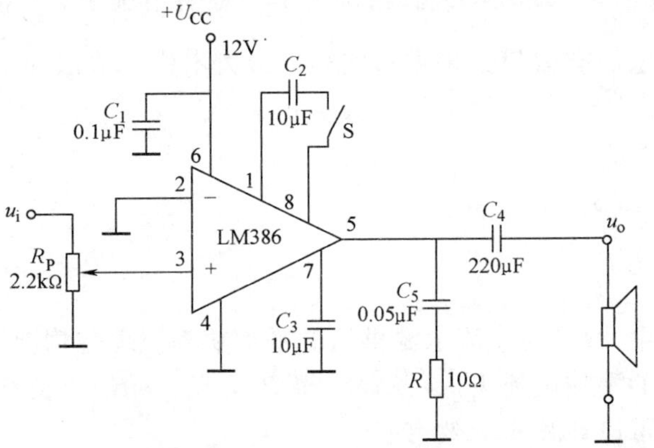

图 6-20　LM386 典型应用电路

4. 实验仪器与器件

+12V 直流电源、函数信号发生器、双踪示波器、交流毫伏表、直流电压表、频率计、万用表、集成功放 LM386、蜂鸣器（8Ω）、直流电流表、普通电容（0.1μF×1、220μF×1、10μF×2、0.05μF×1）。

5. 实验内容

1）按照图 6-20 所示电路连线，经检查无误后，接通 +12V 直流电源。不接输入信号，用直流电流表测电路静态输出电流，并用直流电压表测各个引脚的静态工作电压，所测数据记录到自行设计的表格中。

2）将引脚 1 与 8 之间的开关 S 闭合，在输入端接入频率为 1kHz 的正弦波信号，用示波器观察输出电压波形。逐渐增加输入信号幅值，直至输出电压波形出现失真为止，测量并记录此时输出电压、输入电压幅值及其波形。

3）将引脚 1 与 8 之间的开关 S 断开，在输入端接入频率为 1kHz 的正弦波信号，用示波器观察输出电压波形。逐渐增加输入信号幅值，直至输出电压波形出现失真为止，测量并记录此时输出电压、输入电压幅值及其波形。

6. 实验报告要求

1）实验目的。

2）实验原理。

3）实验仪器与器件。

4）实验电路。

5）实验内容及实验步骤、实验数据。

6）根据实验测量结果，计算两种情况下的 P_{OM} 和效率 η。

7）总结 LM386 集成功放在实际应用时应注意的事项。

本章小结

1）功率放大器的主要任务是在不失真前提下输出大信号功率。功率放大器的电路有甲类、乙类和甲乙类三种工作状态。电路形式有 OTL、OCL、BTL 等功放电路。

2）甲类单管功放电路简单，最大缺点是效率低；乙类功放采用双管推挽输出，效率高，缺点是易产生交越失真。甲乙类功放克服了交越失真，并具有较高的效率。

3）为了减少输出变压器和输出电容给功放带来的不便和失真，出现了单电源供电的 OTL 和双电源供电的 OCL 功放电路。

4）由于大功率对称异型晶体管难以配对，在实际中常用复合晶体管组成互补对称电路。

5）集成功率放大器具有体积小、工作可靠、调试组装方便的优点。目前得到广泛的应用。

习　题

一、填空题

1. 在乙类互补对称功率放大器中，因晶体管输入特性的非线性而引起的失真叫做＿＿＿＿＿。

2. 有一 OTL 电路，其电源电压 $U_{CC}=16V$，$R_L=8\Omega$。在理想情况下，可得到最大输出功率为＿＿＿＿＿W。

3. 乙类互补功率放大电路的效率较高，在理想情况下其数值可达＿＿＿＿＿，但这种电路会产生一种被称为＿＿＿＿＿失真的特有非线性失真现象。为了消除这种失真，应当使互补对称功率放大电路工作在＿＿＿＿＿类状态。

4. 电路如图 6-21 所示，已知 VT_1、VT_2 的饱和压降 $|U_{CES}|=3V$，$U_{CC}=15V$，$R_L=8\Omega$。则最大输出功率 P_{om} 为＿＿＿＿＿。

5. 电路如图 6-21 所示，已知 VT_1、VT_2 的饱和压降 $|U_{CES}|=3V$，$U_{CC}=15V$，$R_L=8\Omega$。静态时，发射极电位 U_{EQ} 为＿＿＿＿＿，流过负载的电流 I_L 为＿＿＿＿＿。

6. 在基本 OCL 功放电路中，电源电压为 ±15V，负载电阻 $R_L=8\Omega$，可以推算出其最大的输出功率 P_{omax} 约为＿＿＿＿＿W；电路最大效率约为＿＿＿＿＿。

7. 电路如图 6-21 所示，若 D_1 虚焊则 VT_1＿＿＿＿＿。

8. 在推挽功率放大电路中设置适当的偏置是为了＿＿＿＿＿＿＿，如果直流偏置过大则会使＿＿＿＿＿下降。

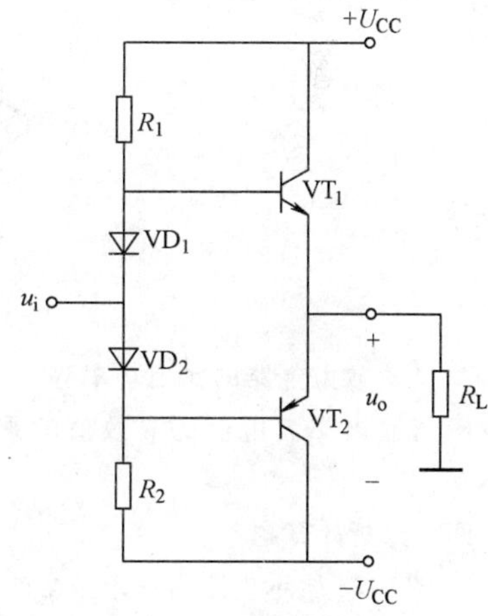

图 6-21　习题填空题4、5、7电路

二、判断题

1. 只有两个晶体管都是 PNP 型管或者都是 NPN 型管才能组成复合管。（　　）

2. 在 OTL 功率放大电路中，若在输出端串接两个 8Ω 的扬声器，则输出功率将比在输出端接一个 8Ω 的扬声器时少一半。（　　）

3. 由于功率放大器中的晶体管处于大信号工作状态，所以微变等效电路方法不再适用。（　　）

4. 当 OCL 电路的最大输出功率为 1W 时，晶体管的集电极最大耗散功率应大于 1W。 （ ）

5. 在输入电压为零时，甲乙类互补对称功率放大电路中电源消耗的功率是两个晶体管的静态电流与电源电压的乘积。 （ ）

6. 顾名思义，功率放大电路有功率放大作用，电压放大电路只有电压放大作用而没有功率放大作用。 （ ）

7. 在功率放大电路中，输出功率越大，功放晶体管的功耗越大。 （ ）

8. 若复合管前面的小功率晶体管是 NPN 型管，则复合管等效为一只 NPN 型管；若前面的晶体管是 PNP 型管，则等效为 PNP 型管。 （ ）

三、选择题

1. 乙类互补对称功率放大电路存在着__________。（A. 截止失真 B. 交越失真 C. 饱和失真 D. 频率失真）

2. 下面正确的说法是__________。（A. 工作在甲类状态的功率放大器，无信号输入时有功率损耗 B. 工作在甲类状态的功率放大器，无信号输入时无功率损耗 C. 工作在乙类状态的功率放大器，无信号输入时有功率损耗 D. 工作在甲乙类状态的功率放大器，无信号输入时无功率损耗）

3. 与甲类功率放大电路比较，乙类 OCL 互补对称功率放大电路的主要优点是__________。（A. 不用输出变压器 B. 不用大容量的输出电容 C. 效率高 D. 无交越失真）

4. 功率放大器和电压放大器相比较__________。（A. 二者本质上都是能量转换电路 B. 输出功率都很大 C. 通常均工作在大信号状态下 D. 都可以用等效电路法来分析）

5. 功率放大电路的效率为__________。（A. 输出的直流功率与电源提供的直流功率之比 B. 输出的交流功率与电源提供的直流功率之比 C. 输出的平均功率与电源提供的直流功率之比 D. 以上各项都不是）

6. 实际应用中，根据需要可将两只晶体管构成一只复合晶体管，图 6-22 所示电路中能等效一只 PNP 型复合晶体管的是__________。

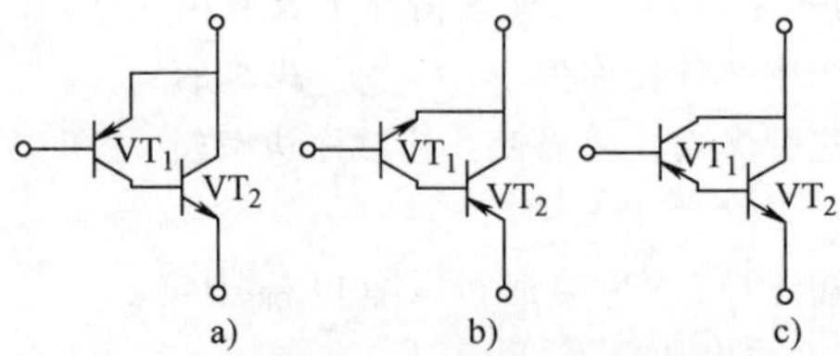

图 6-22 习题选择题 6 电路

7. 功率放大电路的输出功率等于__________。（A. 输出电压与输出交流电流幅值的乘积 B. 输出交流电压与输出交流电流的有效值的乘积 C. 输出交流电压与输出交流电流幅值的乘积 D. 以上各项都不是）

四、分析计算题

1. 图 6-23 所示电路为一未画全的功率放大电路，要求：

（1）填上晶体管 $VT_1 \sim VT_4$ 的发射极箭头，使之构成一个完整的准互补功率放大电路。

（2）假设当输入电压幅值足够大时，晶体管可达到饱和，且饱和压降 $U_{CE(sat)}$ 可忽略，估算电路的最大不失真输出功率。

2. 功放电路如图 6-24 所示，设 $U_{CC} = 12V$，$R_L = 8\Omega$，晶体管的极限参数为 $I_{CM} = 2A$，$|U_{(BR)CEO}| = 30V$，$P_{CM} = 5W$。试求：最大输出功率 P_{OM} 值，并检验所给晶体管是否能安全工作？

3. OCL 电路如图 6-25 所示（图中 VT_1 的偏置电路未画出）。已知输入电压 u_i 为正弦波，负载电阻 $R_L = 80\Omega$，设推动级 VT_1 的电压放大倍数为 -10 倍，输出级电压放大倍数近似为 1。

（1）计算当输入电压有效值为 1V 时电路的输出功率 P_O；

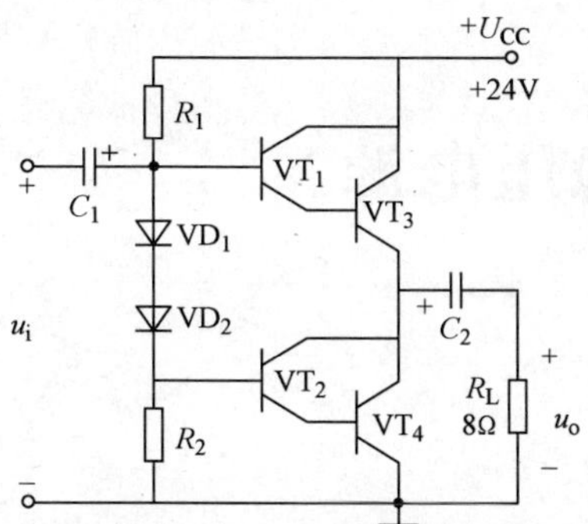

图6-23　习题分析计算题1电路

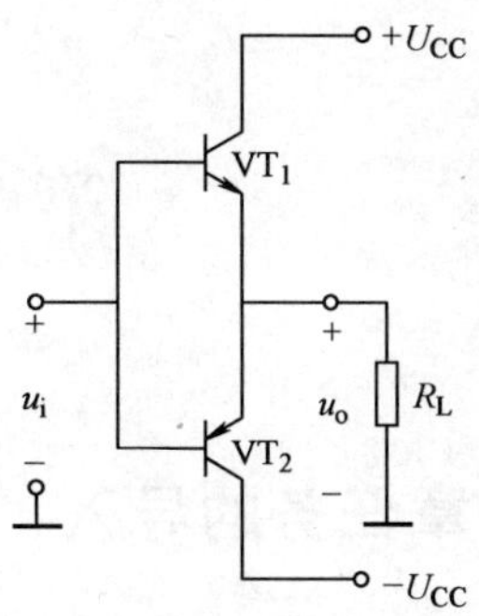

图6-24　习题分析计算题2电路

（2）指出二极管 VD_1，VD_2的作用。

4. OCL功放电路如图6-26所示。已知输入电压 u_i为正弦波，VT_1、VT_2的特性对称。

（1）动态时，若出现交越失真，应调整哪个元件，如何调整？

（2）设晶体管饱和压降约为0V。若希望在负载电阻 $R_L=8\Omega$ 的喇叭上得到9W的信号功率输出，则电源电压 U_{CC}值至少应取多少？

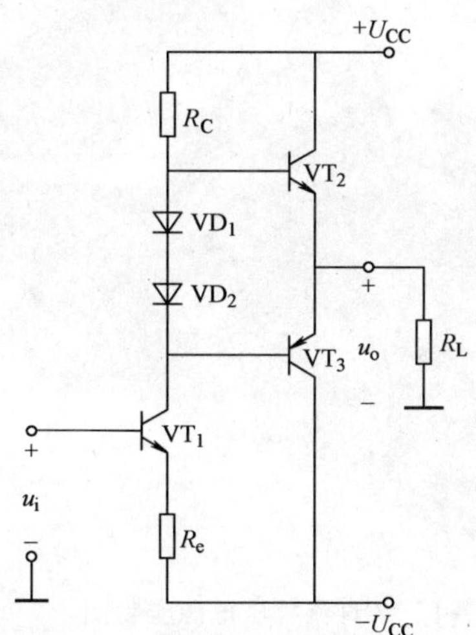

图6-25　习题分析计算题3电路

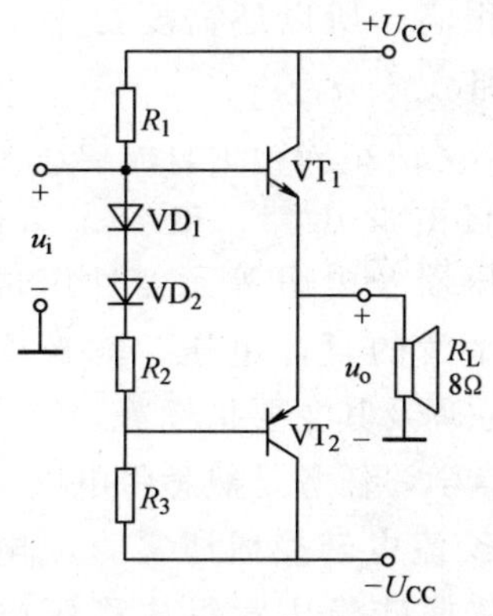

图6-26　习题分析计算题4电路

第 7 章　直流稳压电源

7.1　本章任务的导入

常见的家用电器中多数要用到直流电源供电，直流电源的最简单的供电方法是用电池，但电池有成本高、体积大、需要经常更换（蓄电池则要经常充电）的缺点，因此最经济可靠而又方便的是使用整流电源。电子电路中的电源一般是低压直流电，所以要想从交流220V 市电变换成直流电，应该先把220V 交流电变成低压交流电，再通过整流电路变成脉动的直流电，最后用滤波电路滤除脉动直流电中的交流成分，才可得到直流电。但大多数的电子设备对电源的质量要求很高，所以还需要再增加一个稳压电路。

图 7-1 所示为一个直流稳压电源实物图，它由变压器、电容、二极管、集成稳压器及电阻等元器件组成，为了得到平滑的直流电压，就必须掌握其组成原理及其主要指标等。

图 7-1　某直流稳压电源实物图

本章学习任务是熟悉将电网 220V/50Hz 的交流电转换成所需直流电的过程，在掌握硅稳压管组成稳压电路的工作原理、具有放大环节的简单串联型稳压电路的工作原理、电压调整范围及过电流保护措施、集成三端式稳压电路的使用方法、开关型稳压电路的工作原理以及各电路组成元器件的作用等基础上，通过设计、制作、仿真、测试直流稳压电源，而达到学习目的。

7.2　相关的理论知识

7.2.1　概述

在第 1 章中介绍了交流电压经过整流、滤波电路后，实现了直流电压，但是仍存在较小的交流分量，使输出的直流电压并不稳定，且随电网电压的波动和温度的变化而变化。显然，只经过整流、滤波环节产生的直流电源，不适合用于要求直流效果较高的电子设备，要使电子设备或电子电路稳定可靠地工作，一般在滤波电路和负载之间加稳压环节，以达到稳压供电的目的。

稳压电源按调整元器件类型不同可分为电子管稳压电路、晶体管稳压电路、可控硅稳压电路、集成稳压电路；按调整元器件与负载连接方法不同可分为并联型稳压电路、串联型稳压电路；按调整元器件工作状态不同可分为线性稳压电路、开关型稳压电路。

7.2.1.1 直流稳压电源的基本组成

直流稳压电源组成框图及各部分电路波形如图7-2所示，其主要组成部分为电源变压器、整流电路、滤波电路、稳压电路等。

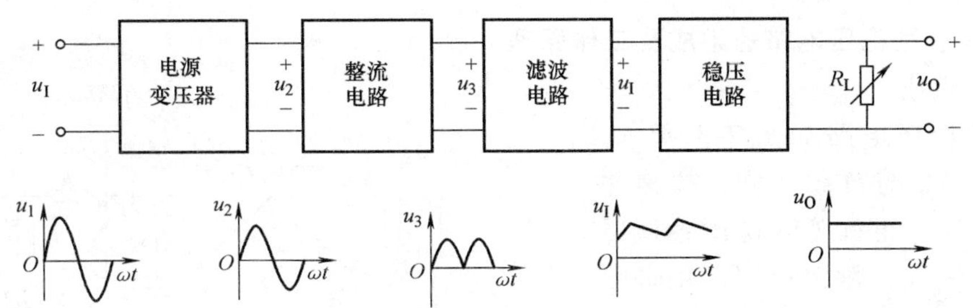

图7-2 直流稳压电源组成框图及各部分电路波形

7.2.1.2 稳压电源的性能指标及测试方法

稳压电源的技术指标分为两种：一种是特性指标，包括允许输入电压、输出电压、输出电流及输出电压调节范围等；另一种是质量指标，用来衡量输出直流电压的稳定程度，包括稳压系数（或电压调整率）、输出电阻（或电流调整率）、纹波电压（纹波系数）及温度系数等，下面只介绍质量指标。

1. 纹波电压

纹波电压：叠加在输出电压上的交流电压分量。一般直流电源的纹波电压为

$$U_{P\text{-}P} \leqslant 10\text{mV}$$

用示波器观测其峰峰值一般为毫伏量级。也可用交流毫伏表测量其有效值，但因纹波电压不是正弦波，所以有一定的误差。

2. 稳压系数 S_r

S_r是在负载电流、环境温度不变的情况下，输入电压的相对变化引起输出电压的相对变化，即：

$$S_r = \left.\frac{\Delta U_O/U_O}{\Delta U_I/U_I}\right|_{\Delta I_O=0,\Delta T=0} \tag{7-1}$$

该指标反映了电网电压波动对稳压电路输出电压稳定性的影响。S_r值越小，稳压性能越好。

3. 输出电阻 R_o

输出电阻 R_o的值为当输入电压不变时，输出电压变化量与输出电流变化量之比的绝对值。

$$R_o = \left|\frac{\Delta U_O}{\Delta I_O}\right|_{\Delta U_I=0} \tag{7-2}$$

R_o的值越小，说明带负载能力越强，对其他电路的影响越小。输出电阻和电流调整率均说明负载电流变化对输出电压的影响，因此只需测试其中之一即可。

4. 纹波抑制比 S_{rip}

纹波抑制比 S_{rip}为输入电压交流纹波峰峰值与输出电压交流纹波峰峰值之比的分贝数。

$$S_{rip} = 20\lg \frac{U_{ip\text{-}p}}{U_{op\text{-}p}} \tag{7-3}$$

除此之外，还有电流调整率、输出电压的温度系数等参数，这里不做具体介绍。

7.2.2 稳压管组成的并联型稳压电路

7.2.2.1 并联型稳压电路的组成及工作原理

1. 电路组成

稳压管稳压电路如图 7-3 所示，由于稳压管 VS 与负载并联，故称并联型稳压电路，也称为硅稳压管稳压电路。电路中 R 为限流电阻，用来限制通过稳压二极管 VS 的电流，起保护稳压二极管的作用，VS 工作在反向击穿区。

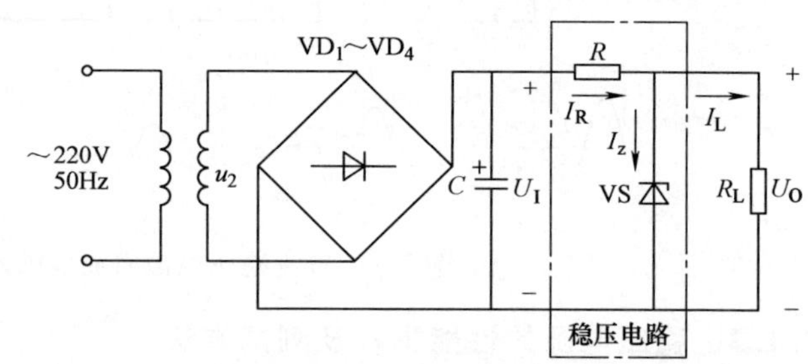

图 7-3 稳压管稳压电路

2. 工作原理

1）当稳压电路的输入电压 U_I保持不变，负载 R_L增大，输出电压 U_O将升高，稳压管两端的电压 U_Z也升高，流过稳压管的电流 I_Z迅速增大，流过 R 的电流 I_R也增大，R 上的压降 U_R上升又会使输出电压 U_O下降，于是输出电压保持稳定不变，这一稳压过程如下：

$$R_L\uparrow \rightarrow U_O\uparrow \rightarrow U_Z\uparrow \rightarrow I_Z\uparrow \rightarrow I_R\uparrow \rightarrow U_R\uparrow \rightarrow U_O\downarrow$$

2）当负载 R_L不变，电网电压上升使得 U_I上升，输出电压 U_O上升，流过稳压管的电流 I_Z也随之增大，则限流电阻 R 上的电流 I_R增大，R 上的压降 U_R上升又致使输出电压 U_O下降，使输出电压基本保持不变，这一稳压过程如下：

$$U_I\uparrow \rightarrow U_O\uparrow \rightarrow U_Z\uparrow \rightarrow I_Z\uparrow \rightarrow I_R\uparrow \rightarrow U_R\uparrow \rightarrow U_O\downarrow$$

输入电压 U_I降低及负载 R_L减小的稳压情况，请同学们自己分析。

可见，在并联型稳压电路稳定输出电压的过程中，稳压管及限流电阻起决定作用，显然，稳压管反向击穿特性曲线越陡峭，稳压效果越好。

7.2.2.2 硅稳压电路元器件的选择

1. 限流电阻 R 的取值范围

设为保证稳压作用所需的流过稳压管的最小电流为 I_{Zmin}，为防止电流过大从而造成损坏，所允许的流过稳压管的最大电流为 I_{Zmax}，则应该有

$$I_{Zmin} < I_Z < I_{Zmax} \tag{7-4}$$

当 U_i最大且 R_L开路时，流过 VS 的电流最大，则有

$$R \geqslant \frac{U_{\text{imax}} - U_{\text{Z}}}{I_{\text{Zmax}}} \tag{7-5}$$

当 U_{i}最小且 R_{L}最小时，流过 VS 的电流最小，则有

$$R \leqslant \frac{U_{\text{imin}} - U_{\text{Z}}}{I_{\text{Zmax}} + U_{\text{Z}}/R_{\text{Lmin}}} \tag{7-6}$$

即

$$\frac{U_{\text{imax}} - U_{\text{Z}}}{I_{\text{Zmax}}} \leqslant R \leqslant \frac{U_{\text{imin}} - U_{\text{Z}}}{I_{\text{Zmax}} + U_{\text{Z}}/R_{\text{Lmin}}} \tag{7-7}$$

实际电路中，在保证稳压管安全工作的情况下，R 应尽可能小，从而使输出电流范围增大。

2. 稳压管的选取

稳压管的稳压值 U_{Z}就是硅稳压电路的输出电压值 U_{O}，选择稳压管的最大稳定电流时要留有余地，一般取稳压管的最大稳定电流是输出电流的 2～3 倍。

$$I_{\text{Zmax}} = (2\sim3)I_{\text{Omax}} \tag{7-8}$$

3. 输入电压的确定

整流滤波后的直流电压 U_{I}应为输出电压的 2～3 倍，即

$$U_{\text{I}} = (2\sim3)U_{\text{O}} \tag{7-9}$$

仿真验证：运行 Multisim 软件制作仿真电路并进行仿真验证，结果如图 7-4 所示。

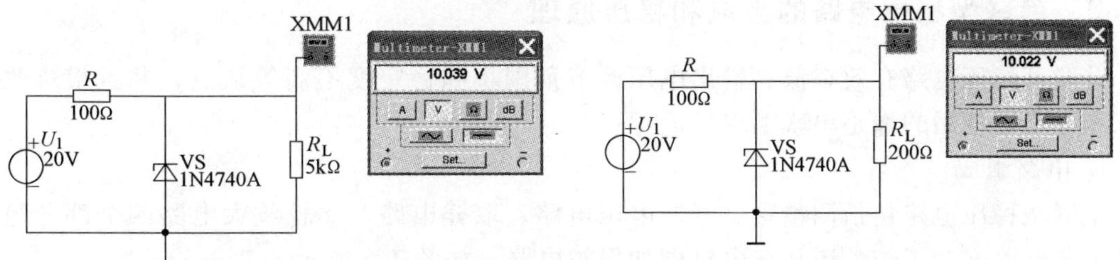

a) 电源电压不变，U_1为20V时，负载电阻R_{L}分别为200Ω、5kΩ时的仿真图

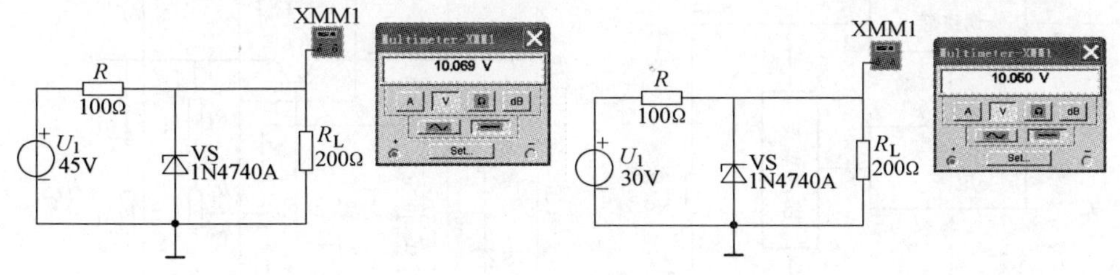

b) 负载电阻不变，R_{L}为200Ω时，电源电压分别为30V、45V时的稳压图

图 7-4　并联型稳压管稳压仿真电路

仿真结果表明：当输入电源电压和负载变化时，稳压管稳压电路基本可以实现电路的稳压作用。

并联稳压电路的优点：并联稳压电源有过载自保护性能，输出断路时调整管不会损坏，在负载变化小时，稳压性能比较好，对瞬时变化的适应性较好等优点。

并联稳压电路的缺点：一是效率较低，特别是轻负载时，电能几乎全部消耗在限流电阻

和调整管上，电路将失去稳压作用；二是输出电压不能调节，只能由稳压管的型号决定且稳定度不易做得很高，很难满足对电压精度要求高的负载需要。因此，这种稳压电路适用于电压固定、负载变化不大的场合。

例 7-1 在图 7-3 所示的电路中，已知 $U_I = 15V$，U_I变化 ±10%，负载电流为 10 ~ 20mA；稳压管的稳定电压 $U_Z = 6V$，最小稳定电流 $I_{Zmin} = 5mA$，最大稳定电流 $I_{Zmax} = 40mA$，求解 R 的取值范围。

解：根据式（7-7）可得 R 的取值范围

$$\frac{U_{imax} - U_Z}{I_{Zmax}} \leqslant R \leqslant \frac{U_{imin} - U_Z}{I_{Zmax} + U_Z/R_{Lmin}}$$

得：

$$\frac{16.5 - 6}{40 \times 10^{-3}}\Omega \leqslant R \leqslant \frac{13.5 - 6}{(20 + 5) \times 10^{-3}}\Omega$$

$$262\Omega \leqslant R \leqslant 300\Omega$$

思 考 题

1. 并联型稳压电路中 R 和 VS 的作用是什么？
2. 如何确定限流电阻 R 的取值范围？

7.2.3 串联型稳压电路的组成和稳压原理

并联型稳压电路有效率低、输出电压调节范围小和稳定度不高等缺点，并且很难改进，所以现在广泛使用的都是串联型稳压电源。

1. 电路组成

串联型稳压电路包括调整管、基准电压电路、取样电路、比较放大电路四个部分组成。此外为使电路安全工作，还常在电路中加保护电路，如图 7-5 所示。

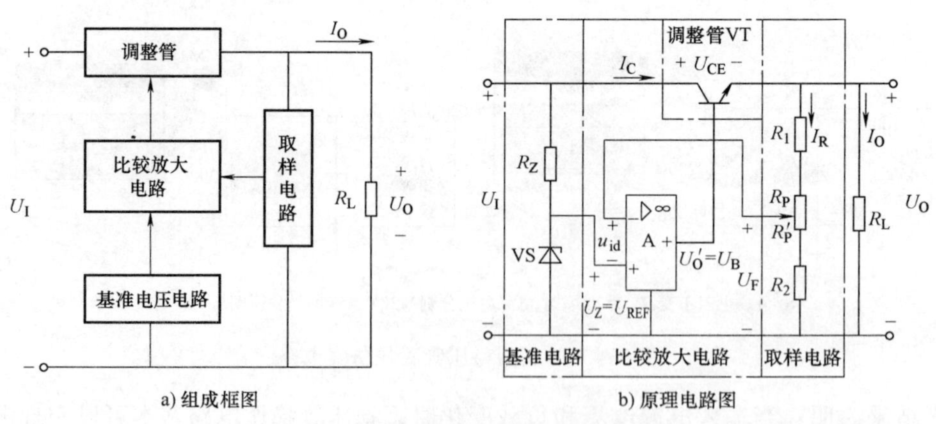

图 7-5 串联型反馈式稳压电路

在图 7-5b 所示电路中，调整管 VT 与负载串联且工作在放大区，故称此电路为串联型稳压线性电路，VT 受比较放大电路的控制，集电极与发射极之间相当于一个可变的电阻，有抵消输出电压的波动作用。

1）比较放大器 A 是一个集成运算放大电路，同相端与基准电压电路相连，反相端与取样电路相连，对取样电压及基准电压进行比较后对它们的差值进行放大，然后加到调整管的基极，因为采样电路与比较放大器 A 构成深度负反馈（故称此电路为串联负反馈稳压电路），当输入电压变化或负载变化而使输出电压增大时，比较放大器会控制调整管 VT 工作，使调整管 VT 始终工作于放大区。

2）基准电路由 R_Z、VS 组成，给比较放大器 A 提供基准电压 U_{REF}。R_Z是限流电阻，给比较放大器提供工作电流。

3）取样电路由 R_1、R_2、R_P组成，当输入电压变化时，取样电阻将其变化量送到比较放大器反相端。

2. 工作原理

1）当电网电压 U_I升高，负载不变时，可引起输出电压 U_O增加，经取样电压分压后，反馈电压 U_F增加，U_F与比较电压 U_{REF}相比较，其差值电压经比较放大器 A 放大后，有$U'_O=U_B$减小，使得调整管的集电极 I_C减小，管压降 U_{CE}增加，又使输出电压 U_O下降，接近原有值趋于稳定，起到稳压作用。其过程如下：

$$U_I\uparrow\rightarrow U_O\uparrow\rightarrow U_F\uparrow\rightarrow U_B\downarrow\rightarrow I_C\downarrow\rightarrow U_{CE}\uparrow\rightarrow U_O\downarrow$$

2）当负载 R_L增大，电网电压 U_I不变时，可引起输出电压 U_O增大，经取样电压分压后，反馈电压 U_F增大，电路电压调整过程如下：

$$R_L\uparrow\rightarrow U_O\uparrow\rightarrow U_F\uparrow\rightarrow U_B\downarrow\rightarrow I_C\downarrow\rightarrow U_{CE}\uparrow\rightarrow U_O\downarrow$$

从上述电压调节过程分析可知，稳压过程的实质是通过负反馈使输出电压维持稳定的。

3. 输出电压的调节方法

电路如图 7-5b 所示，R_P为调节输出电压的电位器，根据深度串联负反馈的“虚短”概念，$u_{id}\approx 0$，有 $u_+\approx u_-$，即 $U_Z\approx U_F$，则有：

$$U_Z\approx U_F=U_O\frac{R_2+R'_P}{R_1+R_P+R_2}$$

故：

$$U_O\approx U_Z\frac{R_1+R_P+R_2}{R_2+R'_P} \tag{7-10}$$

式中，U_Z为稳压管 VS 的稳压值，R'_P为电位器滑动触点下方的电阻值。

当 R_P调到电位器最上方时，$R'_P=R_P$，就有：

$$U_O\approx U_Z\frac{R_1+R_P+R_2}{R_2+R_P} \tag{7-11}$$

当 R_P调到电位器最下方时，$R'_P=0$，就有：

$$U_O\approx U_Z\frac{R_1+R_P+R_2}{R_2}=\left(1+\frac{R_1+R_P}{R_2}\right)U_Z \tag{7-12}$$

可见，反馈越深，电压调整作用越强，输出电压也越稳定。

例 7-2 如图 7-5b 所示，已知 $R_1=0.5\text{k}\Omega$，$R_P=1\text{k}\Omega$，$R_2=0.5\text{k}\Omega$，$U_Z=6\text{V}$，求输出电压调节范围?

解: 电位器调至最上方，由式（7-10）得:

$$U_{O上}=\frac{500+1000+500}{500+1000}\times 6\text{V}=8\text{V}$$

电位器调至最下方，由式（7-12）得:

$$U_{O下}=\left(1+\frac{500+1000}{500}\right)\times 6\text{V}=24\text{V}$$

由上例知，串联型反馈式稳压电路，通过调节 R_P就可以改变输出电压的大小。该电路电压调节方便，电压放大倍数很高，输出电阻较低，稳定特性优良，实际应用较广泛。

4. 调整管的选择

在串联型稳压电路中，由于调整管 VT 承担了全部的负载电流，是串联型稳压电路的核心器件，为保证电路正常工作，设计时需要考虑调整管的工作区问题，一般可选用大功率晶体管作为调整管。选管时应考虑它的极限参数:

1）集电极最大允许电流 I_{CM}为

$$I_{CM}\geqslant I_{Lmax}+I_R \tag{7-13}$$

式中，I_{Lmax}是负载中通过的最大电流。

2）集电极和发射极之间的最大允许电压 $U_{(BR)CEO}$为

$$U_{(BR)CEO}\geqslant U_{Imax}=1.1\times\sqrt{2}U_2 \tag{7-14}$$

3）集电极最大允许耗散功率 P_{CM}为

$$P_{CM}\geqslant(U_{Imax}-U_{Imin})\times I_{Omax} \tag{7-15}$$

4）为保证调整管工作在放大状态，管子两端的电压降不宜过大，稳压电路的输入直流电压一般为

$$U_I=U_{Omax}+(3\sim 8)\text{V} \tag{7-16}$$

5. 过载保护

当输出端过载或发生短路时，通过调整管的电流将增大，此时电路中就必须有保护环节，才能保证电路正常工作。常用的保护方法有：限流型保护电路和截流型保护电路。

（1）限流型保护电路　限流型保护电路如图 7-6 所示，电路中 VT_2、R_4组成限流保护电路，R_4很小，一般为 1Ω 左右。当负载电流超过某一值后，R_4上的压降增大而使 VT_1导通，由于 VT_2中流过一个集电极电流，使 VT_1的基极电流被分流掉一部分电流，保护调整管 VT_1。

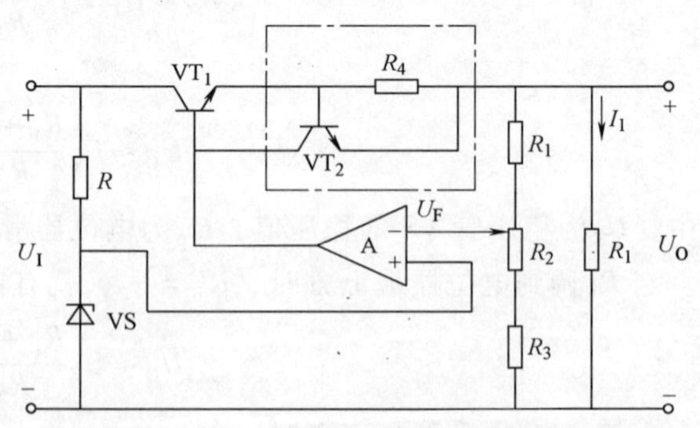

图 7-6　限流型保护电路

（2）截流型保护电路　截流型保护电路如图 7-7 所示，图中 $R_4\sim R_8$、辅助电源及 VT_2组成截流型保护电路，正常工作时，R_4上的压降较低，此时 R_4两端电压与 R_6两端电压之和小于 R_8两端电压，故 VT_2截止。当负载增大时，R_4上的压降增大，

U_{BE2}增大使 VT_2导通进入放大区后，将产生集电极电流 I_{C2}，从而使 VT_1的基极电流被分流，故 I_{B1}减小。

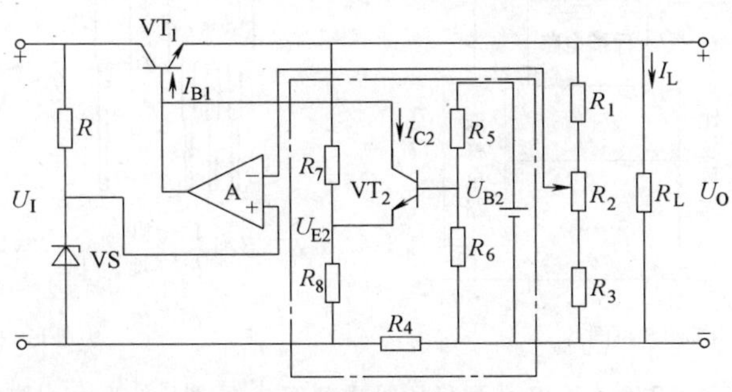

图 7-7　截流型保护电路

思 考 题

1. 串联型稳压电路有何特点？
2. 选择调整管时，应主要考虑哪些参数？
3. 保护电路的形式有哪些？画出几种保护电路的电路图。

7.2.4　集成稳压器

7.2.4.1　三端电压固定式集成稳压器

稳压器集成电路将调整管、采样电路、基准电路、比较放大器及保护电路等集成在一起，且功能齐全，体系完整，安全可靠，给稳压电源的制作带来方便，广泛用于逻辑系统、电子仪器仪表、高保真电子系统及其他需要稳定电压源的各种电子设备中。

集成稳压器有三端及多端两种外部结构形式，输出电压有可调和固定两种形式：固定式输出电压为标准值，使用时不能再调节；可调式可通过外接元件，在较大范围内调节输出电压。此外，还有输出正电压和输出负电压的集成稳压器。

国产三端固定式集成稳压器有 CW78××系列（正电压输出）和 CW79××系列（负电压输出）（注：型号后××两位数字代表输出电压值）。CW78、CW79 系列集成稳压器型号组成及意义如图 7-8 所示。

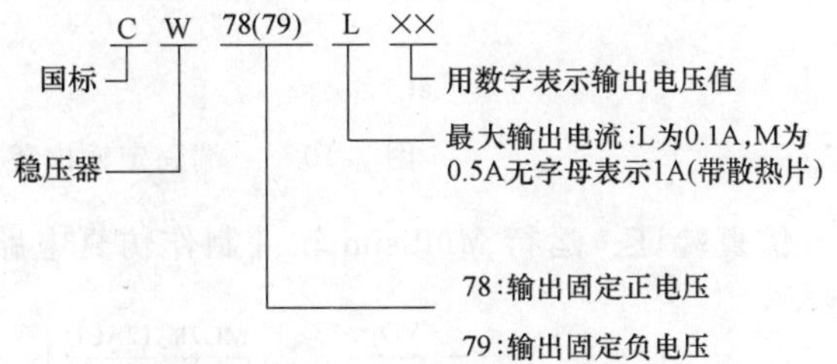

图 7-8　CW78、CW79 系列集成稳压器型号组成及意义

1. 三端固定式集成稳压器介绍

三端式是指稳压电路有输入，输出和接地三个接线端子。

三端固定式集成稳压器主要特点是输出能力可达 1A，内含短路限流保护、过电压保护和过热保护。采用带隙基准源结构，器件的温度漂移小，噪声低。CW78 系列、CW79 系列稳压管内部组成框图及外形、引脚排列图如图 7-9 所示。

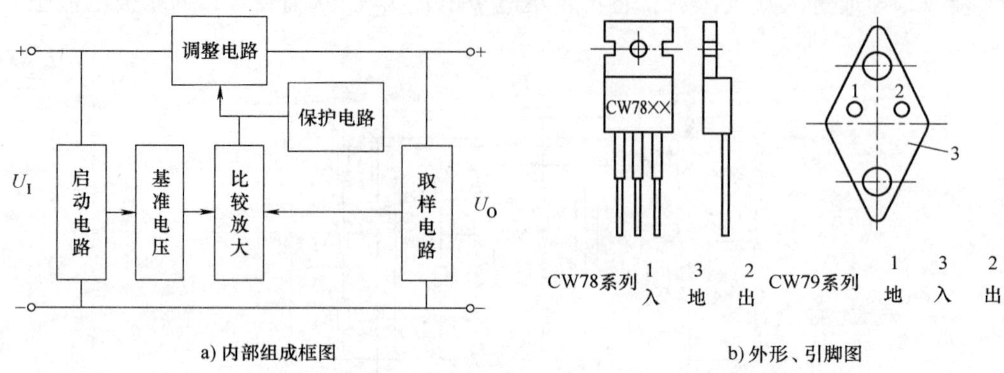

图 7-9 CW78、CW79 系列稳压管内部组成框图及外形、引脚排列图

2. 基本电路应用

三端固定输出集成稳压器基本应用电路如图 7-10 所示，C_1可以防止由于输入引线较长时产生的电感而引起的自激，一般要接入 0.33μF，C_2用来减小由于负载电流瞬时变化而引起的高频干扰，一般要接入 0.1μF。C_3为容量较大的电解电容，用来进一步减小输出脉动和低频干扰，一般要接入 1μF 到几百微法。正常工作时一般要求输入电压 U_I比输出电压 U_O要大 2～3V。

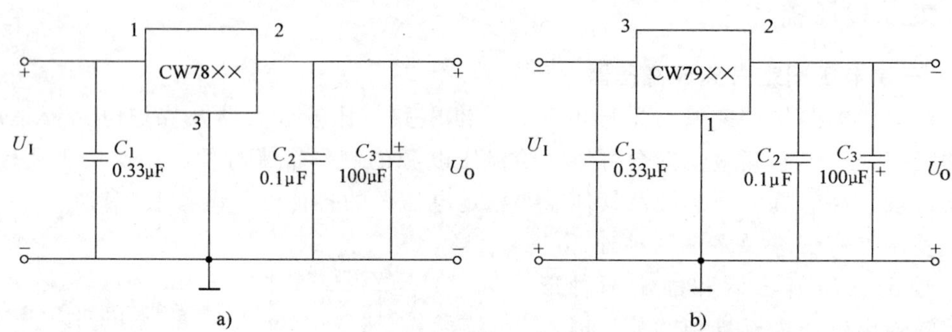

图 7-10 三端固定输出集成稳压器基本应用电路

仿真验证：运行 Multisim 软件制作仿真电路并进行仿真验证，结果如图 7-11 所示。

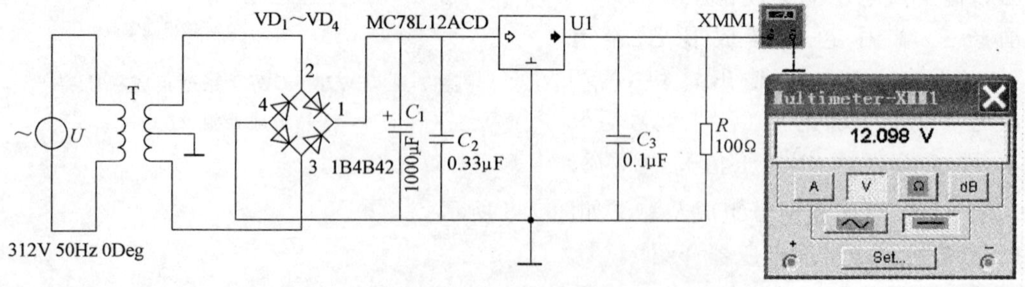

图 7-11 固定输出正 12V 稳压电源仿真电路图

3. 提高输出电压电路

如果需要输出电压高于三端稳压器输出电压时，可外接一些元器件来提高输出电压值，

可采用在三端稳压器前串入晶体管、串入电阻、串入三端稳压器或者采用图7-12所示的电路都可以提高输出电压。

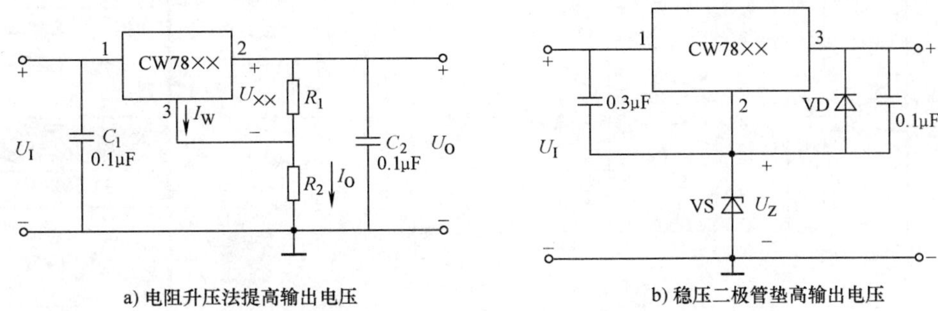

a) 电阻升压法提高输出电压　b) 稳压二极管垫高输出电压

图7-12　提高三端集成稳压器输出电压电路

1）如图7-12a所示，在稳压器输出端和地之间接上一个由电阻R_1和R_2组成的电阻分压电路，把稳压器公共端接在分压点上，就能提高输出电压，输出电压大小的计算公式为

$$U_O = (1 + R_2/R_1)U_{XX} \tag{7-17}$$

可见，提高两个外接电阻的比值，即可提高输出电压的数值，如果R_2为一个电位器，则可通过调整电位器得到所需的电压，但电压调节范围较小。

2）如图7-12b所示，增加一稳压二极管VS，则有：

$$U_O = U_{XX} + U_Z \tag{7-18}$$

式中，U_{XX}为三端稳压器的输出电压，U_Z为稳压二极管的稳压值。

仿真验证：运行Multisim软件制作仿真电路并进行仿真验证，结果如图1-13所示。

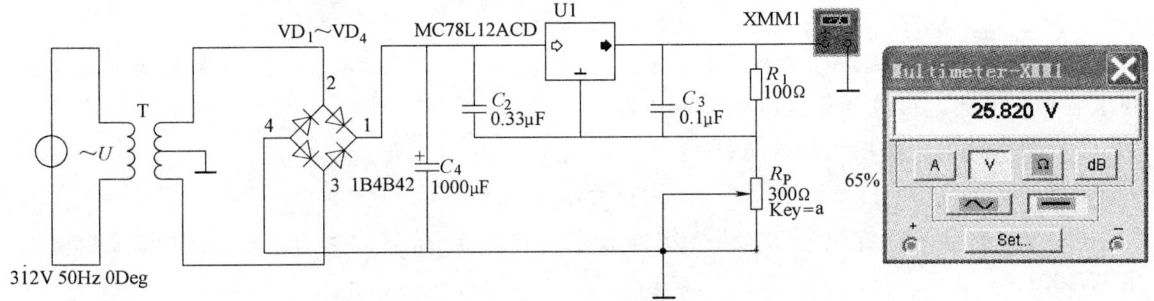

图7-13　提高三端集成稳压器输出电压仿真电路

4. 输出正、负电压的电路

图7-14所示为采用LM78L12CT和LM7912CT三端集成稳压器组成，同时具有+12V和−12V输出电压的仿真稳压电路。实际电路中只要将LM78L12CT改为CW7812系列，将LM7912CT改为CW7912系列稳压器即可。

7.2.4.2　简单的三端固定式稳压器的设计

简单的三端固定式稳压器的设计具体可以分为以下三个步骤：

1）根据稳压电源的输出电压U_O、最大输出电流I_{OMAX}，确定稳压器的型号及电路形式。

2）根据稳压器的输入电压U_I，确定电源变压器二次电压u_2的有效值U_2；根据稳压电源的最大输出电流I_{OMAX}，确定流过电源变压器二次侧的电流I_2和电源变压器二次侧的功率

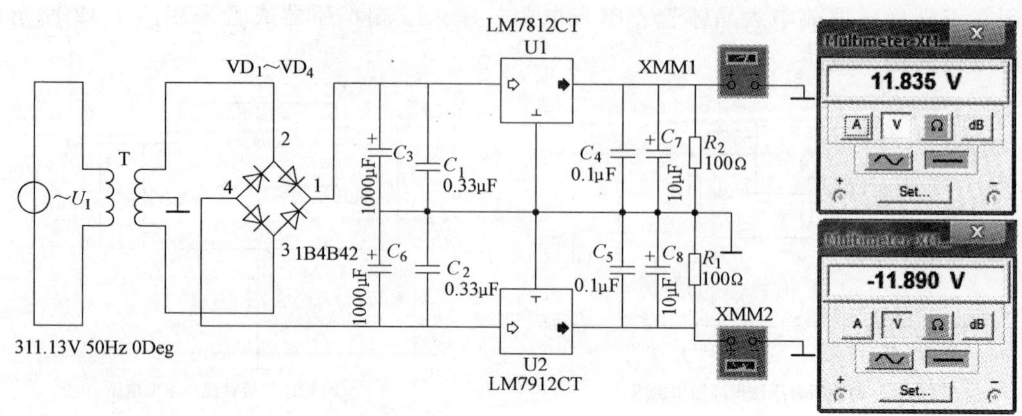

图 7-14 同时输出正负电压仿真电路

P_2，查表得出变压器的效率 η，从而确定电源变压器一次侧的功率 P_1，再选择电源变压器。

3）确定整流二极管的正向平均电流 I_D、整流二极管的最大反向电压 U_{RM} 和滤波电容的电容值和耐压值。根据所确定的参数，选择整流二极管和滤波电容。

例 7-3 设计一个稳压电源，要求输出 15V 的正电压，$I_{Omax} \leqslant 1A$。

解：其设计过程如下：

1）先选择稳压器，采用固定输出式三端集成稳压器 CW7815，其输入直流电压为 $U_I = (3 \sim 5)V + 15V$，取 $U_I = 20V$，考虑到电网电压有 10% 波动，最终取 $U_I = 22V$。

2）确定输入变压器

$$U_2 = \frac{U_I}{1.2} = \frac{22}{1.2}V \approx 18.3V$$

根据输出电流 $I_O \leqslant 1A$，算出变压器的二次侧功率 $P_2 = 18.3W$。根据二次侧功率查电源变压器相关手册，可选择相应的电源变压器。

3）确定桥堆。桥堆耐压应最好

$$U_{RM} > \sqrt{2}U_2 = 26V$$

1N4001 的反向击穿电压 $U_{RM} \geqslant 50V$，额定工作电流 $I_D = 1A \geqslant I_{Omax}$，故整流二极管选用 1N4001。

4）滤波电容器。为取得良好的滤波效果，一般取：

$$R_L C \geqslant (3 \sim 5)\frac{T}{2}$$

则
$$C \geqslant (3 \sim 5)\ \frac{T}{2R_L}$$

又因为 $I_O \leqslant 1A$，取 $I_O = 1A$，可得：

$$C \geqslant (3 \sim 5)\frac{1}{2f} \cdot \frac{I_O}{U_O} = (3 \sim 5) \times \frac{1}{1500}F$$

取 $C = 3 \times \frac{1}{1500}F = 2000\mu F$，取标称值 $C = 2200\mu F$

如果负载变动频繁，在 CW7815 输出端也可接 1 个 10 ~ 100μF 的电解电容。电路可参照图 7-11 所示电路。

7.2.4.3　三端电压可调式集成稳压器

CW78系列、CW79系列三端固定输出集成稳压器，主要用于固定输出标准电压值稳压电路中，虽然可通过外部元器件构成可调稳压电源，但稳压性能指标有所降低，且很不方便。现介绍采用很少的元器件就能工作的三端电压可调式集成稳压器，且其保留了固定输出稳压器的优点，性能指标上得到大大的提高。

按其输出电压不同可分为输出为正电压的CW317（包括CW117、CW127）系列和输出为负电压的CW337（包括CW137）系列；按其输出电流大小不同分，每个系列又可分为L型和M型。

CW317和CW337外形、引脚图如图7-15所示。

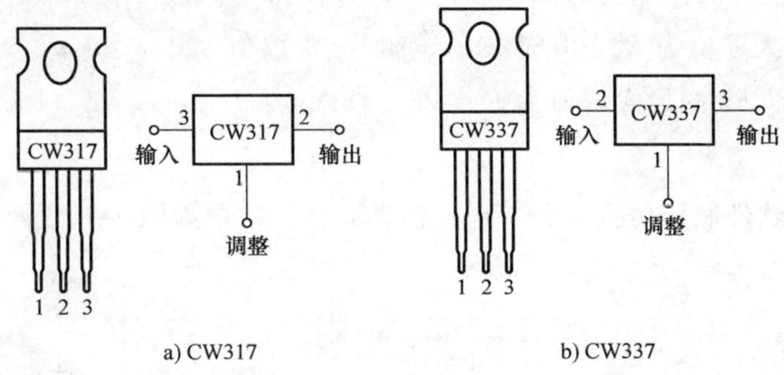

图7-15　CW317和CW337外形、引脚图

1. 基本应用电路

CW317和CW337系列三端可调稳压器使用方便，只需在输出端上外接两个电阻就可以获得所需的输出电压，它们的基本应用电路如图7-16所示。

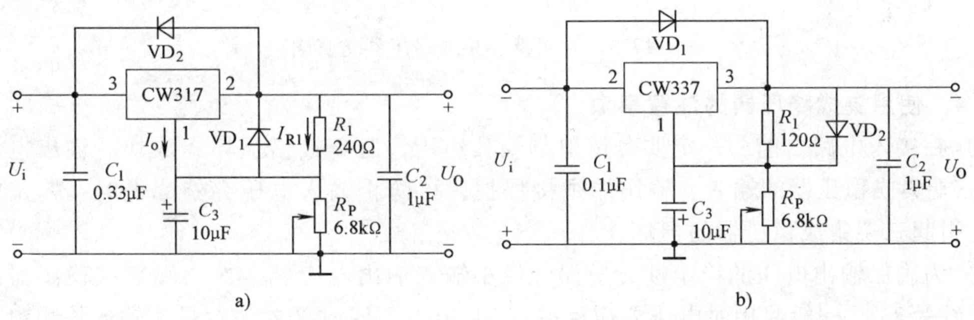

图7-16　三端可调式集成稳压电路CW317、CW337基本应用电路

图中C_1预防自激振荡产生，C_2用来改善输出电压波形，C_3用来滤除R_P上纹波电压，改善稳压器输出的纹波抑制特性。VD_1（CW337中的VD_2）是为了防止输出端短路，C_3放电而损坏三端集成稳压器；如果R_P上电压低于7V或C_2容量小于1μF时，VD_2也可省略不接。

为了使电路正常工作，一般输出电流不小于5mA。输入电压范围在2～40V，输出电压可在1.25～37V之间调整。负载电流可达1.5A，要求输入电压应比输出电压至少高3V。由于调整端的输出电流非常小，故可将其忽略，那么输出电压可表示为

$$U_O \approx \left(1+\frac{R_P}{R_1}\right) \times 1.25\text{V} \tag{7-19}$$

式中，1.25V 是集成稳压器输出端与调整端之间的固定参考电压 U_{REF}，R_1 取值 120～240Ω（此值保证稳压器在空载时也能正常工作），调节 R_P 可改变输出电压的大小（R_P 取值视 R_L 和输出电压的大小而确定）。

小知识：R_1、R_P 的取值。

从公式本身看，R_1、R_P 的电阻值可以随意设定。然而 R_1 和 R_P 的阻值是不能随意设定的。

1）317 稳压块的输出电压变化范围是 $U_O = 1.25 \sim 37V$，根据式（7-28），故 R_P/R_1 的比值范围只能是 0～28.6。

2）317 最小稳定工作电流的值一般为 1.5mA，需要保证 $U_O/(R_1 + R_P) \geq 1.5mA$，经计算可知 R_1 的最大取值为 $R_1 \approx 0.83k\Omega$，电阻 R_1 常取值 120～240Ω。又因为 R_2/R_1 的最大值为 28.6，所以 R_P 的最大取值为 $R_P \approx 23.74k\Omega$。

2. 仿真验证

运行 Multisim 软件制作仿真电路并进行仿真验证，结果如图 7-17 所示。

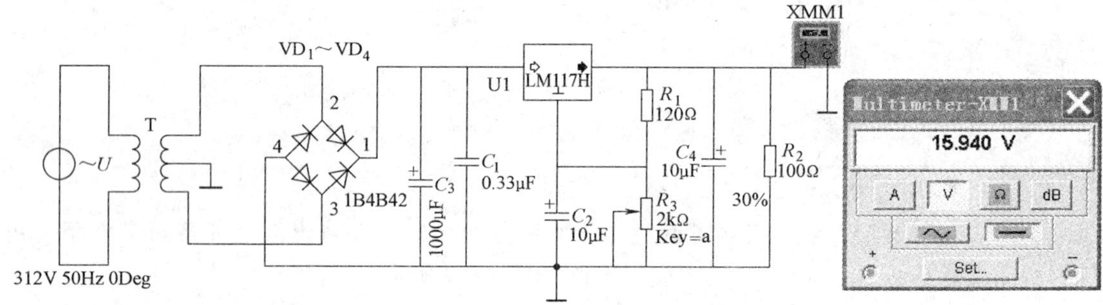

图 7-17　三端可调式集成稳压器仿真电路

7.2.4.4　使用集成稳压器的注意事项

1）在接入电路之前，一定要分清引脚及其作用，避免接错损坏集成块。输出电压大于 6V 的三端集成稳压器的输入、输出端须接保护，可防止输入电压突然降低时，输出电容迅速放电引起三端集成稳压器的损坏。

2）为确保输出电压的稳定性，应保证最小输入输出电压差。如三端集成稳压器的最小电压差约为 2V，一般使用时电压差应保持在 3V 以上。同时又要注意最大输入输出电压差范围不能超出规定范围。

3）为了扩大输出电流，三端集成稳压器允许并联使用。

4）使用集成稳压器时，要保证牢固可靠。对要求加散热装置的稳压器，必须加装符合要求尺寸的散热装置。

7.2.5　开关式稳压电路

7.2.5.1　开关式稳压电路概述

1. 概述

传统的线性稳压电源虽然电路结构简单、工作可靠，但它存在着效率低（只有 40%～

50%)、体积大、铜铁消耗量大，工作温度高及调整范围小等缺点。随着全球对能源问题的重视，电子产品的耗能问题将愈来愈突出，如何降低其待机功耗，提高供电效率已成为一个亟待解决的问题。为了提高效率，人们研制出了开关式稳压电源，让电路中的串联调整管工作在开关状态，即调整管工作在饱和导通和截止状态。由于调整管饱和时 U_{CES} 和截止时 I_{CEO} 都很小，所以调整管管耗较小，它的效率可达85%以上，稳压范围宽，除此之外，还具有稳压精度高、不使用电源变压器等特点，目前广泛应用于计算机、通信及功率较大的电子设备中，是一种较理想的稳压电源。

开关式稳压电源按控制方式不同可分为调宽式和调频式两种，在实际的应用中，调宽式使用得较多，在目前开发和使用的开关电源集成电路中，绝大多数也为脉宽调制型。下面只介绍脉宽调制式串联型开关稳压电路。

2. 开关式稳压电源基本电路框图

开关式稳压电源的基本电路框图如图7-18所示。交流电压经整流电路及滤波电路整流滤波后，变成含有一定脉动成分的直流电压，该电压进入高频转换器被转换成所需电压值的方波，最后再将这个方波电压经整流滤波变为所需要的直流电压。

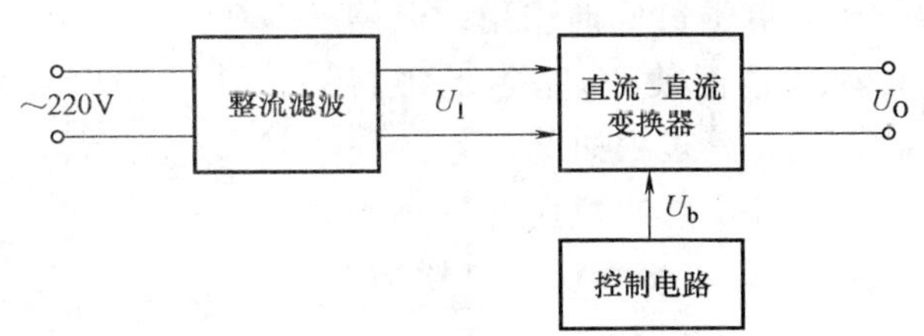

图7-18 开关式稳压电源基本电路框图

控制电路为脉冲宽度调制器，它主要由取样器、比较器、振荡器、脉宽调制及基准电压等电路构成。这部分电路目前已集成化，制成了各种开关电源用集成电路。控制电路用来调整高频开关元件的开关时间比例，以达到稳定输出电压的目的。

7.2.5.2 脉宽调制式串联型开关稳压电路

(1) 电路构成 脉宽调制式串联型开关稳压电路如图7-19所示，由开关管VT、滤波储能电路（包括电感 L、电容 C 和二极管VD）、取样电路（R_1、R_2）、基准电压、比较器A、三角波发生器及脉冲调宽比较器组成。

(2) 工作原理 U_I 是经过整流滤波电路之后的输入电压，u_B 是比较器的输出电压。该电路利用 u_B 控制开关管VT，将 U_I 变成断续的矩形波电压 u_E。由电压比较电路的特点可知，当 $u_A > u_T$ 时，$U_+ > U_-$，U_B 为高电平，反之，U_B 为低电平。

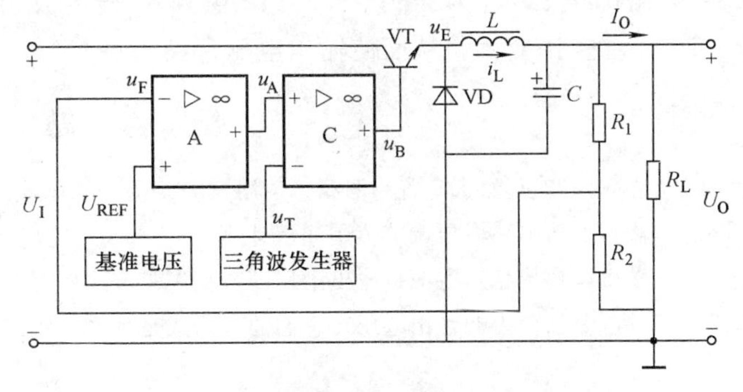

图7-19 脉宽调制式串联型开关稳压电路

当 U_B 为高电平时，VT饱和导通，输入电压 U_I 经滤波电感 L 加在滤波电容 C 和负载 R_L 两端，在此期间，i_L 增大，L 和 C 储存能量，续流二极管VD因反偏而截止。当 U_B 为低电平时，VT由饱和导通转换为截止，由于电感电流 i_L 不能突变，i_L 经 R_L 和续流二极管VD形成回路释放能量，此时滤波电容 C 也向 R_L 放电，因而 R_L 两端仍能获得连续的输出电压。当开关管在 U_B 的作用下又进入饱和导通时，L、C 再一次充电，以后 VT 又截止，L、C 又放电。

图 7-20 画出了电压 u_T、u_A、u_B、u_E、u_O 和 i_L 的波形，其中 t_{on} 是调整管 VT 的导通时间，t_{off} 是调整管 VT 的截止时间，$T=t_{on}+t_{off}$ 是重复周期，输出电压 U_O 与输入电压 U_I 的关系为

$$U_O=\frac{t_{on}}{T}U_I=qU_I \tag{7-20}$$

式中，$q=\frac{t_{on}}{T}$ 为脉冲波形的占空比，当 U_I 与 T 不变时，通过调节占空比就可以调节输出电压 U_O，从而达到稳定电压的目的，故称此电路为脉宽调制式串联型开关稳压电路。

（3）稳压原理　当输入的交流电源电压波动或负载电阻发生改变时，都将引起输出电压 U_O 的改变，由于负反馈作用，电路能自动调整而使 U_O 基本上维持稳定不变，其过程如下。

1）U_O 升高的稳压过程：当输入电压 U_I 增加使输出电压 U_O 增加，则 $U_F>U_{REF}$，比较放大器 A 输出电压 u_A 为负值，u_A 与固定频率三角波电压 u_T 相比较，u_B 输出高电平变窄（$t_{on}\downarrow$），占空比变小，从而使输出电压保持不变。

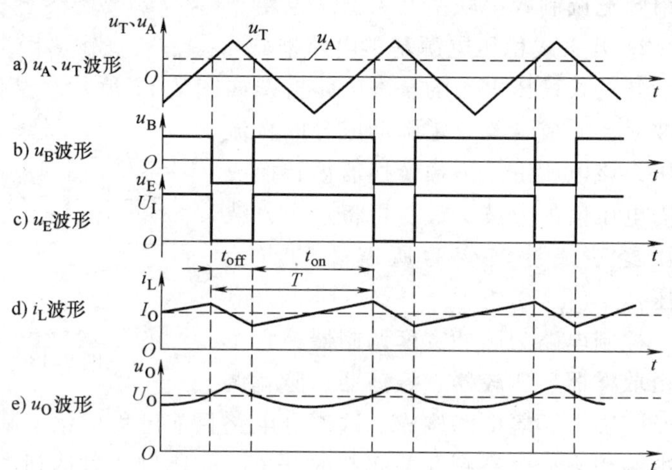

图 7-20　串联型开关稳压电路电压、电流波形

2）U_O 下降的稳压过程：当输入电压 U_I 减小使输出电压 U_O 减小，则 $U_F<U_{REF}$，比较放大器 A 输出电压 u_A 为正值，u_A 与固定频率三角波电压 u_T 相比较，u_B 输出低电平变宽（$t_{on}\uparrow$），占空比变大，从而使输出电压保持不变。

思　考　题

1. 半导体收音机需 +6V 直流电源，请用三端固定式稳压器组成 +6V 稳压源，画出该电源的电路图。
2. 串联型稳压电路电压调节范围如何计算？
3. 三端可调集成稳压电源，输出电压调节范围是多少？
4. 开关电源如何控制输出电压，它们的关系式是什么？

7.3　相关的基本技能

7.3.1　实用电源电路的识图、读图练习

一张电路图通常有几十乃至几百个元器件，它们的连线纵横交叉，形式变化多端，初学者往往不知道该从什么地方开始读图，怎样才能读懂它。其实电子电路本身具有很强的规律

性，不管多么复杂的电路，经过分析可以发现，它是由少数几个单元电路组成的。如电源电路是电子电路中比较简单而应用最广的电路。拿到一张电源电路图时，应该：①先按“整流→滤波→稳压”的次序把整个电源电路分解开来，逐级细细分析。②逐级分析时要分清主电路和辅助电路、主要元器件和次要元器件，弄清它们的作用和参数要求等。例如开关稳压电源中，电感电容和整流二极管就是它的关键元器件。③因为晶体管有NPN和PNP型两类，某些集成电路要求双电源供电，所以一个电源电路往往包括有不同极性不同电压值和好几组输出。读图时必须分清各组输出电压的数值和极性。在组装和维修时也要仔细分清晶体管和电解电容的极性，防止出错。④熟悉某些习惯画法和简化画法。⑤最后把整个电路从前到后全面综合贯通起来。

图7-21所示为由分立元器件组成的某设备中串联型稳压电源的电路图。其整流部分为单相桥式整流、电容滤波电路。稳压部分为串联型稳压电源，它由调整管（晶体管VT_1）、比较放大器（VT_2、R_7）、取样电路（R_1、R_2、R_P）、基准电压（VS、R_3）和过电流保护电路（VT_3及电阻R_4、R_5、R_6）等组成。整个稳压电路是一个具有电压串联负反馈的闭环系统，其稳压过程为：当电网电压波动或负载变动引起输出直流电压发生变化时，取样电路取出输出电压的一部分送入比较放大器，并与基准电压进行比较，产生的误差信号经VT_2放大后送至调整管VT_1的基极，使调整管改变其管压降，以补偿输出电压的变化，从而达到稳定输出电压的目的。

保护调整管电路是由晶体管VT_3、R_4、R_5、R_6组成的减流型保护电路。此电路设计在$I_{op}=1.2I_o$时开始起保护作用，此时输出电流减小，输出电压降低。

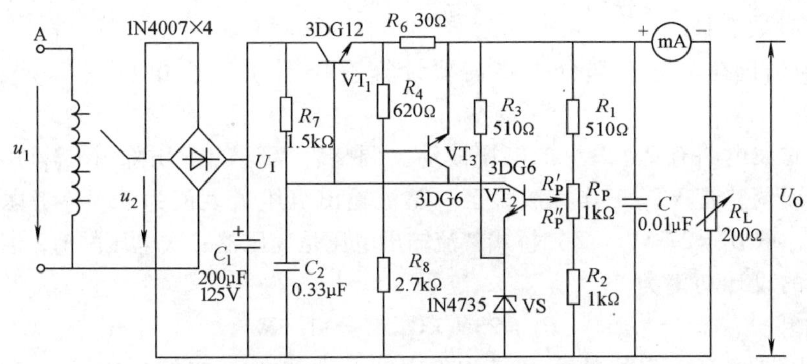

图7-21 某设备中串联型稳压电源的电路图

通过识图练习，回答以下问题：

1）为了使稳压电源的输出电压$U_O=12V$，则其输入电压的最小值U_I应等于多少？交流输入电压U_2又怎样确定？

2）电源输出不正常，或输出电压U_O不随取样电位器R_P而变化时，应如何进行检查以找出故障所在？

3）分析保护电路的工作原理。怎样提高稳压电源的性能指标（减小S_r和R_O）？

7.3.2 Multisim仿真软件应用训练

下面以设计串联型直流稳压电源的过程为例进行仿真训练，先用理论计算各电路参数值，再通过电路仿真来验证，最后通过仿真测试得出参数的合理性。从而帮助同学们更好地掌握本章节内容。

1. 串联型直流稳压电源设计

设计并制作串联型直流稳压电源，要求额定输出电压 $U_O=15V$，输出调整范围为 10～20V，额定输出电流 $I_O \leqslant 500mA$，电网电源波动为 ±10%，稳压系数 $S_r<0.05$，具有过电流保护功能。

（1）初选电路　根据设计要求可知，输出电流 $I_o \geqslant 500mA$，输出调整范围为 10～20V，从稳压调节范围考虑，选择带有可变电阻器的取样电路，由此初选一个电路原理图，如图 7-22 所示，通过参数计算和仿真测试，再重新调整所选电路，使之满足要求。最后在调试过程中进一步确定电路及组件参数。

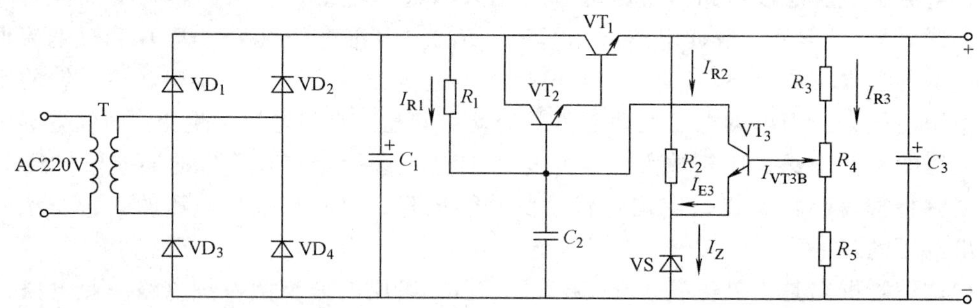

图 7-22　设计初选电路原理图

（2）组件参数选择

1）变压器的选择。这一部分主要需要计算变压器 T 二次电压（U_2）和变压器的功率 P_1。

一般整流滤波电路有 2V 以上的电压波动。调整管 VT_1 的管压降 $(U_{VT1})_{CE}$ 应维持在 3V 以上，才能保证调整管 VT_1 工作在放大区。整流输出电压最大值为 23V，考虑到电网电压有 ±10% 的波动，取 $U_I=27.5V$。又知桥式整流输出电压是变压器二次电压的 1.2 倍，则 $U_2=23V$。

变压器 T 的设计功率为

$$P_1=23V\times0.5A=11.5W$$

为保证变压器留有一定的功率余量，确定变压器 T 的额定输出电压为 23V，额定功率为 12W。

2）整流滤波元器件的选择。采用桥式整流，电容滤波电路。经过整流二极管的最大电流为 $I_{OMAX}=500mA$。在实际电路中，根据最大整流电流 $I'_{OMAX}>1.5I_{OMAX}$ 和最大反向电压 $U_R \geqslant \sqrt{2}U_2$，可计算出 U_I 和 I'_{OMAX} 来选取整流二极管，本例中选取 3N254。

根据 $I_O \leqslant 500mA$，输出最大电压 $U_O=20V$，可计算出 $R_L=40\Omega$；滤波电容选取 $C=1500\mu F/50V$。

3）调整部分。调整部分主要需要计算调整管 VT_1 和 VT_2 的集电极-发射极反向击穿电压，最大允许集电极电流。

在市电上升 10%，同时负载断路的情况下，整流滤波后的输出电压全部加到调整管 VT_1 上，这时调整管 VT_1 的集电极-发射极反向击穿电压为 27.5V。当负载电流最大时，VT_1

的最大允许集电极电流为500mA，考虑到放大取样电路需要消耗少量电流，同时留有一定余量，可取600mA。这里选择2N4400（选择调整管VT_1时需要注意其放大倍数$\beta \geqslant 40$）。调整管VT_2各项参数的计算原则与VT_1类似，计算得VT_1的集电极－发射极反向击穿电压为27.5V，最大允许集电极电流为150mA，可选取2N4409。

4）基准电压元器件选择。基准电源部分主要需要计算稳压管VS和限流电阻R_2的参数。

稳压管VS的稳压值应该小于最小输出电压U_{OMIN}，但是也不能过小，否则会影响稳定度。这里选1N4735A，其稳压值为6.2V，为保证稳定度，稳压管的工作电流I_Z应该尽量选择大一些。而其工作电流$I_Z = I_{E3} + I_{E2}$，由于I_{E3}在工作中是变化值，为保证稳定度取$I_{R2} \gg I_{E3}$，则$I_Z \approx I_{R2}$。

这里初步确定$I_{R2MIN} = 10mA$，则R_2为

$$R_2 = (U_{OMIN} - U_Z)/I_{R2MIN} = (10 - 6.2)V/10mA = 380\Omega$$

5）放大电路和取样电路。放大部分主要需要计算限流电阻R_1和比较放大管VT_3的参数。由于这部分电路的电流比较小，主要考虑VT_3的放大倍数β和集电极-发射极反向击穿电压。这里可以选$I_{R1} = 3mA$，当输出电压最小时，则R_1为

$$R_1 = (U_2 - U_O - U_{BE1} - U_{BE2})/I_{R1} = (25 - 10 - 0.7 - 0.7)V/0.003A \approx 4.5k\Omega$$

实际选择时可取R_1为4.5kΩ。

选择放大电路参数的原则是保证在电网电压或负载电流变化时放大电路都应工作在放大区并且尽量提高放大倍数，以满足稳压精度的要求，这里选取2N2222。

取样部分主要需要计算取样电阻R_3、R_4、R_5的阻值。

由于取样电路同时接入VT_3的基极，为避免VT_3基极电流I_{B3}对取样电路分压比产生影响，需要让$I_{B3} \gg I_{R3}$。因此取$I_{R3MIN} = 10mA$，则可得：

$$R_3 + R_4 + R_5 = 10V/10mA = 1000\Omega$$

根据式（7-10）、式（7-12）可得

$$R_5 = 310\Omega,\ R_4 = 310\Omega,\ R_3 = 380\Omega。$$

6）过载保护。电路中如果输出端过载或发生短路时，通过调整管VT_3的电流将急剧增大，用晶体管2N2222和电阻组成过电流保护电路。

7）其他元件。在VT_2的基极与地之间并联有电容C_2，此电容的作用是为防止发生自激振荡影响电路工作的稳定性，一般可取0.01μF/35V。在电源的输出端并联的电容C_3是为提高输出电压的稳定度，特别是对于瞬时大电流可以起到较好的抑制作用，可选470μF电解电容。

2. 电路的仿真分析

利用Multisim画出仿真电路，如图7-23所示。

（1）仿真步骤　仿真分析开始前可双击仪器图标打开仪器面板，准备观察被测试波形。单击电路原理图窗口右上角的启动/停止开关，即可开始仿真，仿真后各仪器工作状态如图7-23所示。

（2）仿真输出数据结果

1）整流滤波。在输入端加入幅值为$U_2 = 32V$，频率为50Hz的交流电压，负载$R_L = 40\Omega$，可用Multisim软件提供的万用表、示波器观察滤波电路输出结果。这时调节R_P，使输出U_O在15V左右，从图7-23中可以万用表测量出关键点的电压：$U_2 = 22.627V$，$U_1 =$

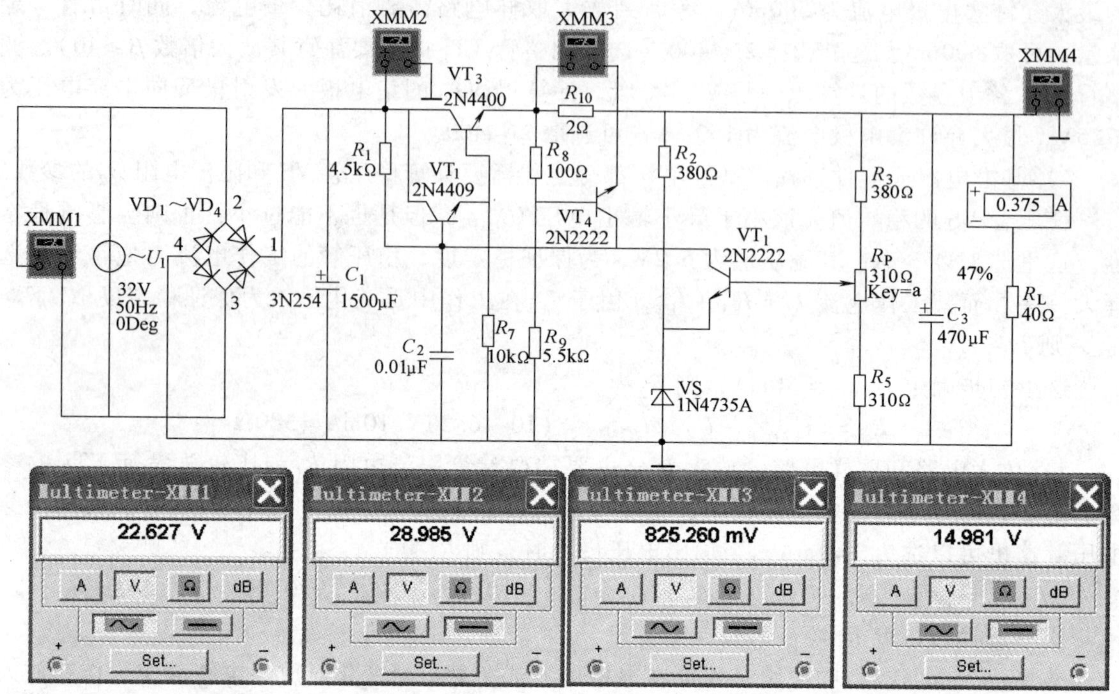

图 7-23 设计仿真原理图及输出额定电压 15V 时各监测点电压

28.985V，U_O = 14.981V。

2）稳压电路。模拟交流电网波动 ±10%，设输入电压分别为 35.2V 和 28.8V，频率为 50Hz 交流电压时的情况。首先改变输入电压信号，仿真电网波动，用 Multisim 软件操作比较简单，只需用鼠标对准电压源双击，根据屏幕显示将其由 32V，分别改变为 35.2V 和 28.8V，这时测量的对应的 U_I 分别为 32.166V 和 25.807V，输出电压 U_O 为 14.997V 和 14.961V。

3）过电流保护电路。当 u_2 = 32V，频率为 50Hz，R_L = 40Ω，调节电路使 U_O = 15V 左右，再分别改变 R_L。当 $R_L = \infty$ 时，U_O = 14.995V。当 R_L = 40Ω 时，I_L = 375mA，U_O = 14.981V。当 R_L = 5Ω 时，I_L = 365mA，U_O = 1.827V。当负载短路时，I_L = 352mA，U_O = 352.247mV。从测量的数据看，本电路是一个限流型保护电路。

（3）仿真结果分析

1）输出电压分析。根据式（7-10）、式（7-12）计算输出 U_O 调节范围为 10 ~ 20V。

用 Multisim 模拟仿真，当 R_L = 40Ω 时，测量输出电压 U_O，调节 R_P 范围，即当键盘字母为小写状态，连续按下 A 键，电位器滑动头向下移动，直至最下端，这时测量 U_O = 17.765V：反之，当键盘字母为大写状态，连续按下 A 键，电位器滑动头向上移动，直至最上端，这时测量 U_O = 10.996V。

2）稳压系数 S_r 理论值的计算。用模拟交流电网波动 ±10% 输入、输出电压值进行计算。由此得出：

$$S_r = \frac{\Delta U_O / U_O}{\Delta U_I / U_I} = \frac{0.036/14.961}{6.359/25.807} = 0.010 < 0.05$$

3）输出电阻。用 Multisim 仿真仿真测量的数据：当 $R_L=\infty$，$U_O=14.995V$；当 $R_L=40\Omega$，$I_L=375mA$，$U_O=14.981V$ 计算得出：

$$R_O=\frac{\Delta U_O}{\Delta I_O}=\frac{0.014}{0.375}=0.037\Omega$$

通过以上分析，串联型的测量值和理论计算值基本相符。实际线路满足设计指标要求。

在实际设计中，如果以上设计的电路通过仿真分析，不符合设计要求，可通过逐渐改变元器件参数或更改元器件型号，使设计符合要求，最终确定元器件。并可对更改的电路进行仿真分析，观察虚拟结果是否满足设计要求，这在实际的电路板中是难以做到的。

本章小结

1）直流稳压电源应包含整流、滤波和稳压三个部分。整流器件为二极管，滤波元件有电容和电感，滤波电容应与负载并联，滤波电感应与负载串联。滤波后的直流电压仍受到电网波动及负载变化的影响，为此要采取稳压措施。

① 整流电路。利用二极管的单向导电性，可组装成整流电路，将交流电转换成单向脉动电流——直流电。其中最基本的是单相半波整流电路，应用最广泛的是单向桥式整流电路。

② 滤波电路。为了向电子和电器设备提供比较平滑的直流电压，对整流电路输出的单向脉动电流，必须进行滤波。最基本的滤波电路有电容滤波电路、电感滤波电路。使用广泛的有 $RC\pi$ 型滤波和 $LC\pi$ 型滤波电路。

③ 串联型直流稳压电路。串联型稳压电源的晶体管均工作在线性放大状态。主要由调整环节、取样环节、基准环节和比较放大环节组成。为了提高其稳压效果，在要求较高的稳压电源中调整管多用复合管。

④ 集成稳压电源。集成稳压器代表了稳压电源的发展方向。广泛使用的是三端集成稳压器，它可分为固定输出式和可调式两大类。固定输出式以 CW78××（正电压输出）、CW79××（负电压输出）为代表，可调式以 CW117、CW137 等系列为代表。

2）稳压电路主要有线性稳压电路和开关型稳压电路两种。小功率电源多用线性调整型稳压电路，其中三端集成稳压器由于使用方便，应用越来越广泛。大功率电源多采用开关型稳压电路，一般采用脉宽调制实现稳压。

开关型稳压电源的调整管工作在饱和导通与截止两种状态，其输出电压的高低由调整管饱和和导通的时间决定。调整管导通的时间越长，供给储能电路能量越多，输出电压越高；反之，输出电压越低。由于它的损耗小、效率高、输出电压稳定，再加上轻便、体积小等，是性能更为优越的新一代稳压电源。

3）直流稳压电源的制作与设计，一般根据设计的要求按照设计电路结构，选择电路元器件，计算确定元器件参数，画出实用原理电路图，仿真检验，画印制电路板的元器件分布图，进行元器件焊接，进行整机的调试与检测的过程进行。

习　题

一、填空题

1. 一个直流电源必备的 3 个环节是________、________和________。

2. 稳压电路的作用就是在________、________和________变化时，保持输出电压基本不变。

3. 串联型稳压电路由______________________________组成。

4. 单相桥式整流电路二极管两端承受的最大反向电压 U_{DRM} = ________ U_2。

5. CW7812 型单片式三端集成稳压器输出电压的稳定值为________。

6. 串联开关型稳压电路由采样电路、________、________、开关脉冲发生器、________、储能滤波电路六部分组成。

二、判断题

1. 电源变压器二次侧电压有效值为 U_2，在桥式整流电路中输出直流电压有效值为 $U_o=0.45U_2$。（　　）

2. 开关型直流电源比线性直流电源效率高的原因是调整管工作在开关状态。（　　）

3. 三端固定输出集成稳压器 CW79××系列的 1 脚为输入端，2 脚为输出端。（　　）

4. 将两只三端稳压器并联使用，可以使输出电流扩大一倍。（　　）

5. 串联型稳压电路中的放大环节所放大的对象是基准电压与采样电压之差。（　　）

三、选择题

1. 在开关型稳压电路中，调整管工作在________状态。（A. 饱和　B. 截止　C. 饱和和截止两种）

2. 并联型稳压电路指稳压元件与负载________。（A. 并联　B. 串联　C. 串并混合）

3. 稳压电源的主要技术指标是________。（A. 特性与质量　B. 稳压和温度系数　C. 输出电压与电流）

4. 如图 7-24 所示，电路中 u_2 的有效值为 20V，如果 R_L 和 C 增大，则输出电压________。（A. 增大　B. 减小　C. 不变）

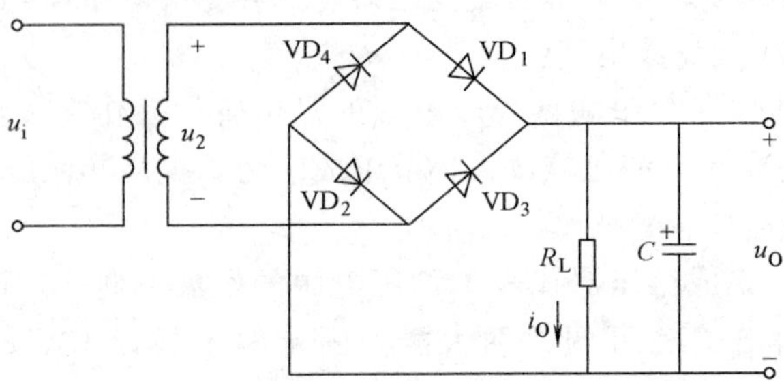

图 7-24　习题选择题 4 电路

5. CW78××系列和 CW79××系列引脚对应关系为________。（A. 一致　B. ①脚与③脚对调，②脚不变　C. ①、②脚对调）

四、分析计算题

1. 在图 7-25 所示的串联型直流稳压电源电路中，若稳压管的 $U_Z=16V$，$R_1=300\Omega$，$R_2=300\Omega$，$R_P=200\Omega$。试求输出电压的调节范围。

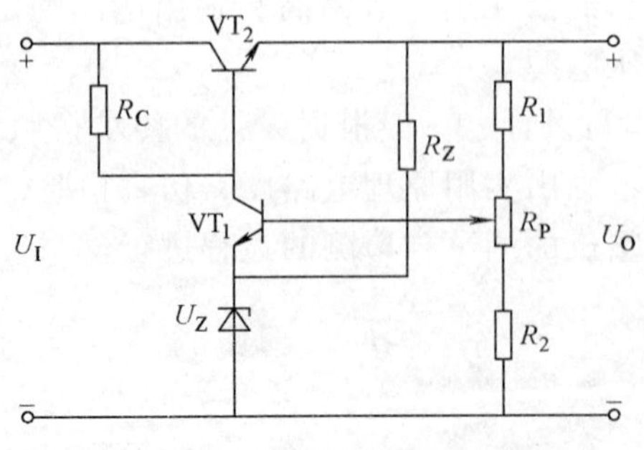

图 7-25　分析计算题 1 电路

2. 图 7-26 是利用 W7800 系列和 W7900 系列两块集成稳压器构成的二路直流稳压电路。试问：（1）图中 U_{O1} = ？ U_{O2} = ？（2）说明电容 C_1 和 C_2 的作用是什么？

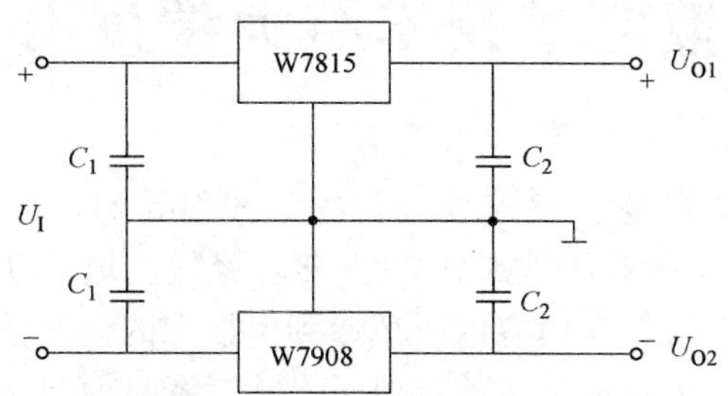

图 7-26　分析计算题 2 电路

3. 电路如图 7-27 所示，试求：

（1）分别标出 u_{O1} 和 u_{O2} 对地的极性。

（2）u_{O1}、u_{O2} 分别是半波整流还是全波整流？

（3）当 $u_{21} = u_{22} = 20V$ 时，u_{O1} 和 u_{O2} 各为多少？

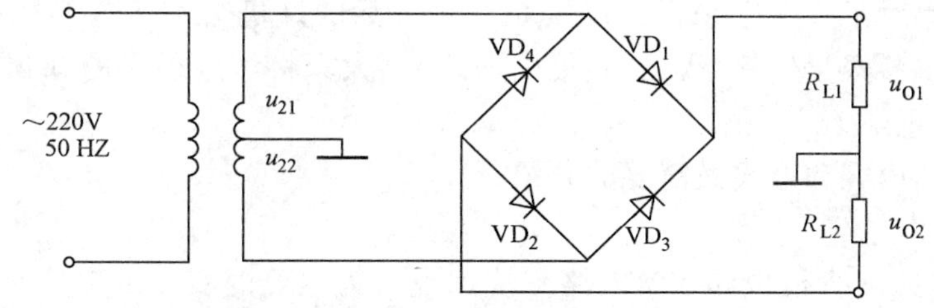

图 7-27　分析计算题 3 电路

4. 试设计与制作一直流稳压电源，要求输出电压 $U_O = 9V \pm 0.5V$，最大输出电流 $I_{OMAX} = 1A$，输出纹波小于 4mA（$I_{OMAX} = 1A$ 时）。

第8章　模拟电子技术与大学生电子设计竞赛

全国大学生电子设计竞赛是1993年由原国家教委倡导的在全国普通高校组织开展的四大学科竞赛之一。从1994年的首届试点到2009年已经成功地举办了9届。对全国普通高校电子信息类专业的课程体系与教学内容的改革起到了极大的促进作用，为培养学生的创新设计能力与优秀人才的脱颖而出创造了条件。电子设计竞赛是面向全国大学生的群众性科技活动，是培养学生创新能力、协作精神，提高学生综合素质的有力措施。现在，全国大学生电子设计竞赛已逐渐成为高校检验教学质量与学生综合素质的试金石。

随着电子设计竞赛的理念深入人心，越来越多的高等院校参与其中，特别是近年来，参与人数大幅增加。2009年的全国大学生电子设计竞赛共有938所高校中8766个代表队的26298名大学生踊跃报名参加了竞赛。

电子设计竞赛对于大学生来说，确实是一个练兵的好机会，在这短短的4天中（其实不止这几天，很多参赛学生都会在暑假集中训练），大家将学到很多的知识，这些知识使大家受益无穷。

下面对竞赛的内容和形式做简要的介绍：

1. 竞赛内容

1）以电子电路（含模拟和数字电路）应用设计为主要内容，可以涉及模-数混合电路、单片机、可编程器件、EDA软件工具和PC（主要用于开发）的应用。题目包括“理论设计”和“实际制作与调试”两部分。竞赛题目应具有实际意义和应用背景，并考虑到目前教学的基本内容和新技术的应用趋势，同时对教学内容和课程体系改革起一定的引导作用。

2）题目着重考核学生综合运用基础知识进行理论设计的能力、学生的创新精神和独立工作能力、学生的实验综合技能（制作、调试）。

3）题目在难易程度方面，既要考虑使一般参赛学生能在规定时间内完成基本要求，又能使优秀学生有发挥与创新的余地。

2. 竞赛形式

竞赛采用全国统一命题、分赛区组织、“半封闭、相对集中”的组织方式进行。参赛学生每三人组成一个参赛队，在三天四晚的竞赛期间学生可以查阅有关文献资料，队内学生集体商讨设计思想，确定设计方案，分工负责、团结协作，以队为基本单位独立完成竞赛任务，在竞赛规定的时间内完成课题内容的理论设计、实际制作及设计报告的编写。

从上面的介绍中可以看到，要完成竞赛任务，涉及模拟电子、数字电子、单片机程序设计、线路板的计算机辅助设计（Protel）、电子工艺等多门专业基础课和专业课的综合应用，是对所学知识的一次大整合，通过竞赛及竞赛培训，利用竞赛及竞赛培训提供的平台及资源，使参赛学生掌握了对所学知识的整合应用，实现了从理论到实践的飞跃。

本章的任务是通过对往年几个竞赛试题的点评，说明如何将所学知识加以综合应用。由于试题很贴近实际，一个试题的制作往往就是一个实际产品的研制，是一个完整的电子系统，或者是一个电子系统的主体部分，有很强的工程背景，也使得学生掌握如何将所学知识与解决实际问题相联系。通过对试题的点评，引导学生完成一个或多个竞赛试题的制作，对所学模拟电子技术基础知识的整合，能获得动手实践的宝贵经验。

由于试题一般是多门课程知识的综合应用，因此下面在选题上精选了几个以模拟电子技术为主体的竞赛试题，对其中超出模拟电子技术知识范畴的部分不予点评讲解。

8.1　2009年全国大学生电子设计竞赛试题：低频功率放大器（G题　高职高专组）解析

8.1.1　试题及评分要求

1. 任务

设计并制作一个低频功率放大器，要求末级功放管采用分立的大功率MOS晶体管。

2. 要求

（1）基本要求

1）当输入正弦信号的电压有效值为5mV时，在8Ω电阻负载（一端接地）上，输出功率≥5W，输出波形无明显失真。

2）通频带为20Hz～20kHz。

3）输入电阻为600Ω。

4）输出噪声电压有效值U_{OM}≤5mW。

5）尽可能提高功率放大器的整机效率。

6）具有测量并显示低频功率放大器输出功率（正弦信号输入时）、直流电源的供给功率和整机效率的功能，测量精度优于5%。

（2）发挥部分

1）低频功率放大器通频带扩展为10Hz～50kHz。

2）在通频带内低频功率放大器失真度小于1%。

3）在满足输出功率≥5W、通频带为20Hz～20kHz的前提下，尽可能降低输入信号幅度。

4）设计一个带阻滤波器，阻带频率范围为40～60Hz。在50Hz频率点输出功率衰减≥6dB。

5）其他。

3. 说明

1）不得使用MOS集成功率模块。

2）本题输出噪声电压定义为输入端接地时，在负载电阻上测得的输出电压，测量时使用带宽为2MHz的毫伏表。

3）本题功率放大电路的整机效率定义为：功率放大器的输出功率与整机的直流电源供给功率之比。电路中应预留测试端子，以便测试直流电源供给功率。

4）发挥部分中4）制作的带阻滤波器通过开关接入。

5）设计报告正文中应包括系统总体框图、核心电路原理图、主要流程图、主要的测试结果。完整的电路原理图、重要的源程序用附件给出。

4. 评分标准

评分标准见表 8-1。

表 8-1 评分标准

	项　目	主要内容	满　分
设计报告	系统方案	总体方案设计	4
	理论分析与设计	电压放大电路设计；输出级电路设计；带阻滤波器设计；显示电路设计	8
	电路与程序设计	总体电路图；工作流程图	3
	测试方案与测试结果	调试方法与仪器；测试数据完整性；测试结果分析	3
	设计报告结构及规范性	摘要；设计报告正文的结构；图表的规范性	2
	总分		20
基本要求	实际制作完成情况		50
发挥部分	完成第 1）项		10
	完成第 2）项		10
	完成第 3）项		15
	完成第 4）项		10
	其他		5
	总分		50

8.1.2 试题解析

本试题初看起来不难，是要求制作一个低频音频功率放大器，除了基本要求的第 6 点要求要应用到单片机知识（或数字电路）才能完成试题要求，其余各项基本要求和发挥部分的要求都可运用模拟电子技术的知识来完成。

但本试题的总体完成情况不是很理想，主要原因如下：

1. 试题要求的指标较高

要将一个有效值为 5mV 的信号，经放大后在 8Ω 电阻负载（一端接地）上，输出功率≥5W，也即输出信号的电压有效值约为

$$U_{OM}=\sqrt{5\times8}\text{V}\approx6.3\text{V}$$

即电压放大倍数约为：

$$A_u=6.3\text{V}/5\text{mV}\approx1260$$

而试题同时要求：输出噪声电压有效值 $U_{OM}\leqslant5\text{mV}$，同时要求通频带为 20Hz ~ 20kHz，在发挥部分还要求进一步扩展为 10Hz ~ 50kHz，而且在通频带内低频功率放大器失真度小于 1%。而上述这些指标是相互制约的。总体来说，本试题是要求完成一个小信号、高倍数、低噪声的宽带低频功率放大器。

2. 试题要求末级功放管采用分立的大功率 MOS 晶体管

对于大功率 MOS 晶体管而言，虽然大多教材都有相关部分的知识内容，此部分内容大多学校基本略过不讲，导致参赛队员对大功率 MOS 晶体管的应用不熟悉。此外，多数学校在竞赛准备元器件时也至多准备大功率晶体管。因此选做此题的参赛队只能临时紧急采购大

功率MOS晶体管，使竞赛制作时间受到较大影响。

3. 要全面完成试题指标对制作工艺要求较高

制作工艺对多数学生来说是弱项，如合理的元器件布局，整体系统的安装，焊接工艺等，是需要在较长时间的制作中经积累才能达到一定水平，而且制作工艺也受到学校实验室手工制作工艺手段的限制。

由于上述三个方面的原因，此试题的总体完成情况不是很理想，但也有少数参赛队的作品质量较高，能完成试题要求的绝大部分指标。

8.1.3 试题完成方案

对于高达1200多倍的电压放大倍数，一般要使用多级放大电路来完成。在竞赛期间的网上论坛中，曾看到有网友提出的方案：在一级放大电路完成1200多倍的电压放大。这样的电路存在两个问题：一是高倍数的功率放大电路难以稳定地工作，二是在电路元器件及电路参数都确定后通频带与增益（电压放大倍数）的乘积基本是一常数，即电压放大倍数增大多少倍，通频带就要变窄多少倍，这样就要求完成电压放大的器件的带宽要高，因为在高倍数的电压放大倍数下，要在本级完成较高的带宽（按发挥部分要求带宽约50kHz），这样增益带宽乘积约为60MHz，而常规的运放，如NE5532的增益带宽乘积为10MHz，远达不到要求，而NE5532在常规的运放中此一指标还算比较好的，其他的如OP07此指标仅为3MHz。因此，这样的方案必须使用宽带运放如OP37，增益带宽乘积约为63MHz，而这还仅仅只是讨论单一指标能否达到，同时在高倍数的电压放大倍数下完成高带宽的放大，实现起来十分不易。

因此在一级放大完成1200多倍的电压放大，这一方案是不可取的。

可行的方案是采取两级或三级放大来实现，现在以两级放大为例：第一级前置放大主要完成电压放大，后级完成电压放大及功率放大。

对于多级放大电路，其通频带一定比它的任何一级都窄，级数越多，通频带越窄。但只要使每一级的参数都合理，完成试题的指标是很轻松的。例如，如果使第一级的增益带宽乘积为1~2MHz，后级为1~2MHz，就能很容易使用NE5532达到试题指标。通常大功率后级的带宽是较差的，是决定整个系统的带宽的关键因素。

下面介绍一个比较成功的完成方案。

该作品基本达到试题要求的各项指标，获该年度全国一等奖，作品采用两级放大电路，第一级放大采用低噪声集成运算放大器NE5532，第二级采用分立元器件构成的放大电路，如图8-1所示，采用场效应晶体管对管（K246/J103）作为输入级，大功率MOS场效应晶体管（K413/J118）作为输出级。该方案容易实现，性能稳定。

该实现方案电路的增益估算为：

第一级NE5532组成的前置放大电路的增益为：$A_{u1}=1+R_5/R_{401}\sim 23$

第二级MOS功率管组成的功率放大电路的增益为：$A_{u2}=1+R_9/R_{13}\approx 56$

电路总的增益为：$A_u=A_{u1}\times A_{u2}\approx 1278$

满足信号放大输出的要求。

以上是在竞赛中提交的设计报告中的描述，在设计报告中没有给出第一级的电路原理图，但根据作品现场测试情况及以上设计报告中给出的部分信息可以分析其成功与不足

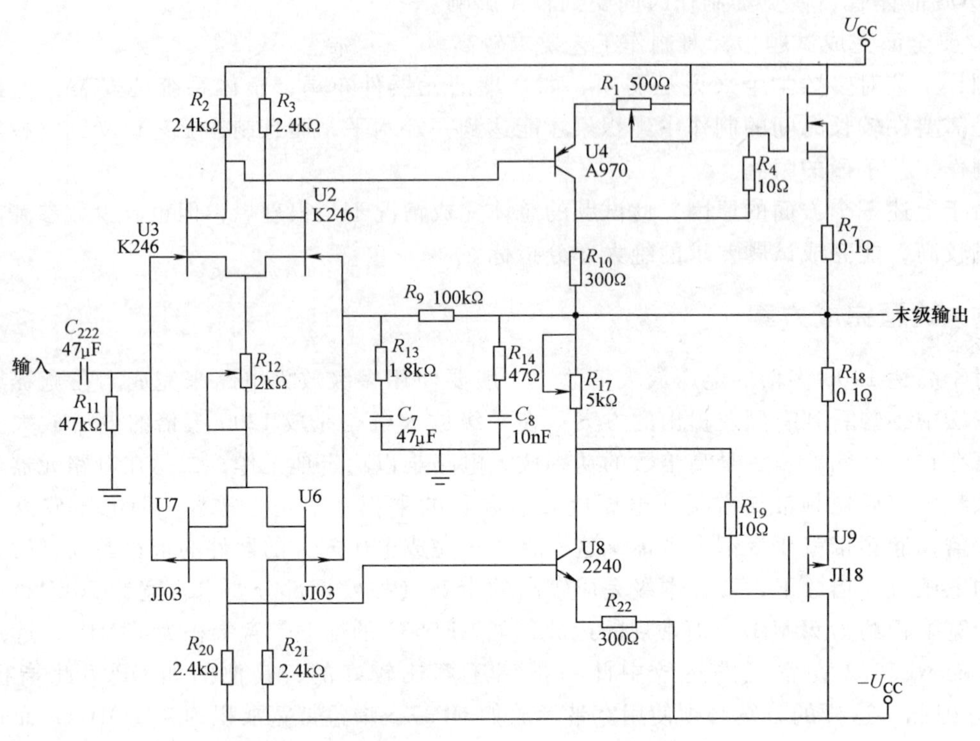

图 8-1 分立元器件构成的功率放大电路

之处。

从现场测试的情况来看，该作品较为全面地完成了试题的指标要求，尤其难能可贵的是整体工艺做得精细，是近年来所见到的竞赛作品中在工艺上表现较为突出的作品。下面就作品测试情况和上述设计报告中给出的信息分析其不足及有待改进之处。

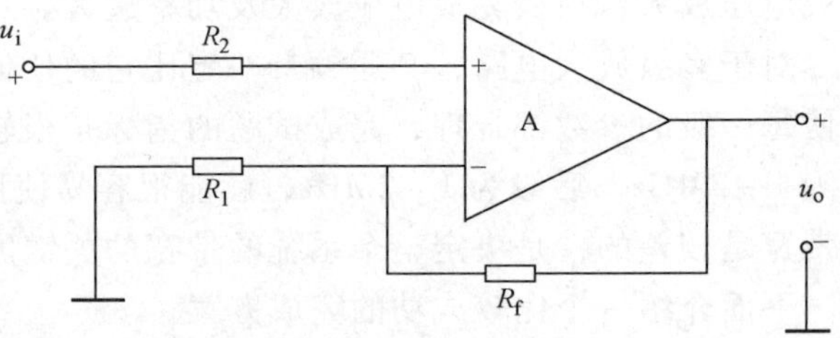

图 8-2 同相比例运算放大电路

从第一级 NE5532 组成的前置放大电路的增益为：$A_{u1}=1+R_5/R_{401}\approx 23$。可知，该作品的前置放大电路是同相比例运算放大电路，其电路原理图如图 8-2 所示。

同相比例运算放大电路的放大倍数为 $A_u=1+\dfrac{R_f}{R_1}$

其输入电阻为 $R_{if}\to\infty$

而该级作为整个放大电路的第一级，其输入电阻就是整个放大电路的输入电阻，即整个放大电路的输入电阻为 $R_{if}\to\infty$，未达到试题基本要求的第 3）项中输入电阻为 600Ω 的要求，而该项指标本是该试题中的设计制作中最易完成的指标。从该作品的完成的情况来说，是一个不应有的失误。

从该作品对增益的分配来说，也有不合理之处，后级功放电路即设计报告中所指的第二级的增益达到 56，对于功率放大电路来说，其增益在满足要求的情况下尽量设置得小些将有益于电路的稳定工作与电路频率特性的改善。实测时该电路的高频特性衰减较快与此有较大关系。

综上所述，合理的改进方案是：第一级采用反相比例运放电路，使其输入电阻为 600Ω，再增加一级反相比例运放电路，第三级是分立 MOS 器件组成的功率放大电路。三级的增益分配为：第一级约为 10，第二级约为 15，第三级约为 8～10，这样的增益分配有以下好处：第一级较低的增益有利于改善信噪比，后级较低的增益有利于改善频率特性和提高电路工作的稳定性，各级增益的确定需在制作中调整以获得最佳性能。

8.2　1999 年全国大学生电子设计竞赛试题：测量放大器解析

8.2.1　试题及评分要求

1. 题目

测量放大器。

2. 任务

设计并制作一个测量放大器及所用的直流稳压电源，如图 8-3 所示。输入信号 U_I 取自桥式测量电路的输出。当 $R_1 = R_2 = R_3 = R_4$ 时，$U_I = 0$。R_2 改变时，产生 $U_I \neq 0$ 的电压信号。测量电路与直流电压放大器之间有 1m 的连接线。

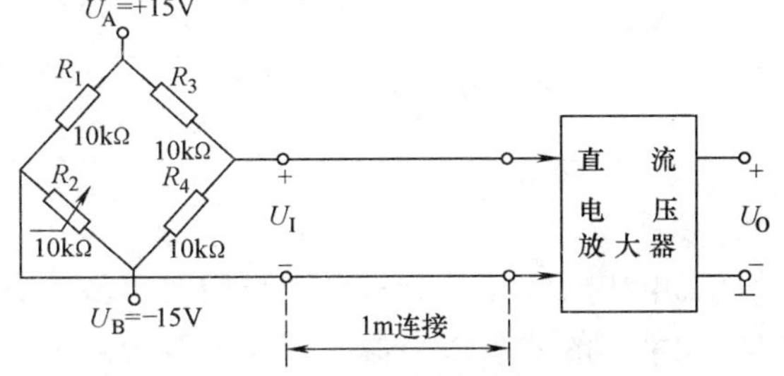

图 8-3　测量放大器框图

3. 要求

（1）基本要求

1）测量放大器：

① 差模电压放大倍数 $A_U = 1 \sim 500$，可手动调节。

② 最大输出电压为 ±10V，非线性误差 <0.5%。

③ 在输入共模电压 +7.5～−7.5V 范围内，共模抑制比 $K_{CMR} > 10^5$。

④ 在 $A_U = 500$ 时，输出端噪声电压的峰—峰值小于 1V。

⑤ 通频带为 0～10Hz。

⑥ 直流电压放大器的差模输入电阻 ≥2MΩ（可不测试，由电路设计予以保证）。

2）电源。设计并制作上述放大器所用的直流稳压电源。由单相 220V 交流电压供电。交流电压变化范围为 +10%～−15%。

3）设计并制作一个信号变换放大器，如图 8-4 所示。将函数发生器单端输出的正弦电压信号不失真地转换为双端输出信号，用作测量直流电压放大器频率特性的输入信号。

（2）发挥部分

1）提高差模电压放大倍数至 $A_U = 1000$，同时减小输出端噪声电压。

2）在满足基本要求 1）中对输出端噪声电压和共模抑制比要求的条件下，将通频带展宽为 0～100Hz 以上。

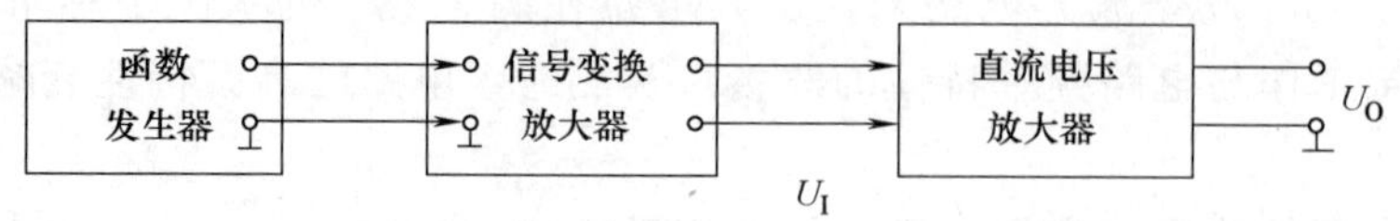

图 8-4 信号转换电路

3）提高电路的共模抑制比。

4）差模电压放大倍数 A_U 可预置并显示，预置范围 1～1000，步距为 1，同时应满足基本要求 1）中对共模抑制比和噪声电压的要求。

5）其他（例如改善放大器性能的其他措施等）。

4. 评分标准

评分标准见表 8-2。

表 8-2 评分标准

	项　目	满　分
基本要求	设计与总结报告:方案设计与论证,理论分析与计算,电路图,测试方法与数据,对测试结果的分析	50
	实际制作完成情况	50
发挥部分	完成第 1 项	5
	完成第 2 项	10
	完成第 3 项	5
	完成第 4 项	20
	特色与创新	10

5. 说明

直流电压放大器部分只允许采用通用型集成运算放大器和其他必要的元器件组成，不能使用单片集成的测量放大器或其他定型的测量放大器产品。

8.2.2 试题解析

在工业自动控制及电子测量等领域中，常需要对一些微弱的信号进行测量，如工业控制中的温度检测，各种生物电效应（如心电信号的检测）等，由传感器输出的电信号都是一些微弱的信号，往往仅为毫伏级，因此需要高增益的放大器将信号进行放大。而且多数情况下，传感器远离放大器，由于信号远离放大器，两者地电位不统一，不可避免地存在长线干扰和传输网络阻抗不对称引入的误差，以及由电磁干扰等原因引入的共模干扰。因此，对测量电路的基本要求是：

1）高输入阻抗：如本试题基本要求中的不小于 2MΩ，以抑制信号源与传输网络电阻不对称引入的误差。

2）高共模抑制比：如本试题基本要求中的 $K_{CMR} > 10^5$，以抑制各种共模干扰引入的误差。

3）高增益及宽的增益调节范围，以适应信号源电平的宽范围。

因此本试题的任务是制作一个低噪声、高增益、高共模抑制比的放大器。由于试题限制使用单片集成的测量放大器或其他定型的测量放大器产品，只允许采用通用型集成运算放大器和其他必要的元器件，也就是要求用通用型集成运算放大器和其他必要的元器件制作测量放大器。因此要求参赛学生掌握测量放大器的原理，掌握低噪声放大器的设计工艺和制作工艺，基本的电磁兼容设计制作工艺，以及电源电路对放大器性能的影响。

因此，本试题是一个电子线路基本理论与设计制作工艺并重的试题，在线路设计正确的前提下，设计制作工艺对试题指标的完成有着很大的影响。

8.2.3 试题完成方案

1. 测量放大器的原理

测量放大器也常称为仪表放大器、仪用放大器或数据放大器，是在高精度集成运算放大器的基础上发展起来的运算放大器，下面简要介绍商品化单片测量放大器的设计原理及技术。

（1）差分放大器　在最基本的电路结构中，一个测量放大器可由一个单一的运算放大器和四个电阻组成，如图 8-5 所示。这就是通常所称的差分放大器，也称为减法运算放大器。

该电路中，输出电压为 $u_o = u_{o1} + u_{o2} = \left(1 + \frac{R_f}{R_1}\right)\left(\frac{R_3}{R_2 + R_3}\right)u_{i1} - \frac{R_f}{R_1}u_{i2}$

当 $R_1 = R_2 = R_3 = R_f = R$ 时，$u_o = u_{i1} - u_{i2}$。在理想情况下，它的输出电压等于两个输入信号电压之差，具有很好的抑制共模信号的能力。为了保证对共模电压的抑制能力，电阻值必须匹配，即电阻的误差要求很小，通常要求精度为 ±0.01%。

差分放大器的运用简单，且可在输入为高共模电压的情况下使用。但是输入阻抗是由 R 的电阻值决定，不能提供高输入阻抗。

（2）双放大器组成的测量放大电路　为了提供更高的输入阻抗，可由两个放大器组成测量放大电路，如图 8-6 所示。

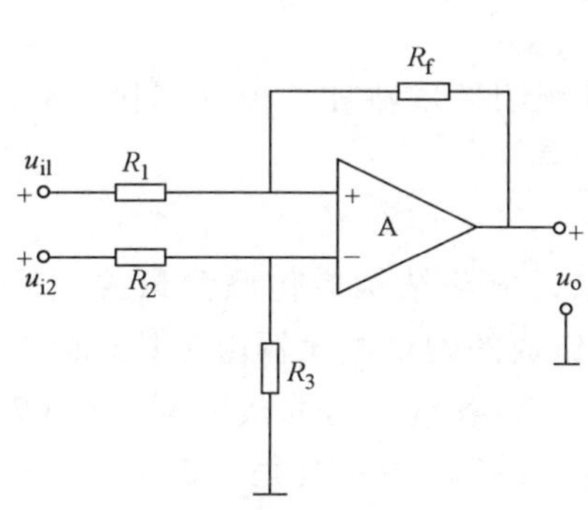

图 8-5　差分放大器

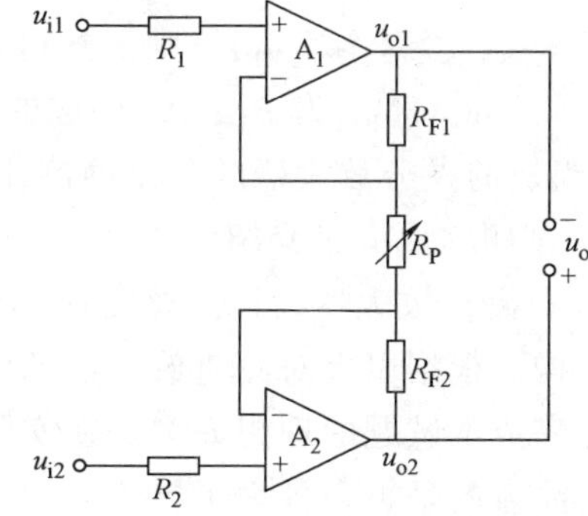

图 8-6　双放大器组成的测量放大电路

图 8-6 是由两个运算放大器组成的差动放大电路。A_1、A_2 构成了两个特性参数完全相同的同相输入比例运算放大器，输入信号分别从 A_1、A_2 的同相端输入，并从 A_1、A_2 的输出端得到输出电压 u_o，所以 A_1、A_2 所构成的电路是双端输入、双端输出差动放大器。由于电路采用同相输入结构，因此具有很高的输入电阻，对称的电路结构使 A_1、A_2 由于失调及其漂移所产生的失真得到相互抵消。电路的缺点是输出信号中有较大的共模信号，它按

1：1 的比例把输入端的共模信号传送到输出端，占用了一定的信号工作范围，使得差动信号的有效工作范围变窄了，因此该电路适宜工作在低增益、共模输入信号幅度较小的场合。

（3）三个放大器组成的测量放大器典型电路　在图 8-6 所示电路中加入第三个运算放大器，得到由三个放大器组成的测量放大电路，如图 8-7 所示，可以看到该电路结构是前述两个电路结构的组合应用，综合了前两个电路的优点：组合后的电路具有高输入阻抗、高共模抑制比、失调和漂移失真得到相互抵消，输出信号中也消除了共模信号，使差动信号的工作范围得到扩大。

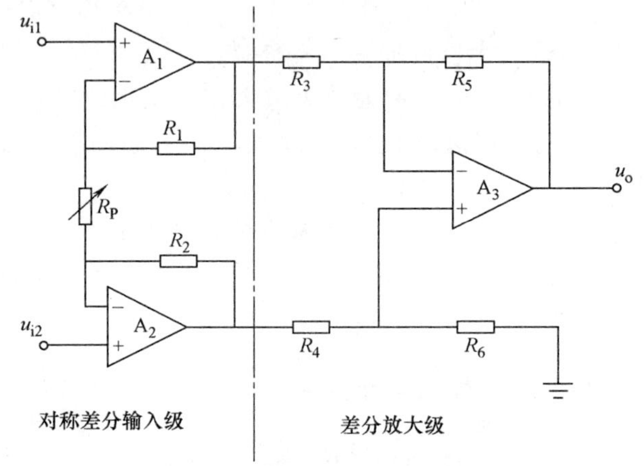

图 8-7　三运放测量放大器

图 8-7 所示电路是通用测量放大器常用的电路，该电路的主要性能取决于对称差分输入级的电阻精度和匹配程度以及差分放大级的开环增益和电阻的匹配程度。上述因素决定放大器的输入阻抗和共模抑制比这两个重要指标。

为使电路结构的平衡性得以保证，在实际应用时通常使：$R_1 = R_2 = R_3 = R_4 = R_5 = R_6 = R$

此时，电路的增益为 $A_{uD} = \dfrac{u_o}{u_{i2} - u_{i1}} = 1 + \dfrac{2R}{R_P}$

可见，调节 R_P的大小，就可以调节放大器增益的大小。

共模抑制比为
$$K_{CMR} = \frac{A_{u12}K_{CMR3} \times K_{CMR12}}{A_{u12}K_{CMR3} + K_{CMR12}}$$

若 $K_{CMR12} \gg A_{u12}K_{CMR3}$，则上式可近似为　$K_{CMR} \approx A_{u12}K_{CMR3}$

式中，A_{u12}和 K_{CMR12}为 A_1、A_2 构成的对称差分输入级的理想闭环增益和共模抑制比，K_{CMR3}为 A_3 组成的差分放大器的共模抑制比。

2. 试题完成方案介绍

（1）测量放大器设计　要完成本试题的各项指标要求，电路结构应仿照测量放大器的电路结构。根据以上对测量放大器的电路分析，由三运放组成的测量放大器由于具有诸多优点，是完成本试题的理想方案。在实际制作时，采用通用低噪声精密运算放大器（OP07），特别要注意的是，在各家半导体公司生产的 OP07 中，美信（MAXIN）公司生产的 OP07 以性能优良著称于世，因此在要求相对较高的场合，首选美信公司（MAXIN）生产的 OP07。

为保障电路的对称性，达到较高的性能指标，要连接 OP07 的调零电路，在调试电路时仔细调节三只运放的零点。使用 OP07 制作的实际测量放大器如图 8-8 所示。

欲实现放大器的增益可调且精确步进，理想的方案是利用单片机和 DAC（数模转换）或单片机与数字电位器构成的可编程序衰减电阻网络，但这超出本书范围，因此，为了以模拟方式实现 1～1000 倍的步进可调，增益调节电阻采用三只不同阻值的可调电阻串联组成。此外，在每只 OP07 正负电源引脚附近放置滤波电容以消除电源扰动所产生的噪声。

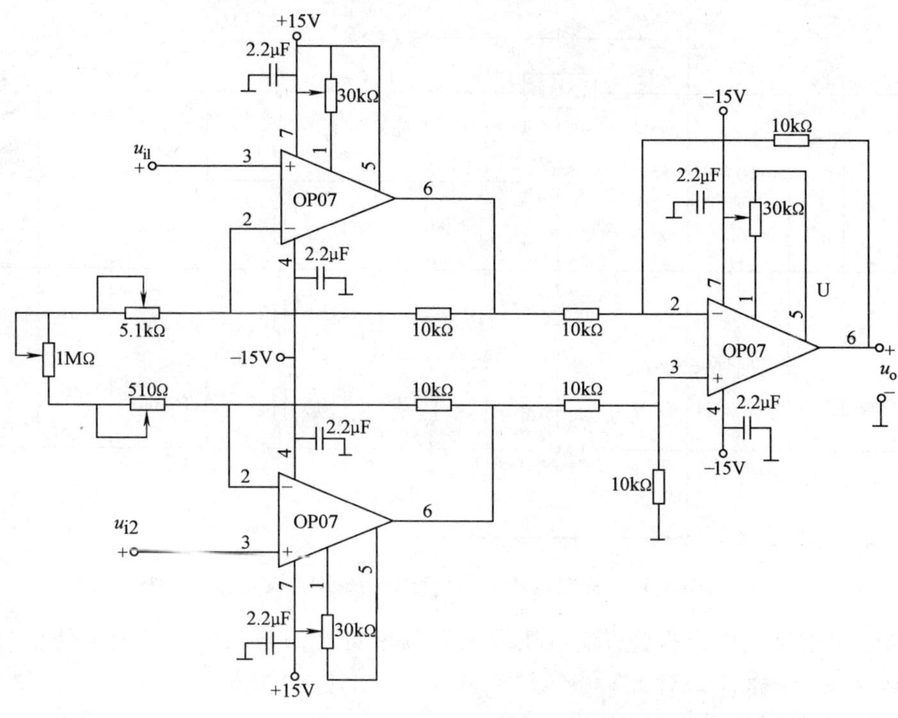

图 8-8　OP07 制作的实际测量放大器

(2) 电源电路设计　为达到题目要求最大输出电压为 ±10V 的动态范围，需要给 OP07 提供 ±15V 的供电电源，最简单易行的直流稳压电源是采用 78 系列与 79 系列三端集成稳压器，其电路形式如图 8-9 所示。

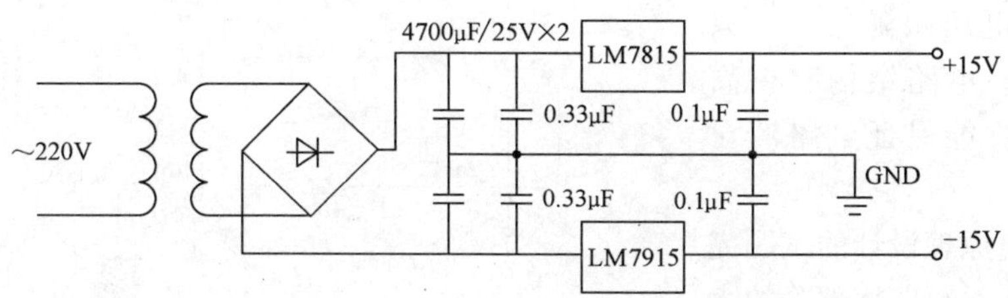

图 8-9　三端集成稳压器构成的直流稳压电源电路

但这种固定式的集成稳压器在测量放大器场合不是最佳选择。这是由于固定式三端集成稳压器的输出电压有一定误差，如广泛使用的 LM7815 与 LM7915，通过查询其元器件手册可知，LM7815 输出电压为 14.4 ~ 15.6V，LM7915 输出电压为 −14.4 ~ −15.6V，这样正负电压的最大偏差可达 1V 以上，一般情况也有 0.5 ~ 0.7V 的偏差，这将导致 OP07 的输出电压产生偏差，使得电路的平衡性变差，导致共模抑制比下降。如果通过调零电路对输出电压的偏差予以纠正，将使得 OP07 内部电路的平衡度变差，也将使得共模抑制比下降。

因此，应设计正负电源有较高一致性的电路，使测量放大器电路的整体平衡性得到保证。在此，成本低廉又简易可行的方案是采用三端可调集成稳压器 LM317 和 LM337 构成对称正负电源，其电路原理如图 8-10 所示。

(3) 信号变换放大器设计　试题要求将函数发生器单端输出的正弦电压信号不失真地

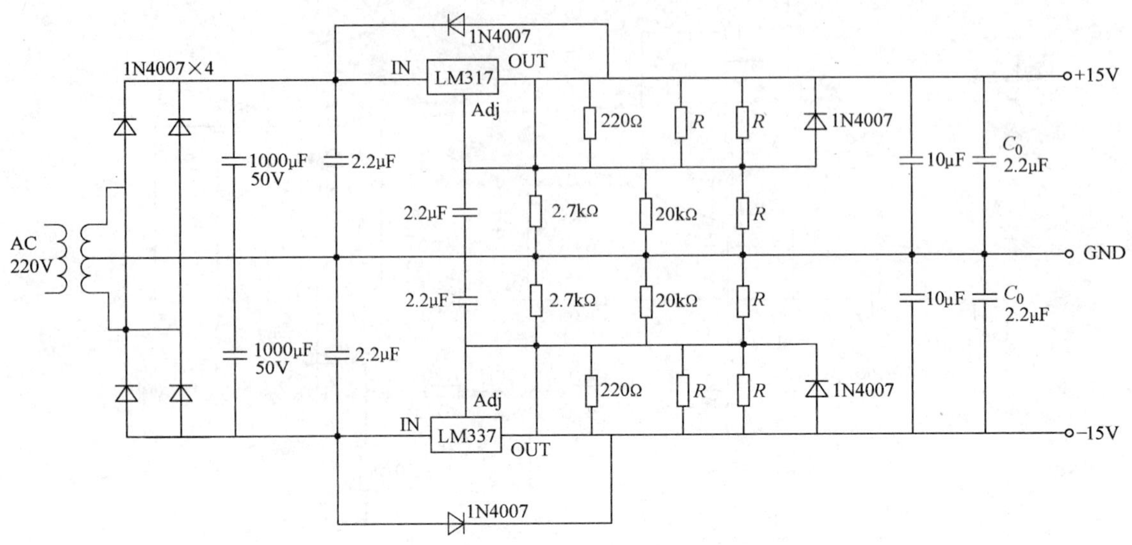

图 8-10 三端可调集成稳压器构成的电源电路

转换为双端输出信号，作为测量直流电压放大器频率特性的输入信号。为了使信号不失真，就需保证电路的对称性。对此，比较简单易行的方案是采用单端输入、双端输出的差动放大电路来实现，同样在此也使用低噪声精密集成运算放大器 OP07 来组建电路，电路原理如图 8-11 所示，其中一只组成电压跟随器，一只组成反相器，该电路结构有很高的共模抑制比，能保证电路的对称性。

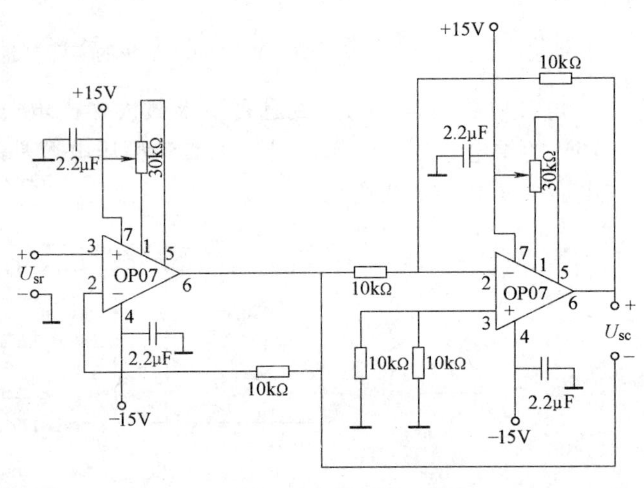

图 8-11 信号转换电路

按上述电路原理设计的试题完成方案能完成基本和发挥部分的大部分要求，但实际制作中工艺设计对作品的指标影响也极大，这些要在实际制作中加以体会，尤其是电磁兼容设计方面的一些基本要求也是要特别加以注意的。

8.3 2007 年全国大学生电子设计竞赛试题：信号发生器（H 题 高职高专组）解析

8.3.1 试题及评分要求

1. 任务

设计并制作一台信号发生器，使之能产生正弦波、方波和三角波信号，其系统框图如图

8-12 所示。

2. 要求

(1) 基本要求

1) 信号发生器能产生正弦波、方波和三角波三种周期性波形。

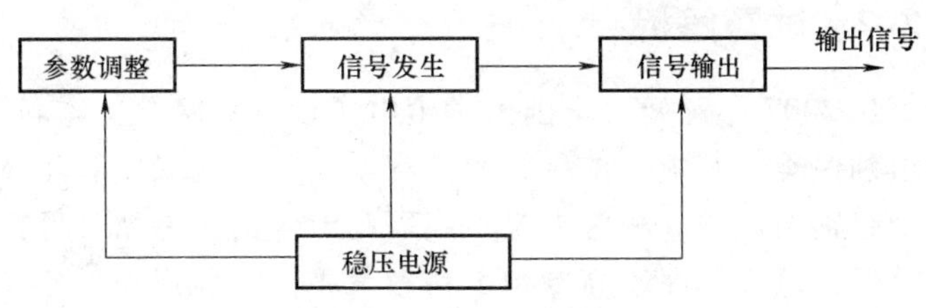

图 8-12　信号发生器系统框图

2) 输出信号频率在 100Hz ~ 100kHz 范围内可调，输出信号频率稳定度优于 10^{-3}。

3) 在 1kΩ 负载条件下，输出正弦波信号的电压峰-峰值 U_{OPP} 在 0 ~ 5V 范围内可调。

4) 输出信号波形无明显失真。

5) 自制稳压电源。

(2) 发挥部分

1) 将输出信号频率范围扩展为 10Hz ~ 1MHz。输出信号频率可分段调节：在 10Hz ~ 1kHz 范围内步进间隔为 10Hz；在 1kHz ~ 1MHz 范围内步进间隔为 1kHz。输出信号频率值可通过键盘进行设置。

2) 在 50Ω 负载条件下，输出正弦波信号的电压峰-峰值 U_{OPP} 在 0 ~ 5V 范围内可调，调节步进间隔为 0.1V，输出信号的电压值可通过键盘进行设置。

3) 可实时显示输出信号的类型、幅度、频率和频率步进值。

4) 其他。

3. 说明

设计报告正文应包括系统总体框图、核心电路原理图、主要流程图和主要的测试结果。完整的电路原理图、重要的源程序和完整的测试结果可用附件给出。

4. 评分标准

评分标准见表 8-3。

表 8-3　评分标准

	项　目	满　分
设计报告	系统方案	4
	理论分析与计算	2
	电路与程序设计	6
	测试方案与测试结果	4
	设计报告结构及规范性	4
	总分	20
基本要求	实际制作完成情况	50
发挥部分	完成第 1)项	23
	完成第 2)项	13
	完成第 3)项	9
	其他	5
	总分	50

8.3.2 试题解析

从 2007 年开始，全国大学生电子设计竞赛分为本科组和高职高专组，两个组分别命题，分组别评奖，其中，本科组的参赛学生只能选做本科组试题，高职高专组的参赛学生可选做两个组别的试题。相对来说，高职高专组的试题所涉及的知识范围的广度和深度均比本科组要求低，以适应高职高专和本科教育不同培养层次的定位。

1. 信号源类竞赛试题概述

有关信号源类竞赛试题，在竞赛中已出现过多次，如 1995 年竞赛试题中的试题二“实用信号源的设计与制作”，2001 年竞赛试题中的 A 题“波形发生器”，2005 年竞赛试题中的 A 题“正弦信号发生器”以及 2007 年竞赛试题中的 H 题“信号发生器”（高职高专组）等。

从试题的重点来看，一是要求信号源输出波形的多样化，即能输出多种波形；二是要求对输出波形的特性能进行控制调整，如要求输出信号的频率可步进调整等；三是要求信号输出的频率范围达到一定的指标要求。上述试题这三方面的不同要求（含发挥部分要求）见表 8-4。

表 8-4 历年试题中信号发生器主要性能指标要求

	1995 年	2001 年	2005 年	2007 年
输出波形	正弦波、脉冲波	正弦波、方波、三角波和由用户编辑的特定波形	正弦波	正弦波、方波和三角波
频率范围	20Hz ~ 20kHz	100Hz ~ 200kHz	1kHz ~ 10MHz	10Hz ~ 1MHz
特性调整	频率可步进调整，步长为 5Hz，脉冲占空比 2% ~ 98% 步进可调，步长为 2%	频率步进间隔 ≤ 100Hz，输出波形幅度范围 0 ~ 5V（峰-峰值），可按步进 0.1V（峰-峰值）调整	具有频率设置功能，频率步进：100Hz	具有频率设置功能，频率步进：1kHz，输出波形幅度范围 0 ~ 5V（峰-峰值），可按步进 0.1V（峰-峰值）调整

从表 8-4 中可以看到，2001 年的试题对输出波形的种类要求最高，除要求输出常规的正弦波、方波、三角波外，还要求能输出用户编辑的任意波形，2005 年的试题则在要求输出的频率范围方面的要求最高，达到 1kHz ~ 10MHz，2007 年的试题则要求较为全面，但对性能指标的要求适中。在特性调整方面，基本是要求频率步进可调和输出电压幅值步进可调。

2. 常用信号发生器制作方法

信号发生器的制作方法可以归纳为四种：

1）由晶体管、运放 IC 等通用器件制作：在模拟电子技术的相关教科书中，波形发生电路这一章节介绍了各种原理电路，采用模拟器件制作的信号发生器，功能单一（一种电路产生一种波形，多种波形需几个电路组合产生），性能参数调节不便，而且采用模拟器件由于元器件分散性大，产生的波形频率稳定度差、精度低、抗干扰能力低，适应于要求不高，波形输出单一，输出频率单一的应用场合，不能适应电子设计竞赛这种对性能指标要求高、对功能要求丰富的场合。

2）采用专门的函数信号发生器 IC：如 ICL8038、XR2207/2209、ML2035、MAX038 等专用函数信号发生器。多数专用函数信号发生器功能较为丰富，能产生多种波形，产生的波形有较大的频率范围，部分器件的参数调节也简便易行，最大的优点是制作方便，只需外接少数元器件，近年来的教科书对 ICL8038 多有介绍。专用函数信号发生器中性能优良者可完成电子设计竞赛中性能指标的大部分要求，适合高职高专学生学习使用。

3）采用锁相式频率合成方法：频率合成器有直接式频率合成器、直接数字式频率合成器及锁相频率合成器三种基本模式，前两种属于开环系统，因此具有频率转换时间短，分辨率较高等优点，而锁相频率合成器是一种闭环系统，其频率转换时间和分辨率均不如前两种好，但其结构简单，成本低。锁相式频率合成方法在一定程度上解决了既要求频率稳定精确、又要求频率在较大范围可变的矛盾。但频率受 VOC 可变频率的范围的影响，高低频率比不可能做的很高，而且只能产生方波或正弦波。常用的集成锁相式频率器件有数字锁相环 CC4046，高频模拟锁相环 NE564、低频锁相环 NE567 等器件。

4）直接数字频率合成方案：如前所述，直接数字频率合成方法是频率合成方法中先进的技术路线，是 20 世纪 60 年代末开始发展起来的第三代频率合成技术。它以 Nyquist 时域采样定理为基础，在时域中进行频率合成，具有高速的频率转换能力，具有很高的频率分辨率，能够合成任意波形，具有数字调制能力，其主要缺点是：杂散成分复杂；输出频率范围有限，理论上最高输出频率不超过 $0.5f_C$，DDS 器件一般多工作在 f_C 为 80MHz 时钟以下，伴随着时钟频率的上升，杂散频率成分增多，功耗和成本也随之增加。

直接数字频率合成方法有如下三种实现的技术路线：第一种，以单片机控制的 DDS 器件实现；第二种，以单片机控制的片上可编程系统 FPGA 实现；第三种，以单片机为主实现。目前在电子设计竞赛中广泛使用的是第一、第二种方式。尤其第一种方式：以单片机控制的 DDS 器件实现频率合成，高职高专学生经过专门培训也能很好地掌握，这超出本书范围，在此不多述。

从模拟电子技术的角度以及结合高职高专学生的知识结构来看，采用专门的函数信号发生器 IC 来实现信号源类的试题要求，是大多学生都能较好掌握的技术路线。在此，选择合适的函数信号发生器 IC 是解决问题的关键。常用的函数信号发生器 IC 的基本性能参数表见表 8-5。

表 8-5 常用的函数信号发生器 IC 的基本性能参数表

IC 型号	波形种类	频率范围
ICL8038	正弦波、方波和三角波	0.01Hz ~ 500kHz
XR2207	三角波、锯齿波、方波、脉冲	0.01Hz ~ 1MHz
XR2009	三角波、锯齿波、方波、脉冲	0.01Hz ~ 1MHz
ML2035	正弦波	直流 ~ 25kHz
MAX038	正弦波、三角波、锯齿波、矩形波（含方波）	0.1Hz ~ 20MHz，最高可达 40MHz

特别要注意的是，在频率范围指标一项，由于制作工艺和元器件的分散性等因素的影响，多数器件都达不到最大值，而且在最大值附近波形失真很严重。

从给出的性能指标来看，MAX038 具有优良的性能指标，能完成竞赛试题的大多数指标的要求，是理想的信号发生器 IC。

8.3.3 试题完成方案

按照上述分析，下面采用函数信号发生器 MAX038 来完成本试题。

1. MAX038 的性能简介

MAX038 的性能特点：

1）能产生三角波、锯齿波、矩形波（含方波）、正弦波信号。

2）频率范围为：0.1Hz ~ 20MHz，各种波形的输出幅值均为 $2U_{P-P}$（峰-峰值）。

3）占空比和频率可分别独立调节，占空比调节范围是10% ~90%。

4）波形失真小，在占空比为50%时，正弦波失真度小于0.75%。

5）采用 ±5V 双电源供电，允许有5%变化范围，正电源供电电流为35 ~45mA，负电源供电电流为45 ~55mA。

6）工作温度范围：在 MAX038 系列产品中，有三个型号的工作温度范围为0 ~70℃，有两个型号的工作温度范围为 -40℃ ~ +85℃。

MAX038 采用 DIP—20 封装形式，如图8-13 所示，在图中给出各引脚的功能代号，其对应的引脚功能见表8-6，内部原理框图如图8-14 所示。

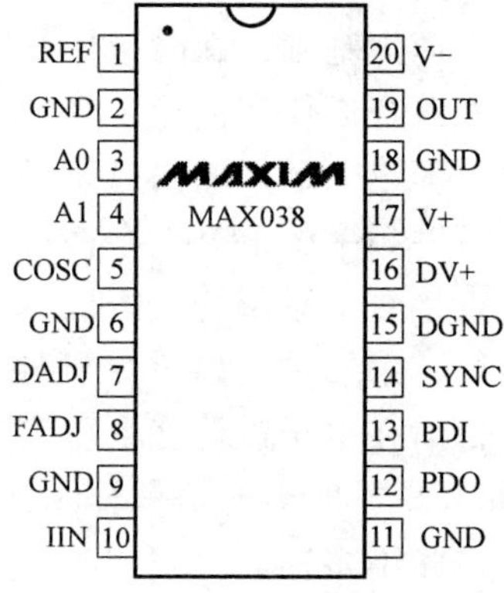

图8-13 MAX038 封装形式

MAX038 内部有主振器、主振控制器、2.5V 基准电压源、正弦波形成器、方波形成器、比较器、多路选择器、输出级以及相位检测器等，它们共同实现了正弦波、三角波、方波的生成。其基本工作原理如下：

MAX038 采用 ±5V 的双电源供电，COSC 端（5 脚）与地（6 脚）间接入振荡电容 C_F，振荡电容 C_F 以恒定电流充放电，从而使主振器起振，同时产生三角波和方波，三角波经整形可输出正弦波，这三个波形进入多路选择器，由电平控制端 A0、A1（3、4 脚）的电平高低决定输出何种波形。

主振控制器通过 FADJ 端（8 脚）、DADJ 端（7 脚）、IIN 端（10 脚）调节主振荡器输出波形的频率和占空比。

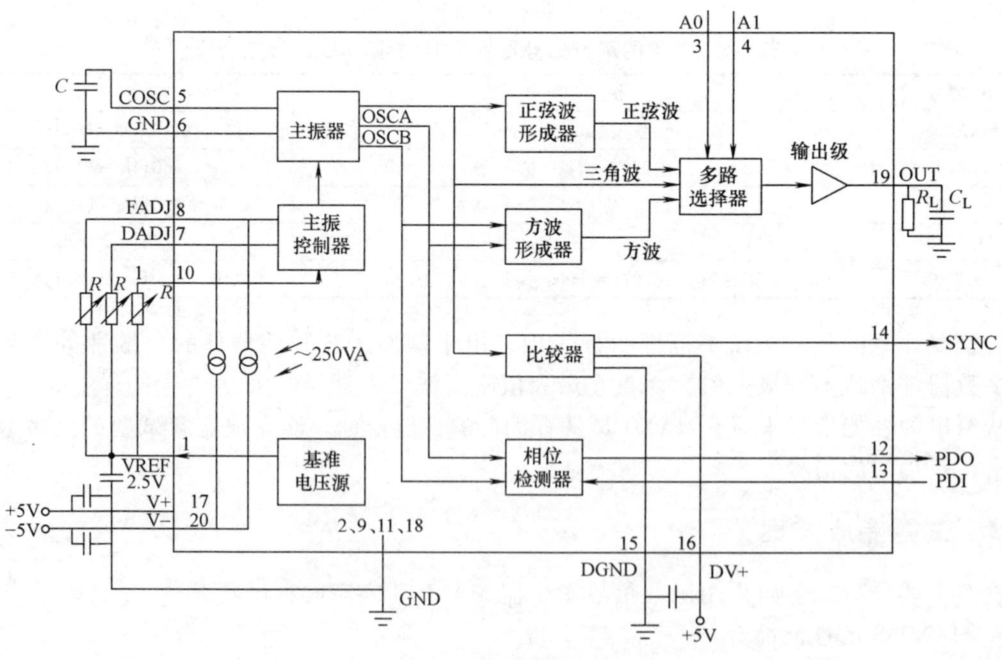

图8-14 MAX038 内部原理框图

表 8-6　MAX038 引脚功能说明

引脚	标记符号	功能说明
1	REF	2.5V 基准电压输出
2,6,9,11,18	GND	地
3	A0	波形选择输入:兼容 TTL/CMOS 电平
4	A1	波形选择输入:兼容 TTL/CMOS 电平
5	COSC	外接电容连接端
7	DADJ	占空比调节输入端
8	FADJ	频率调节输入端
10	IIN	电流输入端,用于频率控制
12	PDO	相位检测器输出端,不使用相位检测器时,该端口接地
13	PDI	相位检测器基准时钟输入,不使用相位检测器时,该端口接地
14	SYNC	TTL/CMOS 电平输出,用于内振荡器同步外部信号,不用时开路
15	DGND	数字地
16	DV +	数字 +5V 电源,SYNC 不用时该端口开路
17	V +	+5V 电源输入端
19	OUT	正弦波、方波或三角波输出端
20	V -	-5V 电源输入端

注：5 个接地端口内部不相连，需外部连接。

相位检测器是作为锁相环的备用单元，外部信号通过 PDI 端（13 脚）接入相位检测器，相位检测器通过 PDO 端（12 脚）输出与外部信号同步的振荡波形。

2. 试题性能指标的完成

MAXIM 公司为帮助用户正确地使用 MAX038，特别推出其评估电路套件及技术说明书，该评估电路套件具备基本的函数发生功能。下面依据其评估电路套件及技术说明来阐述使用 MAX038 完成本试题的方案。

图 8-15 是技术说明书给出的评估套件电路原理图。该评估套件可产生频率高达 10MHz 的高精度的正弦波、三角波和方波，输出信号的频率和占空比可通过可调电阻方便地调节，输出信号经 MAX442 进行缓冲放大，要注意的是，由于输出信号的频率高达 10MHz，使用常规运算放大器将严重失真，因此在此处使用的 MAX442 放大器是高速双通道、带宽为 140MHz 的视频放大器，在实际制作中，如果没有 MAX442，要使用具有类似指标的高速宽带放大器代换。图中，JU1、JU2、JU5 是两针跳线，JU3、JU4 是三针跳线。

（1）输出波形选择　MAX038 可同时产生三角波、方波和三角波，输出何种波形由电平控制端 A0、A1（3、4 脚）的电平高低决定，其关系见表 8-7。

表 8-7　输出波形选择

A0	A1	输出波形
×	1	正弦波
0	0	方波
1	0	三角波

注：×表明可以是高电平，也可是低电平，通常称为无关项。

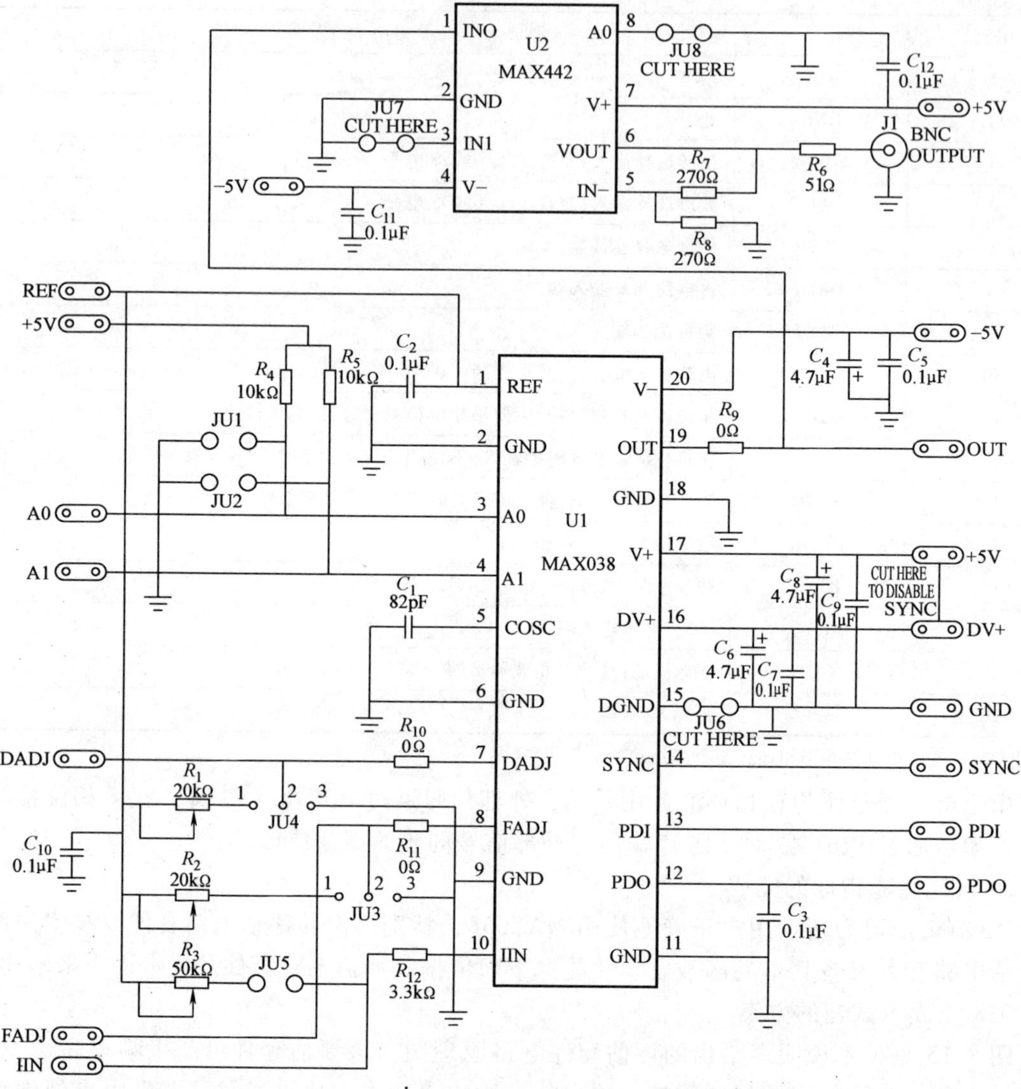

图 8-15 MAX038 波形发生器原理图

在评估电路中，A0、A1 端通过 10kΩ 上拉电阻连接到 +5V（高电平即逻辑 1），选择跳线 JU1、JU2 可将 A0 或 A1 端接地（低电平即逻辑 0），也可在引出的 A0、A1 端口实现单片机的编程控制输出波形的种类。

（2）输出频率调节 输出信号的频率由注入引脚 IIN 的电流 I_{IN} 大小，COSC 引脚端接的电容 C_F 容量大小以及引脚 FADJ 上的电压 U 的大小决定的。

1）当 $U_{FADJ}=0V$ 时，基本输出频率 F_0 为

$$F_0(\text{MHz}) = I_{IN}(\mu\text{A}) \div C_F(\text{pF})$$

式中，I_{IN} 为流入 IIN 引脚的电流（2～750μA）；C_F 为连接着 COSC 引脚和地的电容（20pF～100μF）。

要获得最佳性能，选择 I_{IN} 在 10～400μA，即使选择 I_{IN} 在 2～750μA 也可获得好的线性，

建议不要超过这个范围。C_F电容的范围可在 20pF ~ 100μF 中选取，但是必须用短的引线使电路的分布电容减到最小。在 COSC 引脚以及它的引脚的周围用一个接地平面以减小其他杂散信号对这个支路的耦合。振荡频率高于 20MHz 也是可能的，但是在这种条件下，波形失真会加剧。

流入 IIN 引脚的电流 I_{IN} 由连接在 REF 引脚和 IIN 引脚的电阻 R_{IN} 决定：

$$I_{IN} = U_{REF}/R_{IN}$$

此时振荡频率计算公式为：

$$F_0(\text{MHz}) = U_{REF}(\text{V}) \div [R_{IN}(\text{M}\Omega) \times C_F(\text{pF})]$$

2）如果 $U_{FADJ} \neq 0\text{V}$ 时，频率为

$$F = F_0(1 - 0.2915U_{FADJ})$$

U_{FADJ}的变化范围为 -2.4 ~ 2.4V，从而使 F 的变化范围为 F_0的 0.3 ~ 1.7 倍。

输出频率 F_0与 C_F、I_{IN}的关系如图 8-16 所示，输出频率 F_0与 U_{FADJ}的关系如图 8-17 所示（图中 F 的值表示的是 F_0的倍数值）。

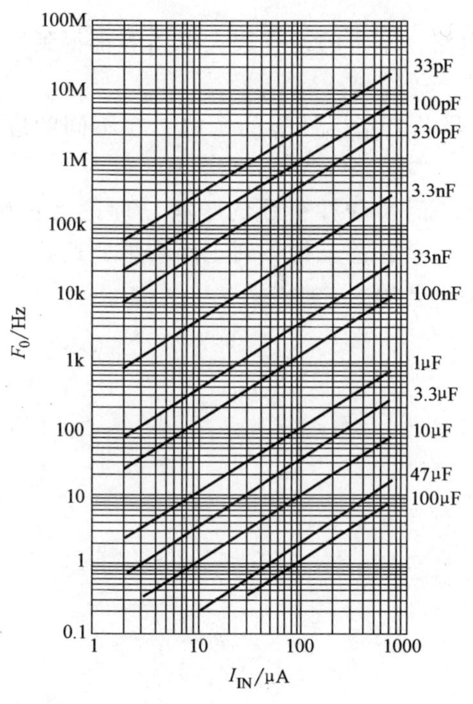

图 8-16 输出频率 F_0与 C_F、I_{IN}的关系

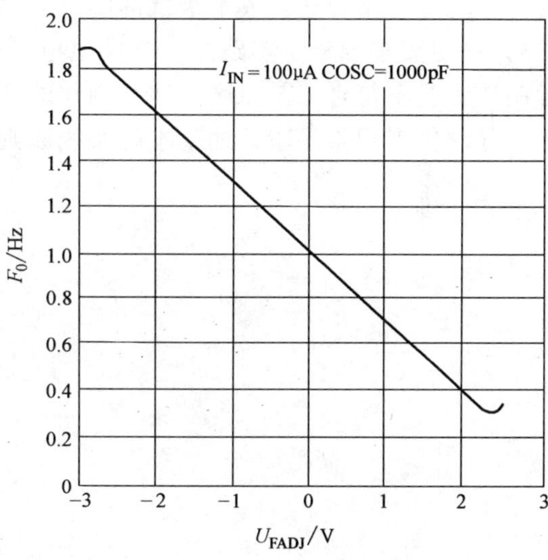

图 8-17 输出频率 F_0 与 U_{FADJ}的关系

从图 8-16 中可以看到，对于给定容量值的振荡电容 C_F，频率的变化范围约达 100 倍，如 C_F = 3.3nF 时，对于不同的 I_{IN}，输出的频率 F_0从 1kHz 变化到 100kHz 以上，而调节 U_{FADJ}可使输出频率 F 为 F_0的 0.2 ~ 1.7 倍，因此，可以认为，振荡电容 C_F决定输出频率的频段，而调节 U_{FADJ}可对频率做进一步的精细调节。这样，可以通过切换不同的 C_F来切换不同的频段，通过调节 R_{IN}来控制输出频率，必要时再辅以调节 U_{FADJ}来对输出频率做微调。

如分别选取 C_F = 3.3nF，C_F = 33nF，C_F = 3.3μF，对应三个输出频率段：1 ~ 100kHz，100Hz ~ 10kHz，1 ~ 100Hz，即可覆盖本试题要求的输出频率范围。

（3）输出信号的放大　MAX038 各种波形的输出幅值均为 $2U_{P-P}$（峰-峰值），不能满足试题要求的输出正弦波信号的电压峰-峰值 U_{OPP} 在 0～5V 范围内可调，因此需要将输出信号进行进一步放大约 3 倍。评估套件给出的输出频率高达 10MHz，因此使用了有很高带宽的视频放大器，本试题最高输出频率为 100kHz，因此对放大器带宽的要求大为降低，广为使用的 NE5532 的增益带宽乘积为 10MHz 即可满足本试题要求。

本章小结

本章对往年的三个全国大学生电子设计竞赛试题进行了点评，由于电子竞赛试题往往综合性很强，因此只限于用模拟电子技术的有关知识，只能完成部分试题的要求，因此在点评中难免有不到之处。

从上述三个试题分析来看，在学习模拟电子技术这门课程中要注意以下几点：

1）要重视对基本单元电路的学习和掌握。复杂的电子产品和电路结构都是由基本的单元电路构成，对基本单元电路的原理掌握得不够透彻，是高职高专学生普遍存在的问题，在学习中，要充分重视基本单元电路的实验课。

在上述试题和实际的电子产品中，基本的电源电路、基本的运算放大电路等都得到广为应用。

2）在学习过程中，要注意积累对元器件具体型号及其指标性能的了解，在不同的应用场合，才能选用最合适、成本最低的解决方案。

3）一定要加强动手实践能力。模拟电子技术是一门实践性很强的学科，理论上正确，实际制作工艺不符合工艺原则，往往制作的产品性能很差，甚至得不到正确结果，这些只能通过实际制作来积累经验，如基本的布线原则、焊接工艺等。

习 题 解 答

第1章习题解答

一、填空题

1. 掺杂浓度、温度；2. 动态平衡状态、等于、相反、大于、窄、导通、相同、小于、宽、截止；3. 击穿、反向截止、死、正向导通；4. 开关、导通、零、截止、反向电流；5. 陡；6. 0.45、1.1、0.9、1.2；7. 正向、反向、正向、正向、反向、反向；8. 共发射极、共集电极、共基极；9. 电流、电压。

二、判断题

1. ×；2. √；3. ×；4. √；5. ×；6. ×；7. √；8. ×

三、选择题

1. CD；2. B；3. B；4. BBCB；5. C；6. B；7. B；8. AB

四、分析计算题

1. 略；2. a）VD1 截止、VD2 截止、10V　b）VD1 导通、VD2 导通、0V　c）VD1 导通、VD2 导通、0V　d）VD1 截止、VD2 导通、10V　e）VD1 截止、VD2 截止、-10V　f）VD1导通、VD2 导通、0V；3.（1）①负载开路；②电容开路；③正常；④电容开路并且至少有一个二极管断路（2）①二次线圈短路，烧毁变压器；②半波整流电容滤波电路，输出电压变小；③二极管直接连到变压器二次侧，二极管被击穿，二次线圈短路，烧毁变压器；4. 第2个管；5. 略。

第2章习题解答

一、填空题

1. 饱和、截止；2. 共发射极、共集电极、共集电极、共基极；3. 电压放大倍数、输入电压、输出电压、输入电阻、输出电阻；4. 增大、增大、减小；5. 图解分析、微变等效电路；6. 阻容、变压器、直接；7. 直流、交流；8. 各级电压放大倍数之积、第一级的输入电阻、最后一级的输出电阻；9. 耗尽型 MOS、结型

二、判断题

1. ×；2. ×；3. √；4. ×；5. ×；6. ×；7. ×；8. √

三、选择题

1. ACB；2. C；3. B；4. BA；5. A；6. B

四、分析计算题

1. a）无；b）无；c）无；d）有

2. $I_{BQ}=51\mu A$，$I_{CQ}=2.05mA$，$U_{CEQ}=5.8V$，$R_i=0.8k\Omega$，$R_O=3k\Omega$，$A_u=-86$；

3. $I_{BQ}=19\mu A$，$I_{CQ}=1.15mA$，$U_{CEQ}=5.1V$，$R_i=1.7k\Omega$，$R_O=4k\Omega$，$A_u=-70$；

4. 当接 A 时，饱和状态，$I_C=0.97mA$；接 B 时，放大状态，$I_C=0.21mA$；接 C 时，截

止状态，$I_C=0$

5. a）截止失真；b）饱和失真；c）双向失真；

6. $I_{BQ}=37.8\mu A$，$I_{CQ}=1.89mA$，$U_{CEQ}=14.55V$，$R_i=25.7k\Omega$，$R_O=19.6\Omega$，$A_u=0.977$；

7. $I_{BQ}=16.2\mu A$，$I_{CQ}=0.97mA$，$U_{CEQ}=8.12V$，$R_i=31.7k\Omega$，$R_O=1.3k\Omega$，$A_u=19.3$；

8. $R_i=3.7M\Omega$，$R_O=0.632k\Omega$，$A_u=0.9$；

9. 第一级：$I_{BQ1}=20\mu A$，$I_{CQ1}=1mA$，$U_{CEQ1}=4V$，$A_{u1}=-112.8$

第二级：$I_{BQ2}=25\mu A$，$I_{CQ2}=1.25mA$，$U_{CEQ2}=8.26V$，$A_{u2}=0.97$

总的电压放大倍数：$A_u=-109$，$R_i=1.626k\Omega$，$R_O=27\Omega$

第3章习题解答

一、填空题

1. 零、虚短、零、虚断；2. 差、平均值、10mV、15mV；3. 差模、共模；4. 虚地、反相、同相；5. 线性；6. ∞、∞、0、∞

二、判断题

1. ×；2. √；3. √；4. ×；5. ×；6. ×

三、选择题

1. B；2. C；3. B；4. A；5. D；6. B

四、分析计算题

1. –194，0，∞，2kΩ，6.6kΩ；

2. （1）$I_{B1}=I_{B2}=10\mu A$，$I_{C1}=I_{C2}=0.5mA$（2）$-62mV$，（3）0.57mA；3. $R_f=15k\Omega$，$R_2=2.5k\Omega$；4. 放大倍数为2，$R_2=3.33k\Omega$；5. $R_X=100U_O(k\Omega)$；7. $u_{o1}=10mV$，$u_{o2}=4mV$，$u_o=1mV$；8. $u_O=u_{i2}-u_{i1}$。

第4章习题解答

一、填空题

1. 串联、并联、电压、电流；2. 输出信号、反馈、负、正、串联电压、串联电流、并联电压、并联电流；3. 直流、交流；4. 直流、交流。

二、判断题

1. ×；2. √；3. ×；4. ×；5. ×；6. ×；7. √

三、选择题

1. ADBC；2. C；3. A；4. A；5. DC

四、分析计算题

1. 略；2. 略；3. A=1000，F=0.009；4. $-\frac{R_3+R_4}{R_2}\times 6$ 和 $-\frac{R_4}{R_2+R_3}\times 6$ 之间

第5章习题解答

一、填空题

1. $|\dot{A}\dot{F}|=1$、$\varphi_A+\varphi_F=2n\pi$、正；2. 跳变、输入、单限、双限、滞洄；3. 放大电路、

正反馈网络、选频网络、稳幅环节；4. 单、跳变、过零比较器。

二、判断题

1. ×；2. ×；3. ×；4. √；5. √

三、选择题

1. C；2. B；3. （1）C（2）B（3）C；4. ABC

四、分析计算题

1. 略；2. （1）正（2）$R_t = 11\text{k}\Omega$，（3）$f_{0(\max)} = 2654\text{Hz}$，$f_{0(\min)} = 1327\text{Hz}$；3. 略；4. 略；5. （1）$U_T = 1\text{V}$；（2）略

第6章习题解答

一、填空题

1. 交越失真；2. 4；3. π/4 或 78.5%、交越、甲乙；4. 9W；5. 0V、0A；6. 14、78.5%；7. 可能因功耗过大烧坏；8. 防止交越失真、效率。

二、判断题

1. ×；2. √；3. √；4. ×；5. √；6. ×；7. ×；8. √

三、选择题

1. B；2. A；3. C；4. A；5. B；6. A；7. B

四、分析计算题

1. （1）VT_1、VT_3、VT_4 为 NPN 型晶体管，都是最下端的电极为发射极，VT_2 为 PNP 型晶体管，发射极是与电容 C_2 相连的电极；（2）$P_{\text{omax}} = 9\text{W}$

2. 输出功率为 $P_{\text{om}} = \frac{1}{2} \cdot \frac{U_{CC}^2}{R_L} = \frac{12^2}{2 \times 8} = 9\text{W}$；通过晶体管的最大电流、最大管压降和最大管耗分别为 $i_{\text{Cm}} = \frac{U_{CC}}{R_L} = \frac{12}{8} = 1.5\text{A}$；$U_{\text{CEM}} = 2U_{CC} = 24\text{V}$；$P_{\text{T1M}} \approx 0.2P_{\text{OM}} = 0.2 \times 9 = 1.8\text{W}$ 求得的各值均小于极限参数，故晶体管能安全工作。

3. （1）输出功率 $P_o = \frac{U_o^2}{R_L} = \frac{(10U_i)^2}{R_L} = 12.5\text{W}$；（2）二极管 VD_1，VD_2 的作用是为 VT_2、VT_3 提供一个适当的正偏压，使之克服交越失真。

4. （1）增大 R_2；（2）由 $P_o = \frac{U_{CC}^2}{2R_L}$ 得 $U_{CC} = \sqrt{2R_L P_o} = \sqrt{2 \times 8 \times 9}\text{V} = 12\text{V}$

第7章习题解答

一、填空题

1. 整流、滤波、稳压；2. 电网电压波动、负载、温度；3. 调整管、基准电压电路、取样电路、比较放大电路；4. $\sqrt{2}$；5. 12V；6. 开关管、基准电压、比较器

二、判断题

1. ×；2. √；3. ×；4. √；5. √

三、选择题

1. C；2. A；3. C；4. A；5. B

四、分析计算题

1. 21.3 ~42.6V

2. （1）$U_{O1}=15V$，$U_{O2}=-8V$；（2）C_1 可以防止由于输入引线较长时产生的电感而引起的自激；C_2 用来减小由于负载电流瞬时变化而引起的高频干扰。

3. （1）均为上“+”、下“-”。

（2）均为全波整流；$u_{O1}=-u_{O1}\approx 0.9V$；$u_{21}=0.9$；$u_{22}=18V$。

（3）$u_{O1}=-u_{O1}\approx 0.9V$；$u_{21}=0.9$；$u_{22}=18V$。

4. 略

参考文献

[1] 周良权，等．模拟电子技术基础［M］．2版．北京：高等教育出版社，2001.
[2] 曾令琴．模拟电子技术［M］．北京：人民邮电出版社，2008.
[3] 徐丽香．模拟电子技术［M］．北京：电子工业出版社，2007.
[4] 李春林．电子技术［M］．大连：大连理工大学出版社，2003.
[5] 李雅轩．模拟电子技术［M］．2版．西安：西安电子科技大学出版社，2006.
[6] 张树江，等．模拟电子技术［M］．大连：大连理工大学出版社，2003.
[7] 杨现德．模拟电子技术基础［M］．济南：山东科学技术出版社，2007.
[8] 康华光．电子技术基础模拟部分［M］．4版．北京：高等教育出版社，1999.
[9] 付植桐．电子技术［M］．北京：高等教育出版社，2003.
[10] 张志良．模拟电子技术基础［M］．北京：机械工业出版社，2008.
[11] 王雪主．模拟电子技术（修订本）［M］．西安：西安电子科技大学出版社，2005.
[12] 华永平．模拟电路设计与制作［M］．北京：电子工业出版社，2007.
[13] 沈任元，吴勇．模拟电子技术基础［M］．2版．北京：机械工业出版社，2009.
[14] 全国大学生电子设计竞赛组委会．全国大学生电子设计竞赛获奖作品汇编（第一届～第五届）［M］．北京：北京理工大学出版社，2004.
[15] 全国大学生电子设计竞赛组委会．全国大学生电子设计竞赛获奖作品汇编（2005）［M］．北京：北京理工大学出版社，2007.
[16] 谢自美，等．电子线路综合设计［M］．武汉：华中科技大学出版社，2006.
[17] 陈永真，等．新编全国大学生电子设计竞赛试题精解选［M］．北京：电子工业出版社，2009.

参考文献